최신 계측공학

Instrumentation Engineering

이범성 지음

청문각

머리말

계측은 기계공업 및 전기, 전자, 화학, 토목, 건설, 조선, 항공, 자동차, 의료분야에 이르기까지 그 사용분야는 실로 광대하다.

이렇듯 계측공학은 여러 산업분야에 사용되고 있는 계측기의 원리를 다루는 학문으로, 과학기술의 발전은 계측의 확립으로부터 시작된다고 해도 과언이 아닐 정도로 중요한 학문임에 틀림없다.

또한 계측공학 속에는 기계, 전기전자, 재료, 화학, 산업공학 등 여러 분야의 학문이 포함되어 있어 이들을 두루 섭렵해야 하는 등 난해한 학문 중의 하나가 아닐까 생각한다.

계측공학 속에는 여러 가지 과학의 원리가 들어 있다.

따라서 계측공학을 공부하다 보면 자신도 모르게 과학적인 사고가 생기기 시작하며, 자연현상을 과학의 눈으로 보고자 하는 능력이 생기게 됨을 깨달을 수 있을 것이란 생각이 든다.

따라서 계측공학은 단순히 계측의 원리를 배우기 위해서만이 아니라 자연 현상과 과학의 원리를 생활에 응용할 수 있는 능력을 키워주는 좋은 학문이라고 생각한다.

저자는 다년간 계측공학을 강의해오면서 깨닫고 수집한 자료 중에 소개하고 싶었던 것이 있었고, 난해하고 지루한 계측공학을 어떻게 하면 보다 이해하기 쉽고 흥미를 더하게 할 수 없을까 고민하다 이 책을 출간하게 된 것이다.

따라서 독자로 하여금 이해와 흥미를 돋우기 위하여 난해한 공식은 그 유도과정을 생략하여 쉽게 그 요점을 파악할 수 있도록 하였으며, 가능한 한 많은 그림을 실었다. 특히 계측기는 눈으로 직접 보아야만 그 실체를 실감하고 이해할 수 있다고 생각하는데, 교육현장에서 그 많은 계측기기를 구비하는 것이 현실적으로 어려운 점을 감안하여 가능한 많은 계측기의 사진을 실어 사진으로나마 이를 대신할 수 있도록 노력하였다.

그러나 처음 출간한 계측공학에 몇 군데 오자 및 표현방식의 오류가 발견되어 금번 새로이 계측공학을 개편하게 되었다.

2014. 02

이 범 성

차 례

Chapter 04

유체적 변환기

Chapter 05

전기적 변환기

Chapter 06

길이의 측정

Chapter 13

유량의 계측

Chapter 14

액면의 측정

Chapter 15
온도의 측정

Chapter 16
습도 및 노점의 계측

Chapter 17
진동의 측정

Chapter 18
회전체의 균형시험

Chapter 19

소음의 계측

Chapter 20

계측의 불확도

부록

통계학 기초 이론

Chapter 01

계측의 기초

1.1 계측 및 계량, 측정의 의미

계측(計測)이란 "어떠한 목적을 가지고 사물을 양적으로 취급하기 위한 방법과 수단을 강구하여 그 결과를 이용하는 것"을 말하며, 특히 "공적(公的)으로 결정된 표준을 기초로 하는 계측"을 **계량**(計量)이라고 부르기도 한다.

또한 **측정**(測定)이란 "어떠한 양을 기준으로 이용되고 있는 양과 비교하여 수치 또는 기호를 이용하여 표시하는 것"을 말한다.

1.2 공업계측 industrial instrumentation

계측의 대상이 되는 양은 수없이 많은데 그 계측대상을 분류하면 표 1.1과 같다.

이 중 1~4번은 역학적(力學的) 양의 계측이라 하며, 이것을 다시 세분하여 길이 및 각도에 관련된 것은 **정밀측정**(精密測定), 응력(應力) 및 경도(硬度) 등에 관련된 것은 **재료시험**(材料試驗)이라고 한다.

5번은 **전기계측**이라고 불리는 분야이고, 좁의 범위의 **공업계측**에 해당되는 것은 4, 6, 7번이다. 또한 기계공학에서 주로 취급하는 양을 **기계량**이라고 하는데, 표 1.1에서 1, 2, 3, 4, 6번이 여기에 해당된다.

표 1.1 공업계측량

NO.	계측대상	내용 예
1	길 이	길이, 각도, 거칠기, 진직도, 평면도, 진원도 등
2	힘	질량, 중량, 밀도, 힘, 토크, 마찰, 응력, 경도 등
3	시 간	시간, 시각, 주기, 주파수, 선속도, 각속도, 회전수, 선가속도, 각가속도, 진동, 음향, 소음 등
4	유 체	압력, 유량, 점도, 액위
5	전자기	전류, 전압, 저항, 자속, 인덕턴스, 정전용량, 주파수 등
6	에너지	온도, 열전도, 열량, 비열, 동력, 일 등
7	성 분	습도, 건도, 농도, 비체적, 가스성분 등

1.3 측정과 단위

측정(測定, measurement)이라고 하는 것은 "기준량과 비교하고 수치를 이용하여 양을 나타내는 조작"이다.

예를 들면, "어떤 재료의 길이가 8.52 m이다"와 같이 그 양이 기준량(1 m)의 몇 배가 되는 가를 나타내는 수치를 부여하는 것이다. 즉,

$$8.52\ \mathrm{m} = 1\ \mathrm{m} \times 8.52$$

이때 기준량으로서 이용되고 있는 일정한 크기의 양을 단위(unit)라고 한다.

따라서 양은 다음과 같이 표현할 수 있다.

$$\text{양} = \text{수치} \times \text{단위}$$

일반적으로 공업분야에서 사용되는 단위에는 질량을 기본으로 하는 **절대 단위계(물리 단위계)**와 중량, 즉 힘을 기본으로 하는 **공학 단위계(중력 단위계)**가 있다.

절대 단위계는 다시 길이(m), 질량(kg), 시간(s)을 기본량으로 하는 M, K, S 단위계와 길이(cm), 질량(g), 시간(s)을 기본량으로 하는 C, G, S 단위계로 분류된다.

공학 단위계는 길이(m), 중량(kgf), 시간(s)을 기본량으로 하는 단위계이다.

이외에도 여러 가지 단위계가 있고, 산업분야 또는 나라마다 각기 그 단위를 달리 사용하고 있어 단위의 취급이 번거롭고 혼잡하다.

따라서 이와 같은 단위계의 혼잡을 피하기 위하여 국제표준화조직(ISO)에서는 **국제단위계(SI 단위계, international system of units)**를 제창하여 이의 사용을 권장하고 있다.

이와 같은 국제단위계는 다음과 같이 **기본단위, 조립단위, 보조단위**로 이루어져 있다.

(1) 기본단위 fundamental unit

기본량의 단위를 기본단위라고 하며, 기본단위를 기본량에 따라 분류하면 표 1.2와 같다.

표 1.2 SI 기본단위

기본량	기호	명칭	기본량	기호	명칭
길 이	m	미터	온 도	K	켈빈
질 량	kg	킬로그램	물질량	mol	몰
시 간	s	초	광 도	cd	칸델라
전 류	A	암페어			

(2) 조립단위 derived unit

기본량을 조합하여 얻은 조립량의 단위를 **조립단위**(組立單位) 또는 **유도단위**라고 하며, 고유한 명칭을 가진 조립단위는 표 1.3과 같다.

표 1.3 고유의 명칭을 가진 조립단위

양	명 칭	기 호	정 의
주파수	헤르츠	Hz	S^{-1}
힘	뉴턴	N	$kg \cdot m/s^2$
압 력	파스칼	Pa	N/m^2
에너지	주울	J	$N \cdot m$
일 률	와트	W	J/s
전기량	쿨롱	C	$A \cdot s$
전 압	볼트	V	W/A
정전용량	패러드	F	C/V
전기저항	옴	Ω	V/A
콘덕턴스	지멘스	S	Ω^{-1}
자 속	웨버	Wb	$V \cdot s$
자속밀도	테슬라	T	Wb/m^2
인덕턴스	헨리	H	Wb/A
광 속	루멘	lm	$cd \cdot sr$
조 도	룩스	lx	lm/m^2

(3) 보조단위

조립단위를 조립하는데 사용되는 무차원(無次元) 양의 단위를 **보조단위**라 한다. 현재 사용되고 있는 보조단위로는 다음과 같은 **라디안**(radian)과 **스테라디안**(steradian)이 있다.

① 라디안(rad)

원의 반경과 같은 길이로 호의 길이를 취했을 때 이 호가 이루는 각도를 1라디안이라고 한다.

② 스테라디안(sr)

구의 반경을 일변으로 하는 정사각형의 면적과 같은 면적을 그 구의 표면상에 잘라 취했을 때, 그 구의 중심으로부터 정사각형의 4변에 이르는 입체각이다. 이는 방사강도(W/sr)를 나타내는 단위 등에 사용된다.

이와 같이 SI 단위계는 근본적으로 M.K.S 단위계와 동일하며, 질량(kg), 길이(m), 시간(s)을 기본단위로 하고 있다.

계량법에서는 절대 단위계가 기준이 되어 정해져 있지만, 실제 기계공업분야에서는 아직도 공학 단위계가 널리 사용되고 있으므로 이 두 단위계의 취급에 익숙해야할 필요가 있다.

앞에서 언급한 바와 같이 공학 단위계에서는 중량을 기본 단위계로 하고 있는데, 이것에 절대 단위계에서와 같이 kg을 사용하게 되면 중량과 질량을 구분하지 못해 혼돈이 생기게 된다.

따라서 이러한 혼돈을 피하기 위해 중량의 단위는 kgf로 표시한다.

1.4 계측용어

1.4.1 오 차

"측정값과 참값과의 차"를 오차(誤差, error)라고 하는데, 오차를 오차의 원인 및 그 성질에 따라 분류하면 다음과 같다.

(1) 측정오차의 원인에 의한 분류

1) 측정자 測定者에 의한 오차

측정하는 사람에 의하여 생기는 오차는 측정하는 사람의 과실에 의한 오차와 측정하는 사람의 버릇과 숙련의 정도로부터 생기는 개인오차가 있다.

① 측정자의 과실에 의한 오차

측정하는 사람의 과실에 의한 오차는, 측정하는 사람의 부주의로 인해 측정하는 사람 스스로도 미처 알아채지 못하고 저지른 잘못에 의해 생기는 오차이다.

예를 들면, 마이크로미터의 눈금을 읽을 때, 1 mm 눈금선 간격 아래에 0.5 mm의 눈금선이 있다는 것을 의식하지 못한 채, 20.62 mm를 20.12 mm로 읽는 것 등이다.

② 개인오차

측정하는 사람 개인의 버릇과 숙련의 정도에 의하여 생기는 오차이다.

예를 들면, 1눈금을 세분하여 읽을 때 실제보다도 크게 또는 작게 읽는 버릇이 있는 것 등이다.

일반적으로 마이크로미터의 경우 지시치가 눈금의 중앙(0.5)에 있을 때에는 읽음값의 개인오차는 적으나, 0.2~0.3 위치에 있을 때에는 실제보다도 크게 읽으며, 0.7~0.8의 위치에서는 실제보다도 작게 읽는 경향이 있다.

2) 측정기의 고유오차

측정기 눈금의 오차나 확대기구의 이상상태에 의하여 생기는 오차이다.

이것은 일반적으로 측정기마다 고유하기 때문에 고유오차라고 부른다.

고유오차는 표준상태(길이 측정의 경우 : 온도 20℃)에서 구한 측정기의 오차로 표현한다.

3) 측정이론과 방법에 의한 오차

측정기구에 측정이론과 방법을 잘못 적용하여 생기는 오차이다.

예를 들면, 디지털 표시기의 경우, 연속적인 양(아날로그 양)의 크기를 몇 개의 구간으로 구분하고, 각 구간을 똑같은 크기로 간주하여 디지털화하게 되는데(이것을 양자화라고 한다.), 이때 생기는 오차가 이에 해당된다.

4) 측정환경에 의한 오차

측정실의 온도, 습도, 기압, 진동 등 측정에 영향을 주는 주위의 상태에 의하여 생기는 오차이다.

특히 길이측정의 경우에는 온도에 의한 영향을 가장 많이 받는다.

이것은 측정물이나 측정기 모두 온도가 변화하면 그 길이도 변화하기 때문인데, 예를 들면 길이 1 m인 강재의 경우 온도가 1℃ 변화하면 그 길이는 12 μm 만큼 변화한다.

(2) 측정오차의 성질에 의한 분류

1) 계통오차 系統誤差, systematic errors

오차의 원인이 뚜렷하여 그 원인을 파악할 수 있으며, 항상 같은 크기와 같은 부호를 가지는 오차이다.

이와 같은 계통오차는 보정(補正)에 의해 제거할 수 있다.

2) 우연오차 偶然誤差, random errors

여러 가지 요인이 동시에 복합되어 생기는 오차로, 오차의 원인도 알 수 없으며, 오차의 크기와 부호도 일정하지 않은 오차이다.

우연오차는 보정할 수 없다. 따라서 측정횟수를 가능한 한 많이 하고 측정값의 평균값을 취하여 우연오차를 줄일 수밖에 없다.

1.4.2 보정 correction

보다 참값에 가까운 측정값을 구하기 위해 읽음값 또는 계산값에 어떠한 수치를 더하거나 빼는 것을 보정(補正, correction)이라고 하며, 파악된 계통오차의 경우에는 그 수치를 가감하여 보정할 수가 있다. 보정값은 다음과 같이 계통오차에 '－' 부호를 붙인 것이다.

$$\text{보정값} = -\ \text{계통오차}$$

1.4.3 교정 calibration

표준기 등을 이용하여 계측기가 지시하는 양과 그 참값과의 관계를 구하는 것.

1.4.4 기차 器差, instrumental error

측정기가 지시하고 있는 양으로부터 측정기가 지시해야 할 참값을 뺀 것을 말한다.

1.4.5 정밀도 precision, 정확도 accuracy, 정도

측정기로 같은 제품을 반복하여 측정하면 우연오차에 의하여 측정값에 흩어짐이 생기게 되는데, 이 흩어짐의 정도(程度)를 정밀도(精密度)라고 한다.

이와 같은 측정값의 흩어짐의 정도는 측정값의 표준편차로부터 파악할 수 있는데, 표준편차가 작을수록 흩어짐이 작으며 정밀도가 좋은 것이다.

그림 1.1은 측정기 a와 측정기 b를 사용하여 각각 같은 제품을 무수히 반복 측정하여 각 측정값에 대한 빈도수(頻度數)를 나타낸 것이다.

측정기 a가 측정기 b의 곡선보다 폭이 좁으므로 그만큼 측정값의 흩어짐이 작다는 것을 알 수 있다. 따라서 측정기 a가 b보다 정밀도가 높다.

또한 계통오차에 의하여 측정값이 참값으로부터 벗어나게 되는데, 이와 같이 측정값이 참값으로부터 벗어난 정도를 정확도(正確度)라고 한다.

따라서 정확도는 측정값의 평균값을 구하여 평균값과 참값과의 차이로부터 파악할 수 있다.

그림 1.1에서 각 곡선의 중앙값이 평균값에 해당되는데, 측정기 b의 평균값이 측정기 a의 평균값보다 참값으로부터 벗어난 정도가 작으므로, 측정기 b가 측정기 a에 비하여 정확도가 좋다고 할 수 있다.

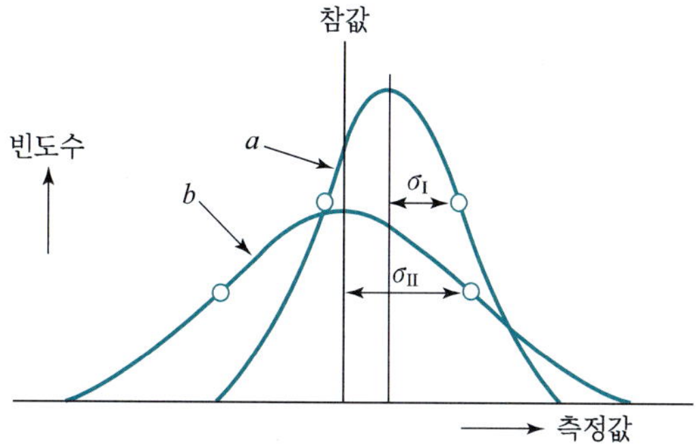

그림 1.1 측정기 a와 측정기 b로 측정한 각각의 측정값과 빈도수

마지막으로 정도(精度)란 정확도와 정밀도를 총체적으로 표현하는 말로, 계측기에서의 정도(精度)란 "계측기로 측정할 수 있는 최대오차한계"를 말한다.

즉 계측기를 가장 정확하게 사용하더라도 피할 수 없는 오차의 최댓값 또는 측정값의 최댓값과 최솟값과의 차의 1/2을 의미한다.

지금 어느 계측기로 어느 양을 측정하여 i_{max}와 i_{min} 사이의 읽음값이 많았다고 하면 다음과 같이 계측기의 정도를 나타낸다.

$$\pm a = \pm \frac{i_{max} - i_{min}}{2}$$

이와 같은 정도는 계측기의 측정 범위 내의 어느 곳에서도 존재하므로, 그중에서 최악의 것을 계측기의 정도로 하면 측정 범위 내의 어떠한 양의 측정에 있어서도 그 이상의 오차를 발생하는 일이 없음을 보증할 수 있다.

1.4.6 불확도 uncertainty

측정결과의 불확실한 정도, 즉 추정할 수 있는 측정오차의 범위를 말하며 일반적으로 오차한계를 이용하여 표시한다.

1.4.7 확도 certainty

지정된 조건에서의 오차한계로 표시한 계측기의 정도를 말한다.

1.5 측정값의 취급

1.5.1 유효숫자 significant figures

측정 결과 등을 표현하는 숫자 중 자리를 정하기 위한 0을 제외한 의미 있는 숫자를 유효숫자라고 한다.

예를 들면, 어떤 치수를 측정한 결과 14.76 mm의 치수를 얻었다면 수학적으로는 14.76000.... 이라는 뜻이지만, 공학적으로는 맨 끝 14.76 mm가 다음과 같은 범위 안에 있다는 것을 의미한다.

$$14.755 \leq 14.76 < 14.765$$

또한 숫자 0.0135와 같은 경우에는 자리를 정하기 위한 0은 유효숫자로 취급하지 않으므로 유효숫자는 3자리이며, 숫자 13.50은 4자리의 유효숫자가 된다.

측정값은 가능한 한 참값에 가깝게 얻어져야 하는데 얼마만큼 참값에 근접하느냐가 문제이다. 여기에서 대두되는 것이 유효숫자이며, 유효숫자의 행수는 소수점과는 상관이 없다.

예를 들면, 18.6의 숫자는 3행, 0.186의 숫자도 3행으로 유효숫자는 모두 3자리가 된다. 그러나 숫자의 오른쪽에 0을 붙이면 0도 유효숫자로 간주한다.

예를 들어, 숫자 18.6과 18.60이 있다고 했을 때 18.6은 소수점 아래 첫째 자리까지만 보증되고, 18.60은 소수점 아래 둘째 자리까지 보증되는 것이다.

따라서 18.6은 3자리의 유효숫자를 가지며, 18.60은 4자리의 유효숫자가 된다.

측정값은 "수치를 필요한 자릿수의 유효숫자로 끝맺음한 것"이다.

또한 유효숫자가 3자리인 8.66 mm의 경우, μm 단위로 환산하여 쓸 때 8,660 μm라고 하면 유효숫자가 4자리로 되므로, 8.66×10^3 μm와 같이 써서 유효숫자를 3자리 수로 해야 한다.

표 1.4는 KS A 0021에 규정되어 있는 수치맺음법에 대한 일례이다.

표 1.4 수치맺음법의 계산 예

수 치	끝맺음 하려는 유효숫자 자릿수	맺 음 법	끝 맺음값
82.53	3	3 + 1 자리를 반올림	82.5
82.48	2	2 + 1 자리를 반올림	82
82.48	3	3 + 1 자리를 반올림	82.5
82.35	3	3 + 1 자리의 반올림하는 숫자가 정확히 5이거나 또는 버릴 것인지 올릴 것인지 모를 때는 짝수가 되게 한다.	82.4
82.45	3		82.4

1.5.2 유효숫자의 사칙연산

(1) 가감산 加減算

측정값의 가감계산은 오차가 가장 큰 쪽의 수치를 찾아서 그 수치보다 한 행 더 끊어 계산한 다음 마지막 행을 사사오입(四捨五入)한다.

(예) '87.2 + 0.062 − 4.5171 = '의 계산

우선 오차가 가장 큰 숫자는 87.2이므로 이 숫자를 기준으로 다른 숫자를 소수점 이하 2자리까지 정리한 다음 그 결과를 사사오입한다.

즉, 87.2 + 0.06 − 4.52 = 82.74의 결과로부터 82.74를 사사오입하여 82.7을 얻는다.

(2) 곱셈, 나눗셈의 계산

유효숫자가 작은 쪽의 숫자를 찾아 모든 수치를 그것과 같은 유효숫자가 되도록 정리하여 계산하고, 사사오입하여 계산 시의 숫자와 유효숫자를 같게 한다.

(예) '42.31×5.68 = '의 계산

우선 유효숫자가 가장 적은 숫자는 5.68로 유효숫자가 3행이므로 42.31의 수치도 3행의 유효숫자로 정리하여 계산한 후 사사오입하여 유효숫자를 같게 한다.

즉, 42.3×5.68 = 240.264의 결과로부터 240.264의 수치를 사사오입하여 240으로 한다.

1.5.3 측정값의 통계적 처리

동일한 측정량을 동일조건하에서 여러번 반복하여 측정하여 얻은 측정값은 오차로 인하여 시시각각 다른 값을 나타낸다. 따라서 이들의 중간값을 구한다든가 산포의 정도를 구하기 위하여 다음과 같은 통계적 기법을 이용한다.

(1) 평균값

동일조건하에서 얻어지는 "무한히 많은 측정값의 집단"을 통계적으로 **모집단**(母集團)이라고 하며, 모집단으로부터 "임의적(random)으로 샘플링(sampling)하여 구한 측정값의 집단"을 **시료**(試料)라 한다.

이들 측정값의 중간값을 알기 위하여 평균값을 사용하는데, 모집단으로부터 구한 평균값을 **모평균**, 시료로부터 구한 평균을 **시료평균**이라 한다.

시료의 측정값이 $x_1,\ x_{2,}\ x_{3,} \cdots\ x_n$ 일 때 시료평균 $\bar{x}$는 다음과 같은 식으로 구한다.

$$\bar{x} = \frac{1}{n}\sum_{i=1}^{n} x_i$$

이것은 단지 n개의 시료에 대한 평균을 아는 것이 목적이 아니고, 실은 n개의 시료가 발췌된 모집단의 평균값을 알기 위하여 구한 것으로 시료평균 $\bar{x}$는 하나의 불편추정(不偏推定)값인 것이다.

(2) 표준편차

측정값의 모집단에서 편차(측정값 - 모평균)들의 제곱의 합의 평균값의 제곱근을 표준편차(標準偏差, standard deviation)라 하며, 모평균 주위의 측정값의 흩어짐의 정도를 표시하는 하나의 지표이다.

시료의 측정값이 $x_1,\ x_{2,}\ x_{3,} \cdots\ x_n$ 일 때 시료 표준편차 S는 다음과 같은 식에 의해 구한다.

$$S = \sqrt{\frac{1}{n}\sum_{i=1}^{n}(x_i - \bar{x})^2}$$

모표준편차 σ는 모집단에 대한 양이므로 직접 구할 수는 없다. 일반적으로 측정횟수 n은 무한정으로 많이 취할 수 없으므로 다음 식에 의하여 그 추정값 σ를 구한다.

$$\sigma = \sqrt{\frac{1}{n-1}\sum_{i=1}^{n}(x_i - \bar{x})^2}$$

1.6 계측법과 계측계의 구성

1.6.1 계측법

(1) 편위법 偏位法, deflection method

편위법은 측정하고자 하는 양의 작용에 의해 계측기의 지침에 편위를 일으키고 이 편위량을 눈금과 비교하여 측정을 행하는 방식이다. 이 방법은 감도(感度) 및 눈금오차 등에 의하여 정밀도를 높이기는 곤란하나 조작이 간단하여 널리 사용되고 있다.

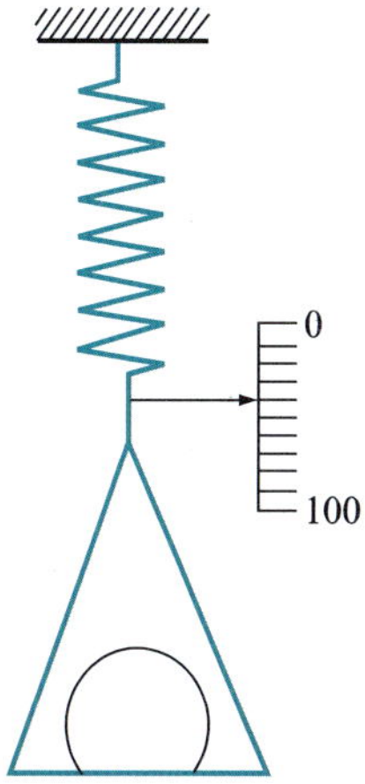

그림 1.2 편위법

예를 들면, 그림 1.2와 같은 스프링 저울처럼 측정물의 중량에 의하여 스프링에 편위를 일으키고, 이것을 지침으로 지시하게 한 후 기준눈금과 비교하여 측정물의 중량을 측정하는 방법을 말한다.

(2) 영위법 零位法, zero method 또는 평형법

영위법은 기준량을 측정량에 평형시켜 계측기의 지침이 0을 지시할 때의 기준량의 크기로부터 측정물의 양을 알아내는 방법이다. 이 방법은 감도 및 눈금오차에 의한 영향이 적으므로 편위법에 비하여 정도 높은 측정은 할 수 있으나 측정작업에 시간과 노력이 많이 소요되고, 측정값을 지침에 의하여 바로 읽을 수 없는 불편함이 있다.

예를 들면, 그림 1.3과 같이 천칭(天秤)에 의한 중량 측정 시 천칭의 저울대가 평형이 되도록(지침이 눈금의 0을 지시하도록) 기준량인 분동의 양을 조정하고 분동의 양으로부터 측정물의 중량을 구할 수 있는데, 이와 같은 측정법을 영위법이라고 한다.

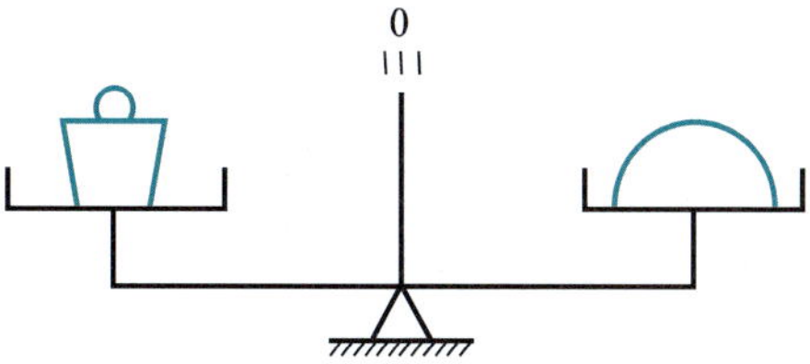

그림 1.3 영위법

(3) 치환법 置換法, substitution method

측정물과 기준물을 바꾸어 놓고 전후 2회의 측정결과로부터 측정값을 아는 방법이다.

예를 들면, 천칭으로 중량을 측정할 때 한쪽 접시에 평형추를 올려놓고 다른 한쪽 접시에는 측정물을 올려놓아 지침이 지시하는 양 a를 읽는다. 그 다음에 측정물을 내려놓고 측정물이 있던 자리에 기준물(중량 W_0)을 올려놓았을 때 지침이 지시하는 양 b를 읽은 후, 다음과 같은 식에 의하여 측정물의 중량 W를 구할 수 있는데, 이와 같은 측정법을 **치환법**이라고 한다.

$$W = W_0 + (a - b)$$

(4) 보상법 補償法, compensation method

측정물의 양과 거의 같은 기준물을 준비하여 기준물과 측정물과의 차이로부터 측정물의 양을 알아내는 방법으로 원리적으로는 치환법과 같다.

예를 들면, 그림 1.4와 같이 천칭을 이용하여 측정물의 중량을 측정할 때 분동과 측정물의 중량차로 인한 지침의 편위량을 읽은 다음 분동의 중량에 지침의 편위량을 가감하여 측정물의 중량을 구할 수 있는데, 이와 같은 측정법을 **보상법**이라고 한다.

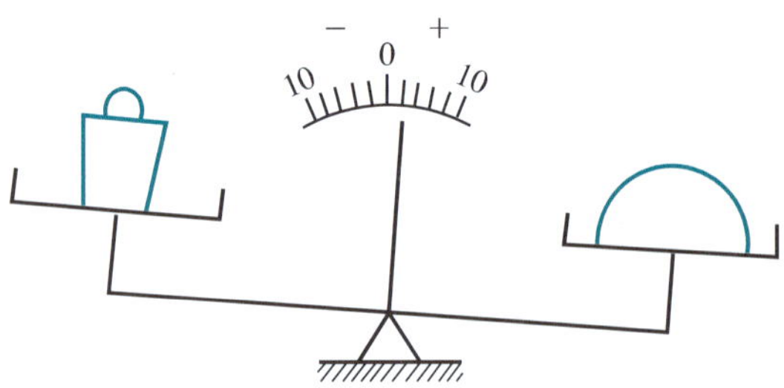

그림 1.4 보상법

1.7 계측계의 구성 및 특성

1.7.1 계측계의 구성

계측기는 계측대상으로부터 측정량을 취하여 이것을 적당한 양으로 변환시켜 전송하는 역할을 하는 검출부, 검출부에서 들어온 신호를 받아 이를 적당한 크기로 확대하여 표시부로 보내는 전송부, 들어온 신호를 지시 또는 기록하는 표시부로 구성되어 있다.

이를 도식적으로 표시하면 그림 1.5와 같다.

계측대상 → 검출부 → 전송부 → 표시부

검출 → 변환 → 전송 → 증폭 → 전송 → 변환 → 지시

그림 1.5 계측계의 구성도

1.7.2 계측계의 특성

어떠한 양을 측정하고자 할 때 어떤 측정기를 선택하면 좋은가를 검토하기 위해서는 계측계(計測系)의 특성에 대한 이해가 필요하다.

계측계의 특성은 다음과 같이 **정특성**(靜特性, static characteristics)과 **동특성**(動特性, dynamic characteristics)으로 구분한다.

(1) 정특성 static characteristics

측정량이 시간에 따라 변동하지 않을 때 생기는 계측기 지시의 특성을 **정특성**이라고 하며 다음과 같은 것들이 있다.

1) 정오차 靜誤差, static error

측정량이 시간에 따라 변동하지 않을 때 생기는 계측기의 오차로 계통오차와 우연오차가 있다.

2) 감도 感度, sensitivity

감도란 계측기가 어느 정도 민감한가를 나타내는 정량적인 지표로서, 계측기의 성질에 따라 다음과 같이 두 가지 표시방법이 있다.

① 어떤 일정한 지시량의 변화를 주는 측정대상의 양의 변화

예를 들면, 1눈금이 0.1 V를 나타내는 전압계의 감도는 '0.1V/1눈금'으로 표시한다.

② 측정기가 감지하여 얻을 수 있는 최소의 양 또는 최소의 변화량

예를 들면, 스트레인 게이지의 감도는 10^{-6}으로 나타낸다.

길이측정기의 경우에는 감도라는 말 대신에 **배율**(倍率) 또는 **확대율**(擴大率)이라는 용어를 많이 이용하는데, 이는 지시량의 변화를 측정량의 변화로 나눈 것으로 다음과 같이 식으로 표현할 수 있다.

$$\text{배율} = \frac{\text{지시량의 변화}}{\text{측정량의 변화}}$$

(예) 최소눈금 0.01 mm인 다이얼 게이지의 눈금선 간격이 1 mm이면 배율$= \dfrac{1}{0.01} = 100$배이다.

3) 히스테리시스 차 hysterisis error

입력신호를 서서히 증가시켜 갈 때와 서서히 감소시켜 갈 때 같은 입력신호에 대하여 출력신호가 달라지게 되는 경우가 있다.

예를 들면, 다이얼 게이지의 스핀들을 밑에서부터 위로 밀어 올릴 때와 위에서부터 밑으로 내릴 때 스핀들이 같은 위치에 있는 데도 불구하고 지시량이 틀릴 경우가 있다.

이와 같이 "측정의 전력(前歷)에 의하여 생기는 동일 측정량에 대한 지싯값의 차"를 **히스테리시스 차**라고 한다. 이러한 히스테리시스 차의 발생은 측정기 운동부의 마찰, 기어 등의 백래시(backlash) 등에 기인한다.

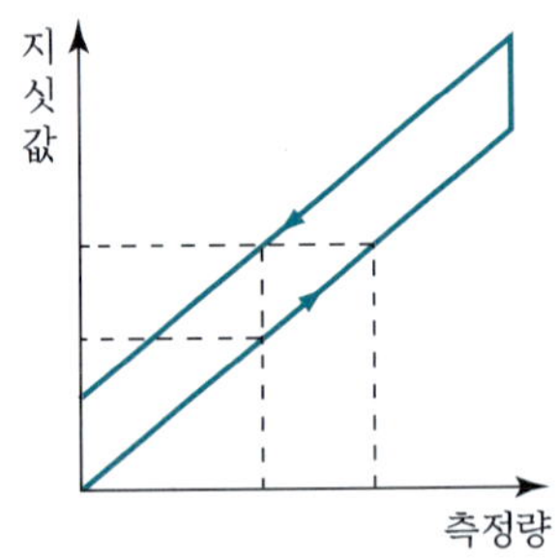

그림 1.6 히스테리시스 차

(2) 동특성 dynamic characteristics

측정량이 변동할 때의 계측기 지시의 특성을 **동특성**이라고 하며 다음과 같은 것이 있다.

1) 응답 應答, response

계측기에 입력되는 신호의 변화에 의하여 생기는 출력신호의 시간적 변화의 상태를 **응답**이라고 한다.

① 과도응답 transient response

입력신호가 정상상태(正常狀態)로부터 다른 정상상태(定常狀態)로 변동할 때의 응답

그림 1.7

- 임펄스 응답(impulse response) : 입력신호가 그림 1.7(a)와 같이 임펄스상으로 변동할 때의 응답
- 스텝 응답(step response) : 입력신호가 그림 1.7(b)와 같이 어느 일정한 값으로부터 다른 일정한 값으로 갑자기 변화할 때의 응답

② 주파수 응답 frequency or harmonic response

입력신호가 그림 1.8과 같이 정현적으로 변화하는 정상상태일 때의 응답을 말한다.

즉, 입력신호가 정현적이고 정상적일 때 입력신호에 대한 출력신호의 증폭비, 위상의 지연 등이 주파수에 따라 변화되는 상태를 말한다.

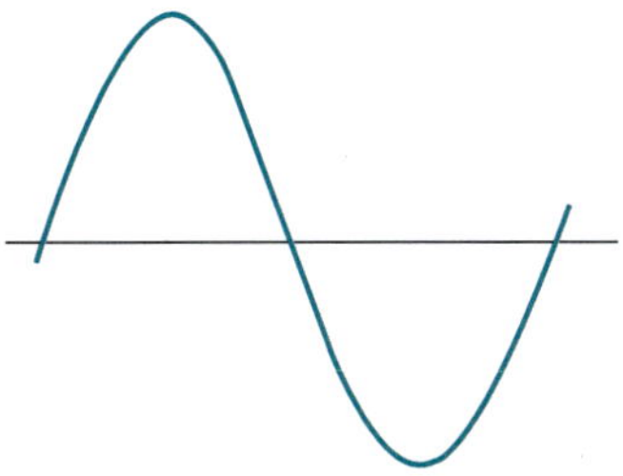

그림 1.8 주파수(정현파)신호

2) 동오차 dynamic error

측정량이 변동할 때 어느 순간에 있어서 지싯값과 참값과의 사이에 차가 생기는 상태

3) 지연 delay or time lag

입력신호의 변화에 대하여 출력신호가 곧바로 뒤따르지 않는 상태

Chapter 02

기계적 변환기

측정하고자 하는 양을 보다 처리하기 쉬운 다른 양의 변화로 변환시켜 주는 장치를 **변환기**(transducer)라고 하는데, 이러한 변환기에는 각종 물리법칙이나 물리효과가 이용되고 있다.

변환기 중에서 측정대상으로부터 측정정보를 검출하여 전기신호로 변환시켜 주는 변환기를 특히 센서(sensor)라 한다.

여기서는 변환기를 그 변환원리에 따라 기계, 광학, 유체, 전기 등으로 구분하여 각각의 변환원리에 대하여 살펴보기로 한다.

2.1 지렛대 lever

변위를 확대하는 기계적인 확대기구의 기본형은 **지렛대**(lever)이며 그 원리는 다음과 같다.

그림 2.1과 같은 지렛대에서 한쪽 끝단 A에서 h 만큼의 직선변위가 일어났을 때 지렛대의 회전각 θ 는 다음 식과 같이 된다.

$$\tan\theta = \frac{h}{l_1}$$

여기서 θ 가 rad 단위이고 작다면 $\tan\theta \fallingdotseq \theta$ 이므로, 지렛대의 반대쪽 끝단 B에서의 회전변위 a 는 다음과 같이 확대된다.

$$a = l_2\theta \approx \frac{hl_2}{l_1}$$

이때 확대율(배율) m 은 다음과 같다.

$$m = \frac{a}{h} \approx \frac{l_2}{l_1}$$

이와 같은 변위의 확대원리를 이용한 측정기에는 그림 2.2와 같은 **미니미터**(minimeter)가 있다.

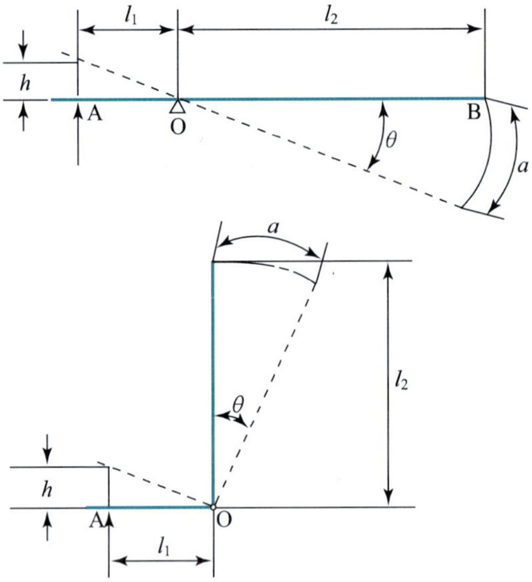

그림 2.1 지렛대

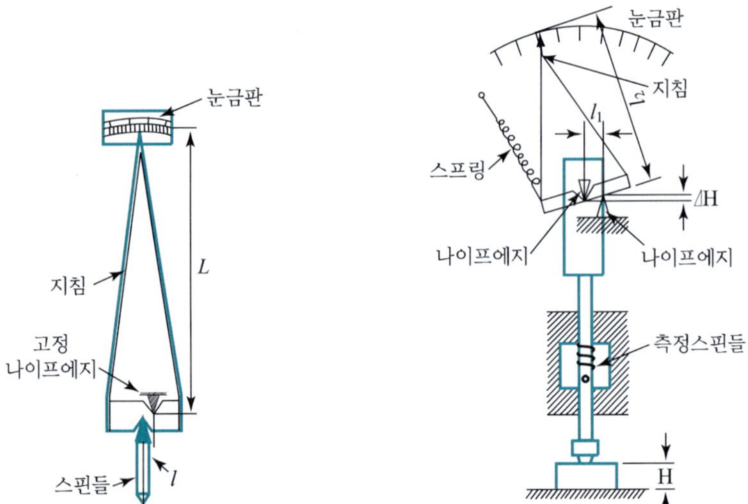

(a) 원리

(b) 실제의 구조

그림 2.2 지렛대의 확대원리를 이용한 미니미터의 구조

2.2 기어 gear

기어를 이용하여 직선변위를 회전변위로 변환시키는 데에는 래크(rack)와 피니언(pinion)을 이용하며 그 확대원리는 다음과 같다.

래크와 잇수 z 인 피니언이 서로 맞물려 있을 때 래크가 1피치 이동하면 피니언은 $2\pi/z$ rad의 각도만큼 회전하고, 그 다음에 기어열을 이용하여 회전각을 확대한다.

즉, 그림 2.3과 같이 피치 p인 래크의 직선변위 h를 피니언의 회전변위로 바꾸어 반경 r인 지침선단의 회전변위 α로 변환시키고자 하는 경우, 래크의 직선변위 h에 대하여 이것과 맞물려 있는 잇수 z_1인 피니언의 회전변위 θ_1은 다음과 같이 된다.

$$\theta_1 = \frac{2\pi}{z_1} \times \frac{h}{p}$$

이 회전변위를 잇수 z_2, z_3인 기어열에 의하여 확대하면 지침의 회전변위 θ_2는 다음과 같이 된다.

$$\theta_2 = \theta_1 \times \frac{z_2}{z_3} = \frac{2\pi z_2 h}{z_1 z_3 p}$$

따라서 지침선단의 회전변위 α는 다음과 같이 된다.

$$\alpha = r\theta_2 = \frac{2\pi r z_2 h}{z_1 z_3 p}$$

이때 이 기구의 확대율 m은 다음과 같이 된다.

$$m = \frac{\alpha}{h} = \frac{2\pi r z_2}{z_1 z_3 p}$$

이와 같이 기어의 확대원리를 이용한 측정기에는 그림 2.4와 같은 다이얼 게이지(dial gauge)가 있다.

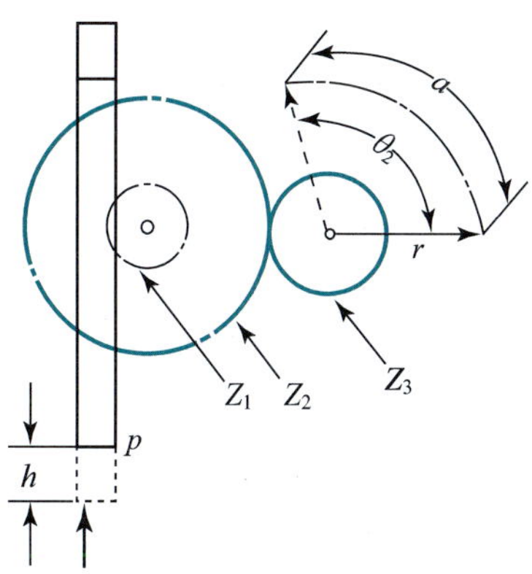

그림 2.3 기어에 의한 변위의 확대

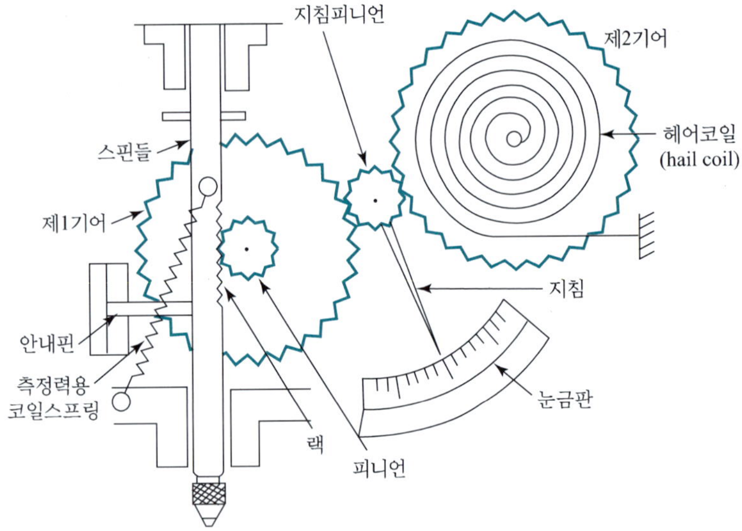

그림 2.4 다이얼 게이지의 내부구조

2.3 나사 screw

나사를 이용하여 직선변위를 회전변위로 확대 변환시킬 수가 있는데 그 원리는 다음과 같다.

1줄 나사의 경우 나사를 1바퀴 회전시키면 1피치만큼 이동하도록 되어 있으므로 피치 p인 나사를 각도 θ rad만큼 회전시키면 나사의 직선변위 x는 다음과 같이 된다.

$$2\pi : p = \theta : x$$

$$x = \frac{\theta}{2\pi} p$$

따라서 직선변위 x에 대응하는 회전변위 θ는 다음과 같이 된다.

$$\theta = 2\pi \frac{x}{p}$$

따라서 반경 r에 의한 선변위 a는 다음과 같이 된다.

$$a = r\theta = \frac{2\pi r}{p} x$$

이때 확대율 m은 다음과 같이 된다.

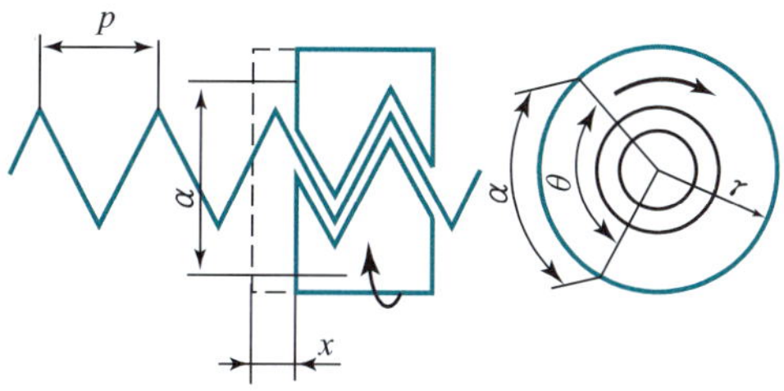

그림 2.5 나사에 의한 변위의 확대

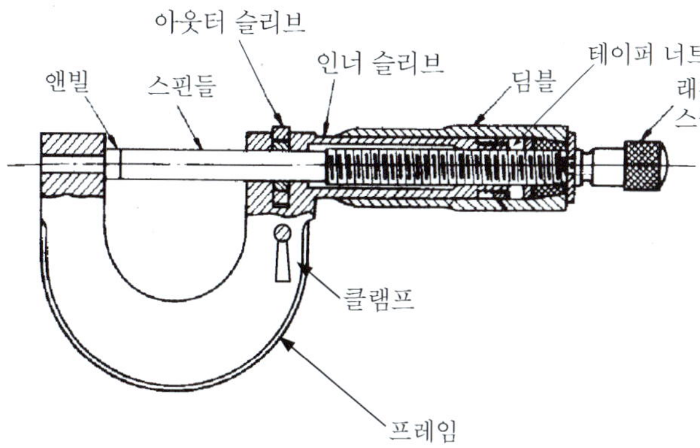

그림 2.6 마이크로미터

$$m = \frac{a}{x} = \frac{2\pi r}{p}$$

이와 같은 나사의 확대원리를 이용한 측정기에는 그림 2.6과 같은 마이크로미터가 있다.

2.4 평행박편

그림 2.7과 같이 얇은 판 2개를 작은 간격 d 만큼 유지한 채 평행으로 배치하여 한쪽 끝단(자유단)에서 두 개의 판을 접합시키고, 그중 한 개의 판의 끝단만을 고정시킨 **평행박편**(平行薄片)을 사용하여 변위를 확대할 수 있다.

이것은 고정되지 않은 쪽의 박편을 평행으로 h 만큼 변위시켰을 때 박편이 원호상으로 구부러지며 직선운동을 회전운동으로 변환시켜 주는 원리를 이용한 것이다.

지금 직선변위 h가 평행박편 사이의 거리 d에 비하여 작을 경우 지침의 회전변위 θ는 다음 식으로 된다.

$$\sin\theta = \frac{h}{d}$$

θ가 rad 단위이고, 작을 경우 $\sin\theta \fallingdotseq \theta$이므로 이 식은 다음과 같이 된다.

$$\theta \fallingdotseq \frac{h}{d}$$

따라서 지침선단의 선변위 a는 근사적으로 다음 식과 같이 된다.

$$a = l\theta \fallingdotseq \left(\frac{l_1}{2} + l_2\right)\frac{h}{d} \fallingdotseq \frac{Lh}{d}$$

이때 확대율 m은 다음과 같다.

$$m = \frac{a}{h} \fallingdotseq \frac{L}{d}$$

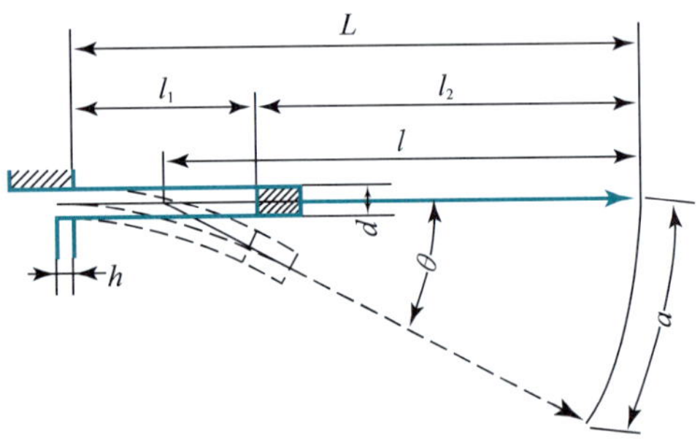

그림 2.7 평행박편

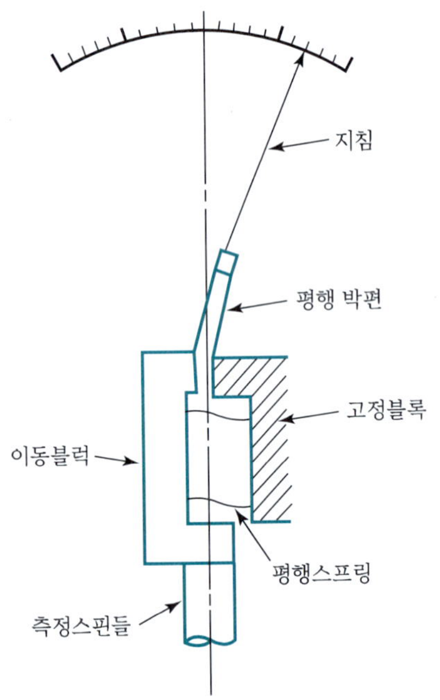

그림 2.8 평행박편을 이용한 지침측미기

2.5 비틀림 박편

비틀림 박편이란 그림 2.9와 같이 직사각형 형태의 단면을 가진 금속박편을 서로 반대방향으로 꼬아 비틀어 놓은 것으로, 한쪽 끝단을 고정시키고 다른 한쪽 끝단에서 길이 방향으로 잡아당기면 비틀림 박편의 중앙에 고정된 지침이 회전되는 원리를 이용한 것이다.

이와 같은 원리를 이용한 측정기에는 그림 2.10과 같은 미크로케이터(mikrokator)가 있으며, 미크로케이터는 최소눈금 0.01μm까지 정도가 높은 것도 있다.

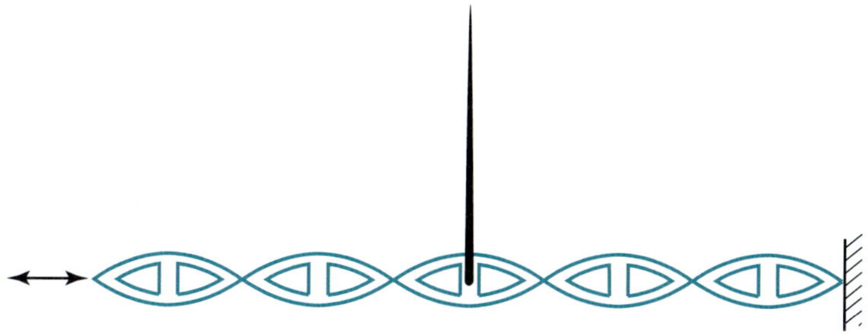

그림 2.9 비틀림 박편

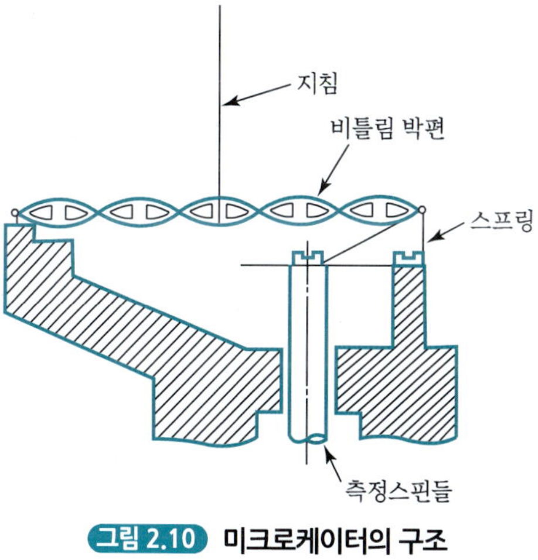

그림 2.10 미크로케이터의 구조

Chapter 03

광학적 변환기

3.1 렌즈 lens

볼록렌즈로 물체를 보면 물체가 실제보다 크게 보이는데, 이러한 원리를 이용하여 물체를 확대하여 관찰한다. 이와 같은 볼록렌즈에 의한 상의 확대원리는 그림 3.1과 같다.

물체(실선으로 굵게 표시한 화살표)로부터 볼록렌즈로 평행하게 입사한 광선은 굴절하여 초점 F를 지나고, 렌즈의 중심으로 입사한 광선은 그대로 직진한다.

이때 이 두 개의 광선은 연장선상에서 서로 만나게 되는데, 이곳에 물체(그림의 점선으로 표시한 화살표)의 확대상이 맺어지게 되는 것이다.

이와 같은 볼록렌즈에 의한 확대율(배율) m은 다음 식과 같이 된다.

$$\text{확대율 } m = \frac{D}{f}$$

식에서 f는 렌즈의 초점거리(焦點距離)이고, D는 명시거리(明視距離)로 $D = 250$ mm를 취하고 있다.

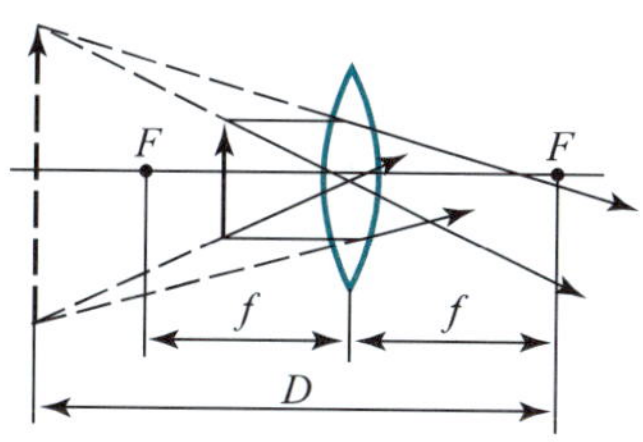

그림 3.1 볼록렌즈

3.2 광 지렛대 optical lever

광 지렛대란 어떤 지점을 중심으로 회전하는 거울을 말하며 그에 의한 확대원리는 다음과 같다. 그림 3.2와 같이 거울의 회전중심 0으로부터 거리 l_1만큼 떨어진 곳에서 직선변위 h를 주면, 점 A에 맺은 상이 거리 S만큼 떨어진 점 B로 이동한다. 이때 거울의 회전각 θ가 극히 작은 경우 배율 m은 다음 식으로 된다.

$$\text{배율 } m = \frac{s}{h} = \frac{2l_2}{l_1}$$

■ 공식유도

그림 3.2의 기하학적 관계로부터

$$\tan\theta = \frac{h}{l_1} \tag{3.1}$$

이고, 상의 이동거리 s 는 다음과 같이 된다.

$$s = l_2 \tan 2\theta = l_2 \frac{2\tan\theta}{1-\tan^2\theta} \fallingdotseq 2l_2 \tan\theta \tag{3.2}$$

(* θ 가 rad 단위이고 작다면 $\tan 2\theta \fallingdotseq 0$)

식 (3.1)을 식 (3.2)에 대입하면 다음과 같은 식을 얻을 수 있다.

$$s = \frac{2l_2 h}{l_1}$$

따라서 배율 m 은 다음과 같이 된다.

$$m = \frac{s}{h} = \frac{2l_2}{l_1}$$

이와 같은 광 지렛대를 이용한 측정기에는 그림 3.3과 같은 옵티미터(optimeter)가 있는데 그 구조 및 원리는 다음과 같다.

콜리미터렌즈의 초점 위치에 +자선이 그려져 있는 평면 유리판이 있고, 이 유리판 뒤에서 광원이 +자선을 투사하면 투사된 +자선은 콜리미터렌즈와 반사경을 차례로 거쳐 눈금판에 상을 맺게 된다.

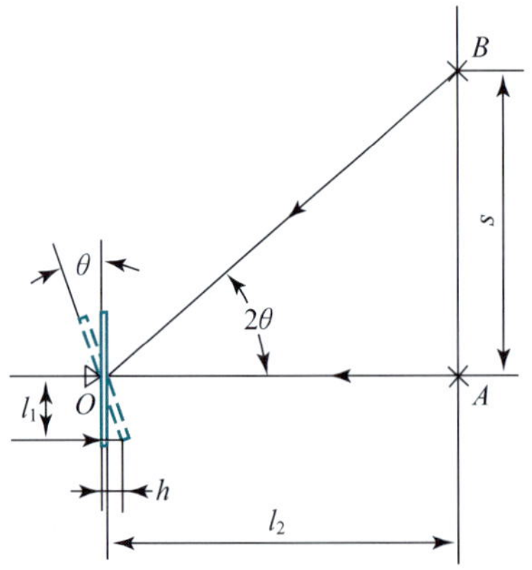

그림 3.2 광 지렛대

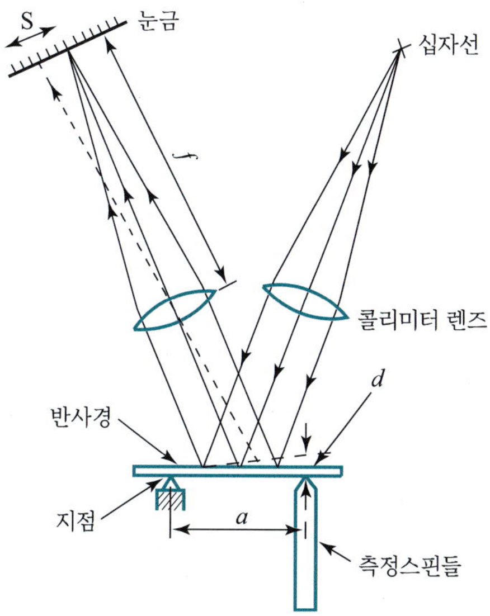

그림 3.3 옵티미터의 원리

이때 측정용 스핀들이 d만큼 이동하면 반사경의 기울기가 변하여 +자선의 상은 눈금판상에서 s만큼 이동하게 된다.

3.3 간섭무늬

그림 3.4와 같이 평면유리 B를 평면 금속판 A 위에 놓고 미소한 각도 θ만큼 기울인 다음, 평면유리 B 위에서 파장 λ의 단색광을 수직으로 입사시키고 반사된 빛을 관찰해 보면 일정한 간격 S로 어두운 무늬가 나타나는 것을 볼 수 있는데, 이를 간섭무늬(interference fringes)라 한다.

이와 같은 간섭무늬가 발생하는 원리는 다음과 같다. 우선 빛은 횡파이고 정현파 형태로 진행하므로 두 개의 파가 서로 중첩하여 진행할 때 두 개의 파의 위상차가 반 파장의 홀수배일 경우에 두 개의 파의 진폭은 서로 상쇄되어 어둡게 보이고, 짝수배일 경우에 두 개의 파는 중첩되어 진폭이 더 커지게 되어 밝게 보인다.

즉, 파장을 λ, n을 정수라 하면

위상차 $g=(2n+1)\dfrac{\lambda}{2}$일 때 어둡게 보이고

$g=2n\dfrac{\lambda}{2}$일 때 밝게 보인다.

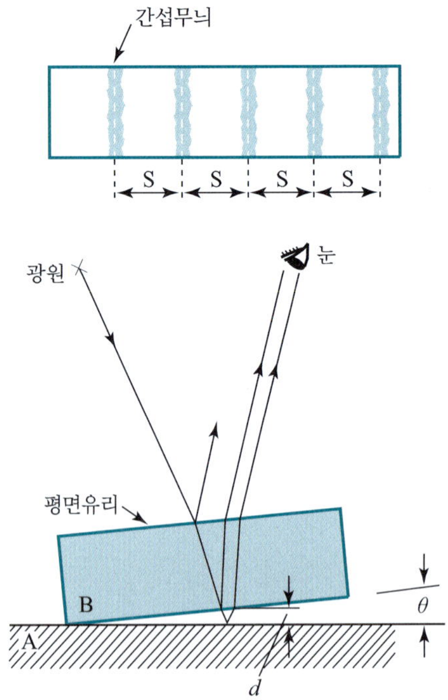

그림 3.4 간섭무늬의 발생 원리

따라서 그림 3.4와 같이 금속판 A 위에 평면유리 B를 놓고, 파장 λ의 단색광을 평면유리 위에서 수직으로 입사시키면 빛의 일부는 평면유리의 윗면 및 밑면에서 반사되고, 나머지 일부는 평면유리를 통과하여 금속면에서 반사하게 된다.

이때 금속판 A에서 반사된 빛과 평면유리 B의 밑면에서 반사된 빛이 서로 $\frac{\lambda}{2}$의 홀수배에 상당하는 위상차(位相差)가 생기면, 이 두 개의 파가 서로 중첩하였을 때 서로 소멸되어 어둡게 보이고, $\frac{\lambda}{2}$의 짝수배에 상당하는 위상차(位相差)가 생기면, 이 두 개의 파가 서로 중첩하여 밝게 보이게 된다.

즉, 유리판과 금속판과의 거리를 d라 하면 평면유리 B의 밑면에서 반사되는 빛과 금속판 A에서 반사되는 빛 사이의 위상차 g에 따라 다음과 같이 보인다.

$$g = 2d + \frac{\lambda}{2} = (2n+1)\frac{\lambda}{2}, \text{ 즉 } d = 2n\frac{\lambda}{4} = n\frac{\lambda}{2} \text{일 때 어둡게 보인다.}$$

$$g = 2d + \frac{\lambda}{2} = (2n)\frac{\lambda}{2}, \text{ 즉 } d = (2n-1)\frac{\lambda}{4} \text{일 때 밝게 보인다.}$$

따라서 평면유리와 금속판과의 거리 $d = n\frac{\lambda}{2}$일 때 간섭무늬가 생긴다는 사실을 알 수 있다.

또한 간섭무늬 사이의 거리 S와 평면유리판의 경사각 θ 사이에는 다음과 같은 관계식이 성립한다.

$$S\ \tan\theta = \frac{\lambda}{2}$$

θ가 rad 단위이고 작다면 $\tan\theta \approx \theta$이므로

$$S\theta \approx \frac{\lambda}{2}$$

$$S \fallingdotseq \frac{\lambda}{2\theta}$$

이와 같이 한 개의 간섭무늬는 같은 공기층 두께의 점을 연결하는 등고선(等高線)과 같은 것으로 생각할 수 있다.

따라서 금속판의 평면도가 좋을 경우에는 간섭무늬가 그림 3.4와 같이 등 간격의 직선으로 나타나지만, 평면도가 나쁘면 무늬 사이의 간격이 불규칙해 진다든지 무늬가 굽어지게 된다.

옵티칼 플랫(optical flat)은 이와 같은 원리를 이용하여 측정물의 평면도를 측정한다.

또한 그림 3.5와 같이 금속판 A를 수직방향으로 이동시킬 때 이와 직각인 방향으로 간섭무늬가 이동하는 원리를 이용하여 길이의 변환기로 이용할 수 있다. 즉, 금속판 A를 수직방향으로 이동시키면 이와 직각인 방향으로 간섭무늬가 이동하는데, 이때 간섭무늬가 발생한 어느 한곳을 집중적으로 응시하고 있으면 간섭무늬가 이동함에 따라 어두워짐과 밝아짐을 반복할 것이다.

이때 이 명암의 개수를 세면 금속판 A의 이동량을 알 수 있게 된다.

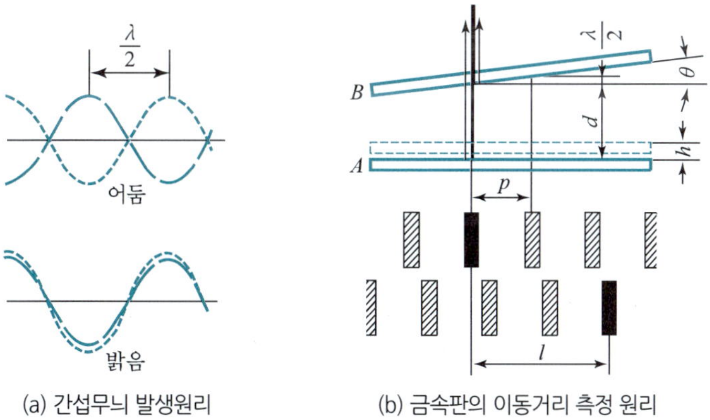

그림 3.5 간섭무늬의 발생원리 및 금속판의 이동거리 측정 원리

즉, 금속판 A를 수직방향으로 h 만큼 이동시켰을 때 i개의 간섭무늬가 지나가며 밝아짐과 어두워짐을 반복했다고 하면, 금속판의 이동량 h와 간섭무늬의 이동량 l은 다음과 같이 된다.

$$h = i\frac{\lambda}{2}$$

$$l = iS = i\frac{\lambda}{2\theta}$$

따라서 이때의 확대율 m은 다음과 같이 된다.

$$m = \frac{l}{h} = \frac{1}{\theta}$$

그림 3.6은 변위 측정을 위한 **광파간섭계**의 구조로 광원 Q에서 나온 빛은 핀홀(pin hole) S에서 점광원으로 되어 렌즈 L_2로 간다. 이 렌즈 L_2를 통과한 빛은 평행광선이 되어 반투과경 HM으로 가는데 이 반투과경에서는 빛의 반은 투과하여 반사경 M_1으로 진행하며, 나머지 반은 반사하여 M_2로 진행한다. 이들은 각각 반사경 M_1, M_2에서 반사하여 반투과경 HM으로 돌아오게 되고, 이때 두 빛의 광로차에 의하여 스크린 S_c에 간섭무늬가 형성된다.

이제 측정물의 변위에 의하여 반사경 M_1이 광축방향으로 이동하면 빛의 파장 λ의 1/2에 상당하는 거리만큼 이동할 때마다 간섭무늬의 이동으로 인하여 밝아짐과 어두워짐을 반복한다. 이때 간섭무늬의 이동으로 인한 명암의 횟수를 세어 이동거리를 측정할 수 있다.

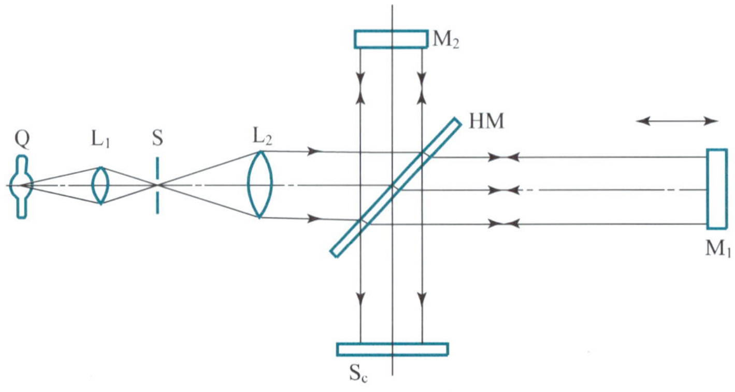

그림 3.6 광파간섭계
(Q : 광원, L_1, L_2 : 렌즈, S : 핀홀, HM : 반투과경, M_1, M_2 : 반사경, S_c : 스크린)

Chapter 04

유체적 변환기

유체의 유동성과 연속성을 이용하여 유체의 압력 또는 유량을 변위로, 변위를 압력으로 변환시키는 변환기를 **유체적 변환기**라 하며, 이것에는 다음과 같은 것들이 있다.

4.1 압력의 변위 변환

그림 4.1과 같이 U자 형태의 유리관 속에 수은을 넣고 양 입구로부터 압력 p_1 및 p_2를 작용시키면, 압력차 $p_1 - p_2$에 따라 높이 차 h가 생긴다. 이때 U자관의 양 입구로 들어오는 유체의 밀도를 ρ_f, 봉입액(수은)의 밀도를 ρ_m이라고 하면 차압(差壓) $p_1 - p_2$와 봉입액의 높이차 h와는 다음과 같은 관계가 성립한다.

$$p_1 - p_2 = (\rho_m - \rho_f)gh$$

식에서 g는 중력가속도이다.

이와 같은 압력의 변위 변환기를 **U자관 압력계**(U tube manometer)라고 한다. 식에서 보는 바와 같이 봉입액의 높이차 h로부터 차압 $p_1 - p_2$를 구할 수 있다.

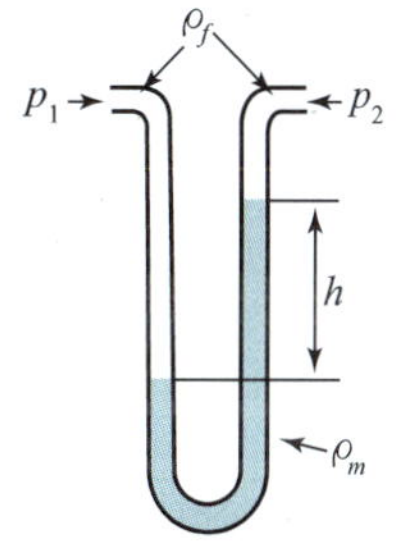

그림 4.1 U자관 압력계

4.2 유량의 변위 변환

유량을 변위로 변환시키는 변환기로는 그림 4.2와 같은 로터미터(rotameter)라 하는 **면적식 유량계**(variable-area meter)가 있다.

이 유량계는 수직으로 세워진 투명한 테이퍼관 속에 물에 잘 뜨는 부자(浮子, float)가 들어있는 구조로 되어 있으며, 유체가 테이퍼관의 좁은 쪽에서부터 넓은 쪽으로 흐르면 그 유량에 비례하여 부자의 위치가 변화되는 원리를 이용하여 유량을 측정한다.

그림 4.2에서 유체의 밀도를 ρ_w 라 하고, 부자의 밀도, 체적, 단면적을 각각 ρ_f, V_f, A_f, 부자 상하의 압력을 각각 p_1, p_2, 중력가속도를 g, 테이퍼관과 부자와의 틈새에 의한 단면적을 S라 하면, 테이퍼관을 통과하는 유체의 유량 Q는 다음 식과 같이 된다.

$$Q = \alpha S \sqrt{\frac{2(p_1 - p_2)}{\rho_w}} = \alpha S \sqrt{\frac{2g(\rho_f - \rho_w)V_f}{\rho_w A_f}}$$

식에서 α 는 유량계수이다.

식에서 유체의 밀도 ρ_w, 부자의 밀도, 체적, 단면적 ρ_f, V_f, A_f 및 중력가속도 g가 일정하다고 하면 유량 Q는 테이퍼관과 부자 사이의 틈새의 단면적 S에 비례한다는 것을 알 수 있다.

이때 이 틈새의 단면적 S는 부자의 이동거리에 비례하므로 결국 유량 Q는 부자의 이동거리에 비례하게 되는 것이다.

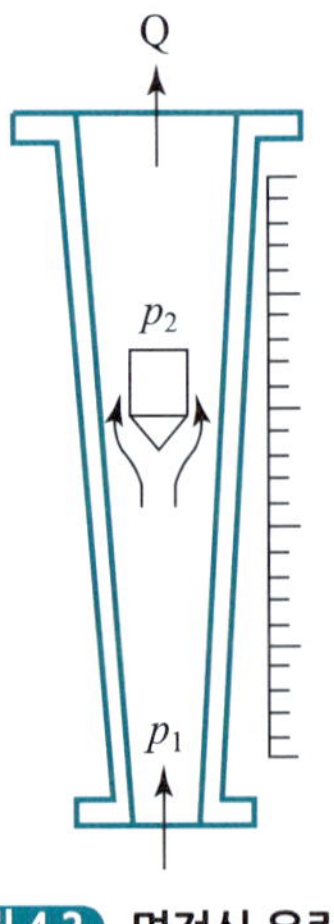

그림 4.2 면적식 유량계

4.3 유량의 압력 변환

유체가 흐르는 관로(管路)가 좁아지면 유체의 흐름은 빨라지게 되고 유체의 속도가 빨라지면 유체의 압력은 감소하게 된다.

이와 같은 원리를 이용하여 유체의 관로를 급격하게 축소시켜 유속(流速)을 유체의 압력으로 변환하여 유속(流速)을 측정할 수 있는데, 이에는 그림 4.3과 같은 **오리피스**(orifice), **노즐**(nozzle), **벤츄리관**(venturi tube) 등이 있다.

그림 4.3과 같은 오리피스에 유체가 화살표 방향으로 흐를 때 오리피스 전후의 압력을 p_1, p_2, 유량을 Q라 하면, 유량 Q와 압력차 $p_1 - p_2$ 사이에는 다음과 같은 관계식이 성립한다.

$$Q = \alpha A \sqrt{\frac{2g(p_1 - p_2)}{\gamma}}$$

식에서 α는 유량계수, A는 교축부(絞縮部)의 단면적, γ는 유체의 비중량, g는 중력가속도이다.

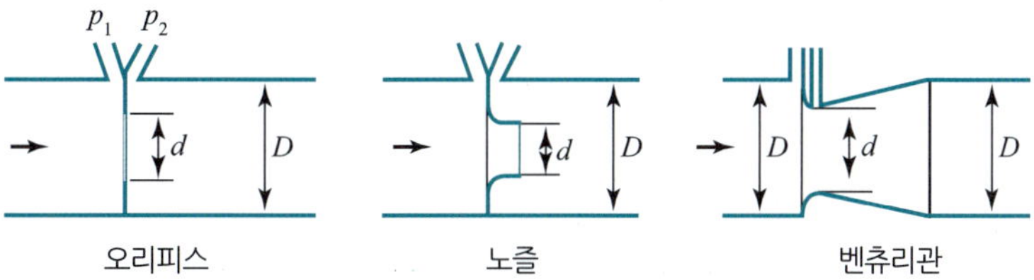

그림 4.3 유량의 압력 변환기

4.4 변위의 압력 변환

변위를 압력으로 변환시키는 장치에는 그림 4.4(a)와 같은 노즐(nozzle) 및 플래퍼(flapper) 기구가 있다.

그림 4.4(a)와 같이 일정한 압력 p_1의 유체가 작은 구멍으로 된 오리피스를 통과하면 압력이 p_2로 되어 플래퍼와 노즐과의 틈새를 통하여 대기(大氣)중에 유출된다.

이때 플래퍼(flapper)와 노즐과의 틈새 x가 변하면 이 틈새 x에 따라 다음 식과 같이 압력이 변화하게 된다.

$$\frac{p_2}{p_1} = 1.1 - 2\left(\frac{d_2}{{d_1}^2}\right)x$$

이 기구는 틈새변화에 따른 압력변화를 이용하여 일종의 변위 증폭기 등으로 사용되는 경우가 많다.

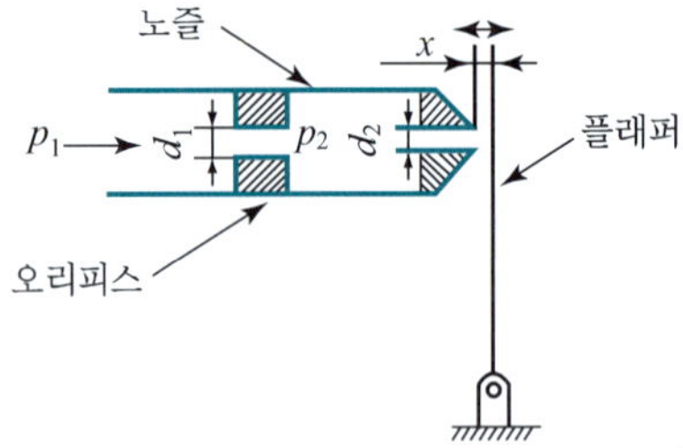

(a) 노즐 및 플래퍼 기구

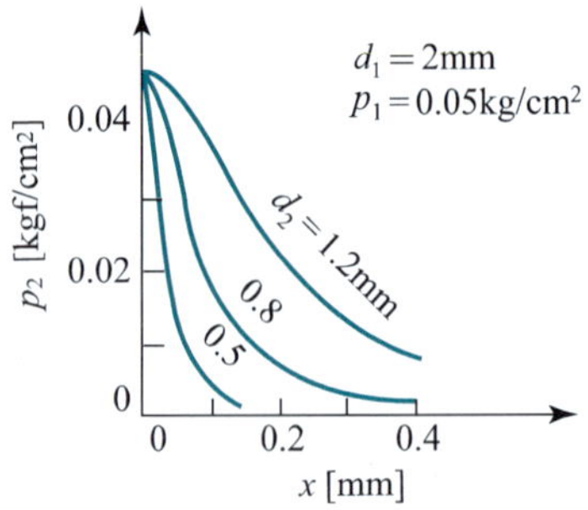

(b) 변위 x 와 압력 p_2 사이의 관계

그림 4.4 노즐 및 플래퍼 기구

Chapter 05

전기적 변환기

5.1 저항 변화법에 의한 변환기

5.1.1 스트레인 게이지

스트레인 게이지(strain gauge)란 각종 구조물에 접착시켜 구조물에 작용하는 변형률(strain)을 측정하는 데 사용하는 것으로, 저항선 스트레인 게이지와 반도체 스트레인 게이지가 있으며 그 원리는 각각 다음과 같다.

(1) 저항선 스트레인 게이지

그림 5.1과 같은 금속선의 고유저항값을 ρ, 단면적을 S, 길이를 ℓ이라 하면 이 금속선의 전기저항 R은 다음 식과 같이 된다.

$$R = \rho \frac{\ell}{S}$$

이 금속선에 길이 방향으로 인장력이 작용하여 그 길이가 $\Delta\ell$만큼 늘어나면 전기저항 R이 증가하게 되는데, 이때 저항변화율 $\frac{\Delta R}{R}$은 다음과 같은 식으로 된다.

$$\frac{\Delta R}{R} = (1+2\nu)\varepsilon + \frac{\Delta\rho}{\rho} \tag{5.1}$$

식에서 ν는 푸아송비(poisson's ratio)라는 것으로 금속선의 종변형률 $\varepsilon = \frac{\Delta\ell}{\ell}$, 횡변형률 $\varepsilon' = \frac{\Delta d}{d}$라고 하면 다음과 같은 값을 가진다.

$$\nu = \frac{\varepsilon'}{\varepsilon}$$

그런데 금속의 경우에는 종변형률 ε에 비하여 고유저항치의 변화율 $\frac{\Delta\rho}{\rho}$가 전기저항변화율 $\frac{\Delta R}{R}$에 미치는 영향이 훨씬 작으므로 $\frac{\Delta\rho}{\rho}$는 무시할 수 있다.

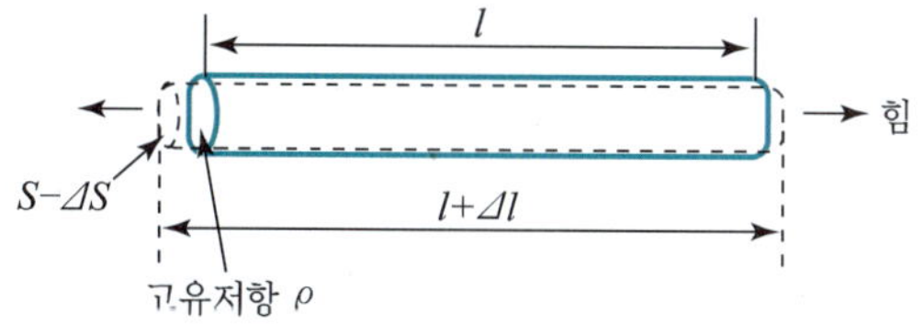

그림 5.1 금속선의 힘에 의한 변형

따라서 식 (5.1)은 다음과 같이 된다.

$$\frac{\Delta R}{R} \approx (1+2\nu)\varepsilon \tag{5.2}$$

여기서 $1+2\nu = F$로 하면 식 (5.2)는 다음과 같이 된다.

$$\frac{\Delta R}{R} = F\varepsilon \tag{5.3}$$

여기서 F는 금속선의 재료에 따라 결정되는 상수로, 게이지의 감도를 결정하기 때문에 게이지율(gauge factor)이라고 한다.

게이지율은 사용하는 재료에 따라 달라지는데 약 2 정도의 값을 가지고 있다.

식 (5.3)에서 보는 바와 같이 금속선의 저항변화율 $\frac{\Delta R}{R}$은 변형률(strain) ε에 비례한다는 것을 알 수 있다.

스트레인 게이지로 사용되는 금속선의 재료로는 어드밴스(advance), 콘스탄탄(constantan) 등이 있다.

이와 같은 저항선 스트레인 게이지의 경우에 길이변화에 따른 저항변화율이 매우 작기 때문에 그 길이변화를 크게 하기 위하여 그림 5.2와 같이 금속선을 몇 번 구부린 다음 폴리에스테르 또는 베이클라이트 등의 얇은 판재에 붙여서 만든다.

스트레인 게이지를 이용하여 구조물에 작용하는 변형률을 측정할 때에는 스트레인 게이지를 측정할 부위에 접착시키고, 구조물에 작용하는 응력(stress)에 의하여, 구조물과 스트레인 게이지가 함께 변형되도록(늘어나든지 줄어들던지) 하게 하여 스트레인 게이지의 저항변화율로부터 구조물의 스트레인을 측정한다.

이때 스트레인의 크기는 $10^{-6} \sim 10^{-4}$ 정도로 아주 미소하므로 이와 같이 작은 저항변화를 검출하기 위해서는, 그림 5.3과 같은 휘스톤 브릿지(wheatstone's bridge)회로를 사용해야 하는데 그 원리는 다음과 같다.

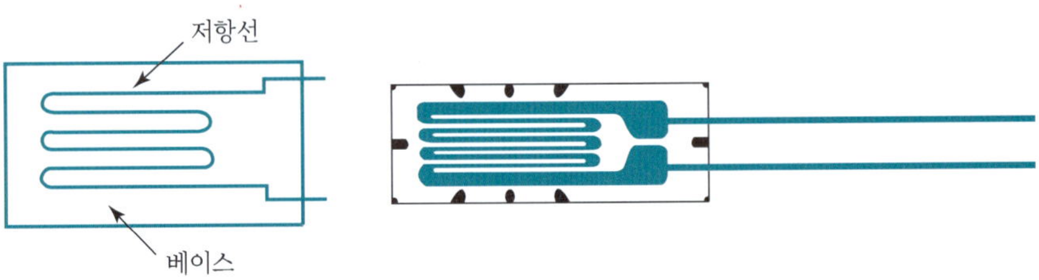

그림 5.2 저항선 스트레인 게이지

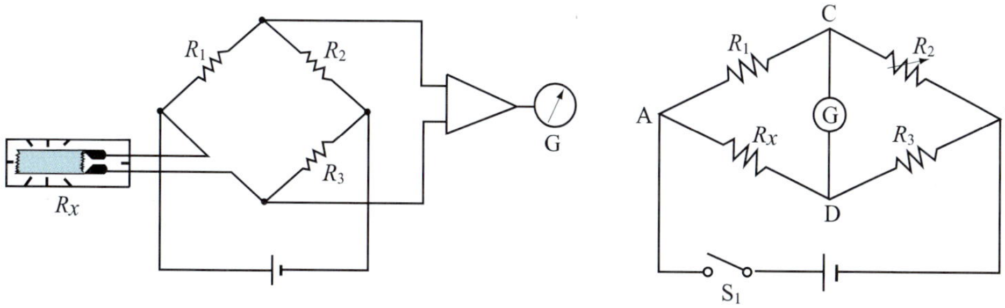

그림 5.3 휘스톤 브릿지 회로

그림 5.3과 같은 휘스톤 브릿지 회로에서 R_x는 스트레인 게이지, R_1, R_3는 저항, R_2는 가변저항, G는 전류계라고 하면, 전류계 G를 통과하는 전류가 0이 되었을 때 휘스톤 브릿지 회로의 원리상 다음 식이 성립한다.

$$R_1 R_3 = R_2 R_x$$

따라서

$$R_x = R_3 \frac{R_1}{R_2} \tag{5.4}$$

가 되므로, 가변저항기 R_2의 저항값을 조정하여 전류계 G의 지시가 0이 되도록 한 후, 식 (5.4)로부터 스트레인 게이지에서의 저항값 R_x를 구한다.

(2) 반도체 스트레인 게이지

앞에서 금속선에 인장력을 작용시켜 그 길이를 $\Delta\ell$만큼 늘어나게 했을 때, 금속선의 전기저항 변화율 $\frac{\Delta R}{R}$은 다음 식과 같이 되었다.

$$\frac{\Delta R}{R} = (1+2\nu)\varepsilon + \frac{\Delta\rho}{\rho} \tag{5.5}$$

그런데 반도체 재료에서는 재료의 고유저항치의 변화율 $\frac{\Delta\rho}{\rho}$가 재료의 변형률 ε보다 전기저항변화율 $\frac{\Delta R}{R}$에 미치는 영향이 훨씬 크므로, 재료의 변형률 ε에 의한 영향은 무시할 수 있다. 따라서 식 (5.5)는 다음과 같이 간단하게 된다.

$$\frac{\Delta R}{R} = \frac{\Delta\rho}{\rho} \tag{5.6}$$

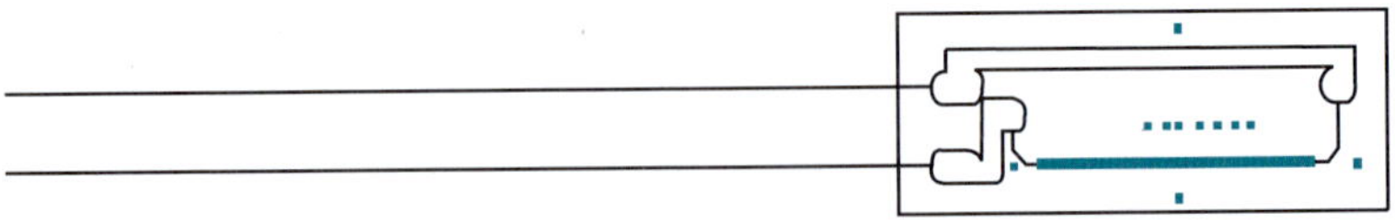

그림 5.4 반도체 스트레인 게이지

그런데 고유 저항치의 변화율 $\frac{\Delta\rho}{\rho}$은 길이 변형률 ε과 다음과 같은 관계가 있다.

$$\frac{\Delta\rho}{\rho}=\pi E\varepsilon \tag{5.7}$$

따라서 식 (5.7)을 식 (5.6)에 대입하면 저항변화율 $\frac{\Delta R}{R}$과 길이 변형률 ε과의 관계는 다음과 같이 된다.

$$\frac{\Delta R}{R}=\pi E\varepsilon \tag{5.8}$$

이와 같이 힘에 의하여 재료의 고유저항이 변화하는 효과를 피에조 저항효과(piezo-resistance effect)라고 한다.

반도체 스트레인 게이지의 재료로는 게르마늄(Ge), 실리콘(Si) 등이 있다.

■ 반도체 스트레인 게이지의 특징

① 게이지율이 높다.

스트레인 변화에 의한 저항치의 변화가 매우 크기 때문에 극히 작은 스트레인까지도 측정할 수 있다.

② 피로수명이 길다.

실리콘은 단결정으로 피로수명이 길다.

③ 안정성이 있다.

실리콘은 완전한 단결정으로, 저항선 스트레인 게이지에서와 같은 히스테리시스(hysteresis), 크리프(creep), 제로 드리프트(zero drift)와 같은 현상이 나타나지 않는다.

④ 소형으로 제작 가능하고, 전기저항을 크게 할 수 있다.

반도체이므로 전기저항을 크게 할 수 있고 작은 크기로 제작가능하다.

⑤ 온도 특성이 저항선 스트레인 게이지보다 큰 단점이 있다.

온도변화에 민감하여 온도에 의한 영향을 많이 받는다.

5.1.2 서미스터

서미스터(thermister)란 Ni, Co, Mn, Fe, Cu 등의 금속 산화물 분말을 혼합하여 소결 압축시킨 반도체 소자(半導體 素子)로, 반도체의 도전율(導電率)이 온도의 상승과 함께 증대하는 성질을 이용한 온도계측용 소자이다.

이 소자는 비교적 저온도(-100~300℃)의 측온체로서, 감도가 높고, 형상이 작으며, 응답이 빠른 특성을 가지고 있기 때문에 널리 사용되고 있다.

서미스터는 그림 5.5와 같이 금속산화물로 이루어진 서미스터 소자에 백금선과 같은 도선을 붙인 구조로 되어 있다.

전기저항 R_0인 서미스터의 온도가 T_0(K)에서 T_1(K)로 변화되면 전기저항 R_1은 다음과 같이 된다.

$$R_1 = R_0 e^{B\left(\frac{1}{T_1} - \frac{1}{T_0}\right)}$$

식에서 B는 서미스터의 재료에 따라 결정되는 상수로 4,000 정도의 값을 가진다.

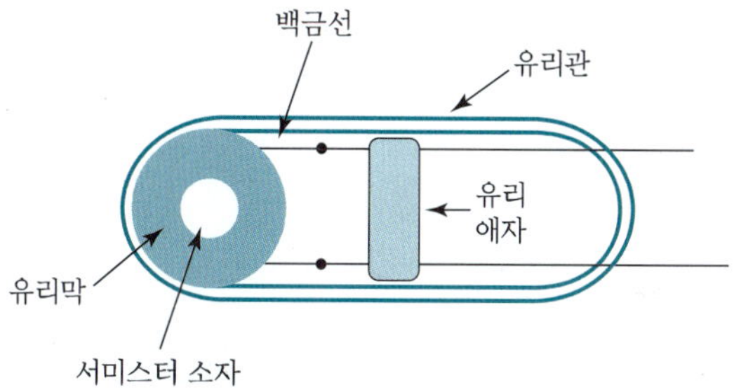

그림 5.5 서미스터의 구조

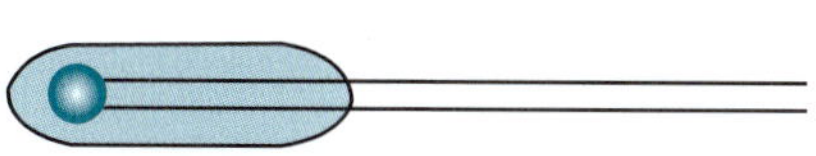

그림 5.6 서미스터의 실제 모습

5.1.3 저항선 온도계

일반적으로 금속의 온도가 상승하면 전기저항이 증가하는데, 이와 같은 성질을 이용하여 온도를 측정하는 것이 저항선 온도계이다.

저항선 온도계에서 측온 소자로 사용되고 있는 금속은 백금, 니켈, 구리 등이며, 이 중에서 백금이 가장 많이 사용되고 있다.

온도가 t_0℃일 때 전기저항 R_0인 금속선의 온도가 t℃로 증가하면 금속선의 전기저항 R_t는 다음과 같이 된다.

$$R_t = R_0\{1 + \alpha\, \Delta t\}$$

식에서 α는 금속선의 온도가 t_0℃일 때의 온도계수이며, $\Delta t = t - t_0$이다.

5.1.4 자기저항효과 이용 변환기

어떠한 물질에 자계(磁界)를 가하면 그 물질 자체의 전기저항이 변화하는데, 이와 같은 효과를 자기저항효과(magnetoresistance effect)라 하며, 그 원리는 다음과 같다.

그림 5.7과 같이 2장의 전극 사이에 도전재료가 꽉 채워져 있다고 하자. 이 전극 사이에 전압을 가하면 전류는 실선과 같이 평행으로 흐르나, 전계(電界)와 직각방향으로 자계(磁界)를 가하여 주면, 전류의 경로가 점선과 같이 구부러지면서 전류가 흐르는 경로가 길어지게 될 것이다.

이와 같이 전류의 경로가 길어지면 물체의 길이가 길어질 때 전기저항이 증가하는 것과 같은 효과로 그만큼 물체의 전기저항이 증가하게 되는 것이다.

자기저항효과를 이용한 변환기에는 그림 5.8과 같은 변위 변환기가 있다.

이 변위 변환기는 그림 5.8과 같이 게르마늄(Ge) 자기저항소자 R_1, R_2 및 저항 R_3, R_4가 브릿지 회로로 연결되어 있고, 자기저항소자 R_1, R_2는 영구자석에 의하여 자속을 받고 있다.

따라서 자기저항소자 R_1, R_2가 균등하게 자속을 받을 때 브릿지 회로의 전류가 평형이 되도록 조절한다. 이 상태에서 자기저항소자가 좌우로 이동하면 R_1, R_2의 자속에 균형이 깨져 저항값이 변화하고, 이는 브릿지 회로의 전압변화로 변화하여 출력된다.

이때 변위와 출력전압과의 관계는 영구자석과 소자의 형상에 따라 다르나 어느 정도의 범위내에서는 직선관계를 갖는다.

자기저항소자는 극히 작게 만들 수 있는 특색이 있다.

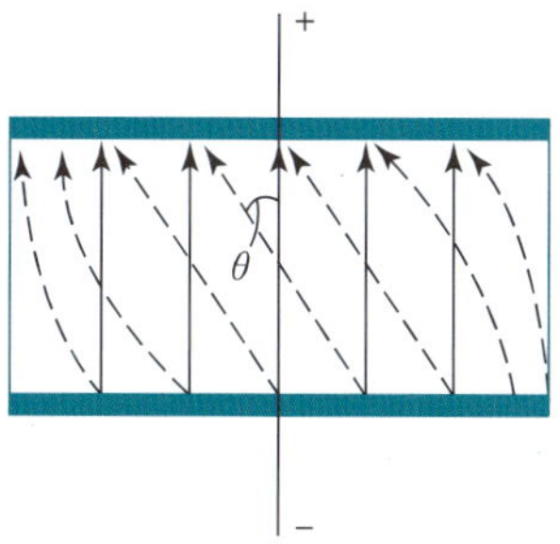

그림 5.7 자기저항효과의 원리

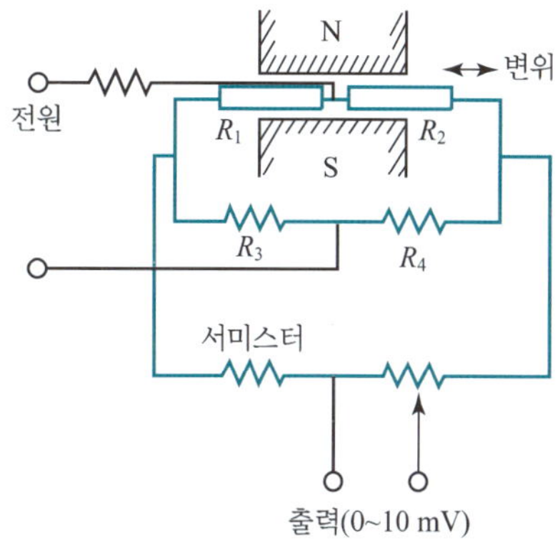

그림 5.8 자기저항효과 이용 변환기

5.1.5 흡습효과 이용 변환기

전해질이 수증기를 흡수하면 전해질의 전기저항이 크게 변화하는데, 이러한 원리를 이용하여 습도를 감지하는 감습소자로 사용한다.

감습소자로 사용되는 재료로는 염화리튬, 인산칼륨 등의 전해질이 있는데, 이와 같은 전해질을 그림 5.9와 같이 절연판 위의 두 개의 전극 사이에 얇은 층으로 칠하여 건조성형 또는 진공증착한 것을 감습소자로 사용한다.

이와 같은 감습소자를 이용한 습도계는 응답시간이 20℃에서 0.1~0.4초 정도로 비교적 빠른 특성을 가지고 있으나, 장시간 방치하면 감습막이 변화하든지 온도계수가 커져 온도변화가 심한 곳에서는 오차가 커지는 결점이 있다.

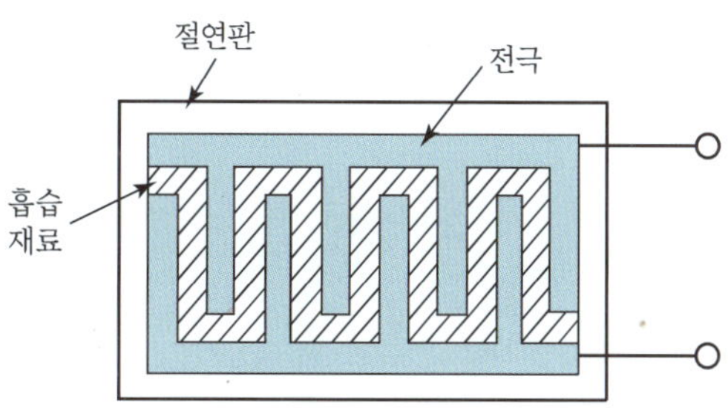

그림 5.9 감습소자

5.1.6 흡착효과 이용 변환기

반도체막에 가스가 흡착하면 반도체의 전기 전도도(傳導度)가 변화하는 성질을 이용하여 가스 성분 검출기로 사용한다. 예를 들면, n형 산화물 반도체의 경우에는 탄화수소류와 같은 양(+)이온이 흡착하면 전기 전도도가 증가하고, 산소와 같은 음(−)이온이 흡착하면 감소한다.

p형 반도체의 경우에는 이와 반대의 성질을 가지고 있다. 그림 5.10은 반도체 가스 검지기의 구조이다.

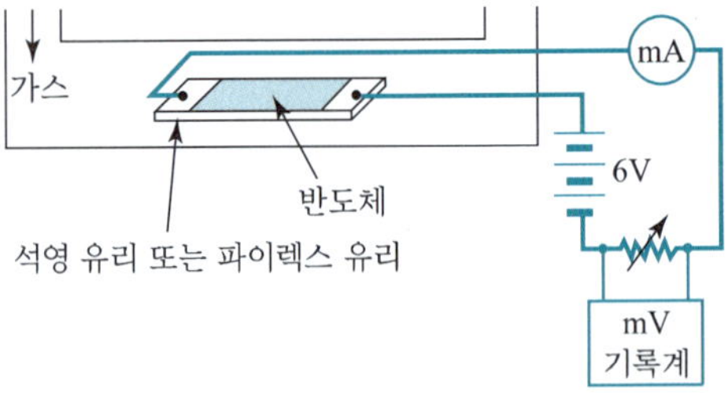

그림 5.10 반도체 가스 검지기

5.1.7 가변저항기를 이용한 변위 변환기

고유 저항치 $\rho(\Omega\cdot \text{cm})$, 길이 $\ell(\text{cm})$, 단면적 $S(\text{cm}^2)$인 도선의 전기저항 R은 다음 식과 같이 된다.

$$R = \rho\frac{\ell}{S}$$

식에서 보는 바와 같이 도선의 전기저항 R은 길이 ℓ에 비례한다. 이와 같은 성질을 이용하여 변위를 저항의 변화로 바꾸어 주는 장치를 가변저항기라고 하며, 그림 5.11과 같이 저항선에 접촉시킨 브러시(brush)에 직선 또는 회전 변위를 주어 저항선의 길이가 변화되도록 하고 있다.

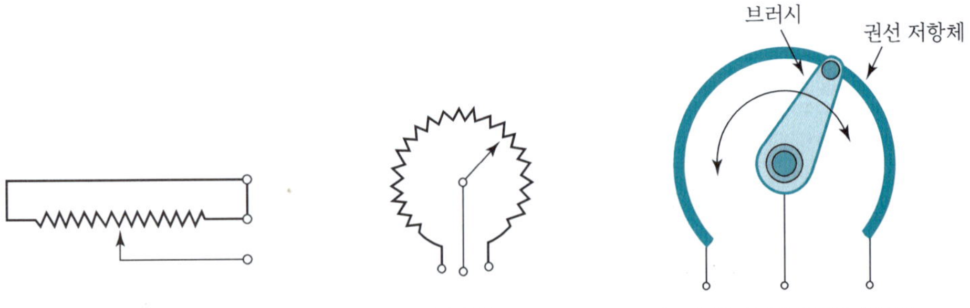

그림 5.11 가변저항기의 여러 가지 형태

5.2 인덕턴스 변화를 이용한 변환기

5.2.1 개 요

그림 5.12와 같은 코일에서 권선(捲線)수를 N이라 하면 자기(磁氣) 인덕턴스(inductance) L은 다음 식으로 된다.

$$L = K\frac{\mu\pi a^2}{\ell}N^2 \ (H) \tag{5.9}$$

식에서 K는 상수로서 ℓ이 무한대일 때 1이 되는 계수이고, μ는 투자율로 철심(core)의 재료 및 상태에 따라 달라지는 상수이다.

또한 인덕턴스 L에 의한 저항효과를 유도 리액턴스(inductive reactance)라 하며, 유도 리액턴스 X_L은 다음 식으로 된다.

$$X_L = 2\pi f L \ (\Omega) \tag{5.10}$$

식에서 f는 적용 전압의 주파수이다.

식 (5.9)에서 보는 바와 같이 코일에서 인덕턴스를 결정시키는 요소는 코일의 형상(ℓ, a), 권선수 N, 투자율 μ 등이다. 따라서 인덕턴스 변화를 이용한 변환기로는 철심의 투자율을 변화시킴으로써 인덕턴스를 변화시키는 투자율 변화형, 자로(磁路) 중의 자기저항(磁器抵抗)을 변화시킴으로써 인덕턴스를 변화시키는 자기저항 변화형, 코일에 의하여 생긴 전자석의 힘을 이용한 자기력 이용형, 코일 상호간의 형상과 위치관계에 따라 인덕턴스를 변화시키는 상호 인덕턴스 변화형, 코일을 도체판에 접근시킬 때 발생하는 맴돌이 전류에 의한 반작용으로 코일의 인덕턴스가 변화되는 원리를 이용한 자기유도 응용형 등이 있다.

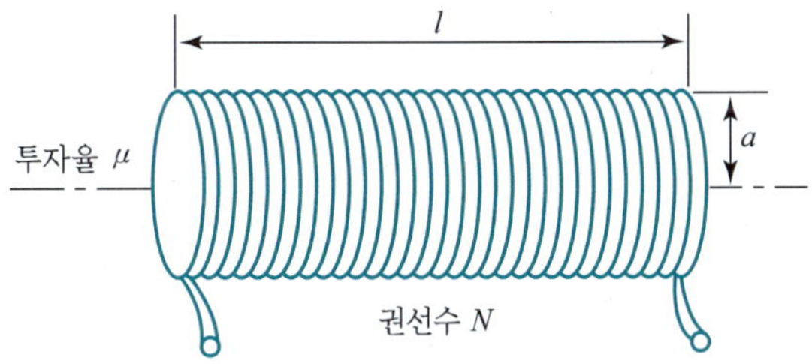

그림 5.12 코일

5.2.2 투자율 변화형 변환기

자성체가 응력을 받으면 그의 투자율(透磁率)이 변화하게 되는데 이러한 효과를 빌라리 효과(villari effect) 또는 자기(磁器) 스트레인(strain) 효과라고 한다.

보통 자성체의 투자율은 자성체의 재료 또는 응력의 형태(압축, 인장, 비틀림)나 자속밀도에 따라서 증가하거나 감소하게 된다.

즉, 니켈의 투자율은 압축력을 받을 때는 증가하고 인장력을 받을 때는 감소하나, 퍼멀로이(permalloy)는 압축력을 받을 때는 감소하고 인장력을 받을 때는 증가하는 특성을 가지고 있다.

그림 5.13은 빌라리 효과를 이용한 하중계로 자기탄성변환기라고 한다.

참고로 빌라리 효과 외에도 응력과 자기특성과의 관계에 있어서는 다음과 같은 특성들이 있다.

① 주울 효과 Joule effect

강자성체를 자화시키면 그 모양이 자계방향으로 변형되는 효과

② 비데만 효과 Wiedeman effect

강자성체에 세로방향과 원주방향으로 자계를 가하면 자성체에 비틀림이 생기는 효과

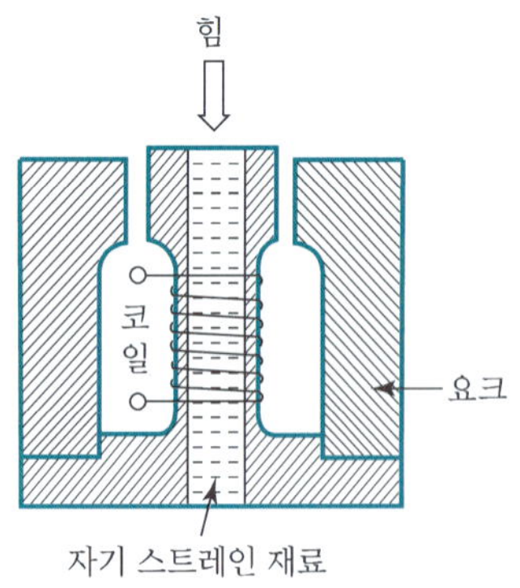

그림 5.13 자기 스트레인 효과를 이용한 하중계

5.3 자기저항변화형 변환기

자로(磁路) 중의 자기저항을 변화시킴으로써 인덕턴스가 변화되는 원리를 이용한 것을 자기저항변화형 변환기라고 하며, 이에는 가변공간형과 가변철심형이 있다.

5.3.1 가변공간형

그림 5.14와 같이 길이 l 인 'ㄷ'자형의 철심(core)으로부터 x 만큼 떨어진 거리에 어떠한 철편이 놓여있다고 하면, 전체의 자로(磁路)길이는 $l+2x$가 된다.

이때 철심의 투자율을 μ, 단면적을 s 라 하면 철심부분의 자기저항 R_1은 다음 식과 같이 된다.

$$R_1 = \frac{l}{\mu s}$$

또한 공기의 투자율을 μ_0라 하면 공간부분의 자기저항 R_2는 다음 식과 같이 된다.

$$R_2 = \frac{2x}{\mu_0 s}$$

따라서 총 자로에 대한 저항 R은 다음과 같이 된다.

$$R = R_1 + R_2 = \frac{l}{\mu s} + \frac{2x}{\mu_0 s} = \frac{l}{\mu s}\left(1 + \frac{2x}{l}\frac{\mu}{\mu_0}\right) = \frac{l}{\mu s}\left(1 + \frac{2x}{l}\mu'\right)$$

여기서 $\mu' = \frac{\mu}{\mu_0}$로 비투자율이라고 한다.

이때 코일의 권선수가 N이라 하면 인덕턴스 L은 다음 식과 같이 된다.

$$L = \frac{N^2}{R} = \frac{N^2}{\frac{l}{\mu s}\left(1 + \frac{2x}{l}\mu'\right)}$$

이 식에서 공간의 간격 x에 따라 인덕턴스가 변화됨을 알 수 있다.

이와 같은 원리를 이용하여 압연 공정 중에 압연강판의 두께를 측정할 수 있다.

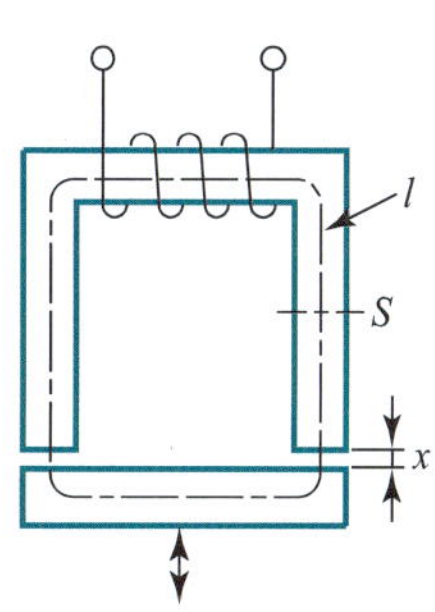

그림 5.14 가변공간형 변환기

5.3.2 가변철심형

그림 5.15(a)와 같이 철심을 그 가운데에 두고 1차 코일과 2차 코일로 이루어진 회로에서 1차 코일에 전압을 가하면 2차 코일에 전압이 유기된다.

이때 철심(core)이 축방향으로 이동하면 2차 코일에 유기되는 전압 E는 그림 5.15(b)와 같이 2차 함수적(포물선)인 형태로 변화하기 때문에 철심의 이동량에 비례하는 일정한 눈금으로 나타낼 수 없다.

따라서 이것을 1차 함수적인 비례관계로 하기 위하여 다음과 같은 차동변압기 회로(linear voltage differential transformer, LVDT)를 사용한다.

차동변압기 회로는 그림 5.16(a)와 같이 2차 코일측에 있는 2개의 코일에 흐르는 전류의 방향이 서로 반대가 되도록 직렬로 연결되어 있다. 따라서 2차 코일에 유기되는 전압 E_0는 2차 코일측의 두 코일에 유기되는 전압차($E_0 = E_1 - E_2$)로 되어, 그림 5.16(c)와 같이 철심의 변위 x에 대하여 1차 함수적인 비례관계가 된다.

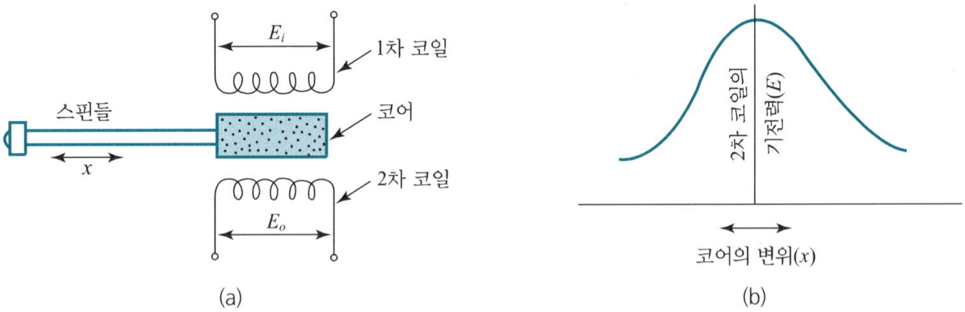

그림 5.15 인덕턴스식 검출기

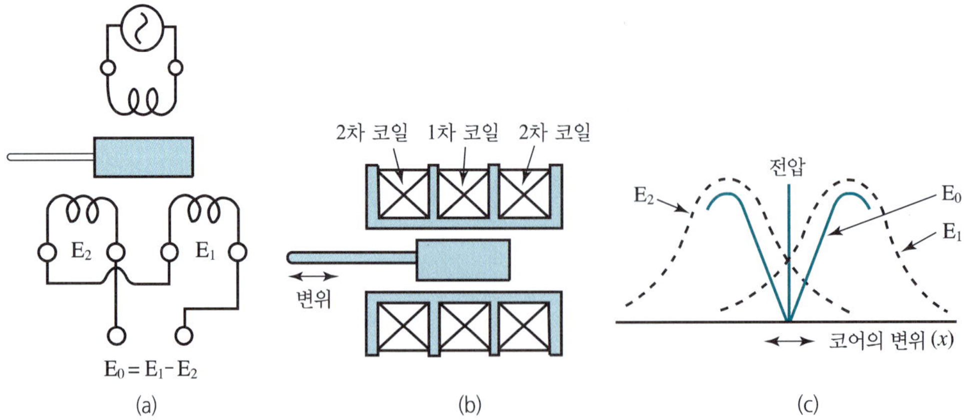

그림 5.16 차동변압기식 검출기

차동 변압기회로는 0.01μm 정도의 작은 변위도 검출할 수 있을 정도로 측정정도(測定精度)가 좋기 때문에 전기 마이크로미터 등과 같은 변위 측정기에 많이 사용되고 있다.

5.3.3 자기력 이용형 변환기

코일에 전류를 흘리면 전자석이 되는 원리를 이용한 변환기를 **자기력 이용형 변환기**라 하며, 이것을 응용한 예로 다음과 같은 **힘평형식 천칭**이 있다.

그림 5.17과 같이 천칭의 지지점을 중심으로 하여, 한쪽에는 측정물을 올려놓는 접시와 함께 차동변압기가 있으며 그 반대편에는 영구자석을 중심으로 한 코일이 배치되어 있다.

이때 접시에 아무것도 올려놓지 않은 상태에서는 천칭이 평형상태로 유지되어 있으나, 접시에 올려놓은 측정물의 중량에 의하여 비평형상태(unbalance)로 되면 차동변압기의 철심이 아래로 이동하고 그 이동하는 양에 비례하여 전류가 증가하게 된다. 이 전류를 증폭 정류하여 지렛대 반대쪽의 코일에 보내면 코일에 발생되는 자력은 전류에 비례하여 세어지고, 그만큼의 힘으로 영구자석이 코일을 아래로 잡아당기므로 천칭은 다시 평형상태로 된다. 따라서 이때 코일에 흐르는 전류를 측정하면 측정물의 중량을 알 수 있게 된다.

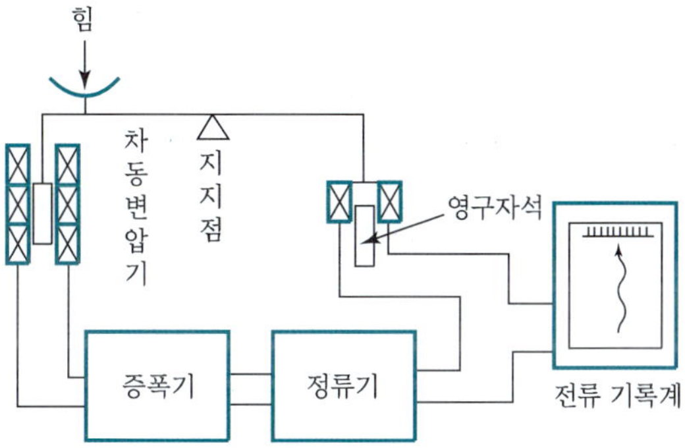

그림 5.17 힘평형식 천칭

5.3.4 상호인덕턴스 변화형 변환기

코일을 도체판에 접근시키면 맴돌이 전류에 의한 반작용으로 코일의 인덕턴스가 변화되는 원리를 이용한 변환기를 **상호인덕턴스 변화형 변환기** 또는 **자기유도형 변환기**라고 한다.

상호인덕턴스 변화형 변환기의 응용 예로 다음과 같은 **와전류 변환기**(eddy current transducer)가 있다.

그림 5.18과 같이 코일에 전류를 흘리면 코일과 마주보고 있는 금속판에 맴돌이 전류가 생기는데 이를 **와전류**(渦電流)라 한다.

지금 그림 5.19(a)와 같이 절연체에 1차 코일과 2차 코일을 동심으로 감아 만든 와전류(渦電流) 변환기를 금속판에 가까이 대고, 1차 코일에 전류를 흘려보내면 1차 코일의 여진(勵振)에 의하여 금속판에 **맴돌이 전류**가 발생하고, 다시 이 전류의 영향으로 인하여 1차 코일과 2차 코일 사이에 상호인덕턴스가 변화된다. 이때 상호인덕턴스의 변화는 코일과 금속판 사이의 거리에 따라 달라지므로, 이러한 원리를 이용하여 그림 5.19(a)와 같이 금속판의 두께를 측정물과 접촉하지 않고도 측정할 수 있으며, 그림 5.19(b)와 같이 금속판 위에 입힌 도막(塗膜) 두께도 측정할 수 있다.

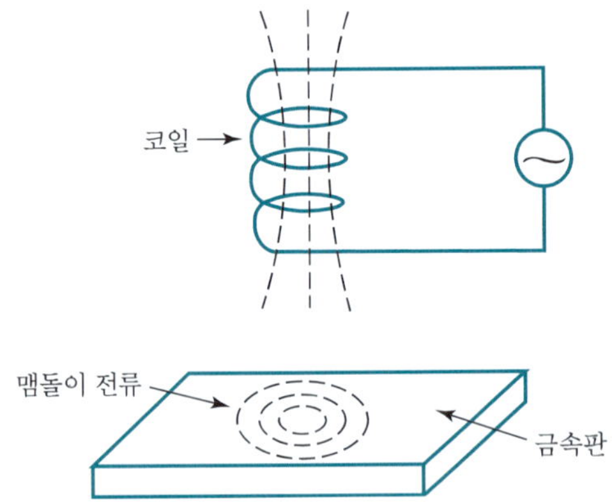

그림 5.18 와전류의 발생 원리

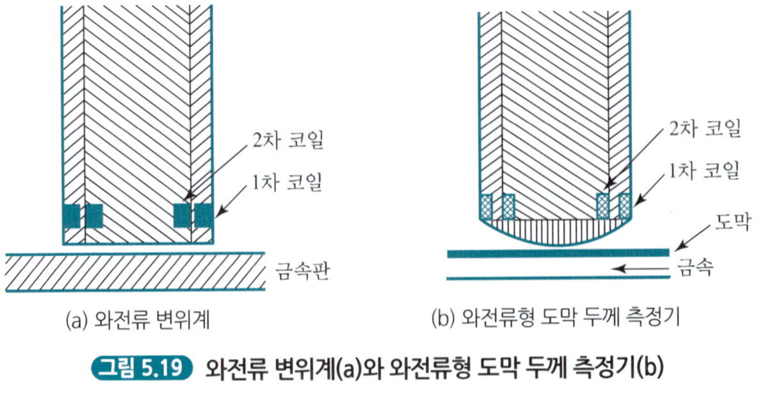

그림 5.19 와전류 변위계(a)와 와전류형 도막 두께 측정기(b)

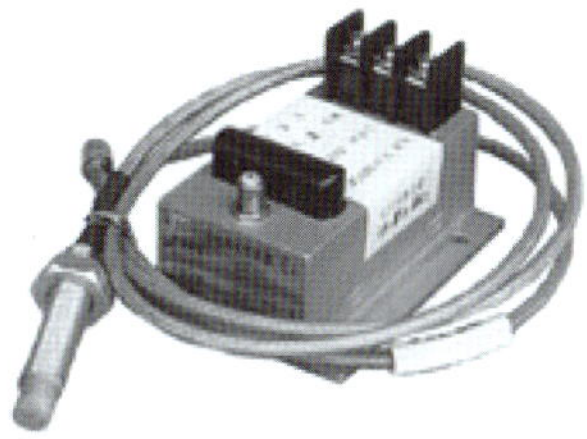

그림 5.20 와전류형 갭 센서

5.4 용량변화형 변환기

5.4.1 개 요

그림 5.21과 같이 판재로 된 면적 S인 두 장의 전극이 거리 d만큼 떨어져 있을 경우, 두 개의 전극 사이에 전기를 가하면 **정전용량** C는 다음 식과 같이 된다.

$$C = \varepsilon_s \varepsilon_0 \frac{S}{d}$$

여기서 ε_0는 진공일 경우의 **유전율**로 $\varepsilon_0 = 8.855 \times 10^{-12}(\mathrm{F/m})$의 값을 가지며, ε_s는 비유전율로 두 극판 사이가 진공일 때의 정전용량에 대한 유전체의 정전용량의 비이다.

이와 같은 **용량변화형 변환기**에는 다음과 같은 3가지 유형이 있다.

- 전극간격 변화형
- 면적변화형
- 유전율 변화형

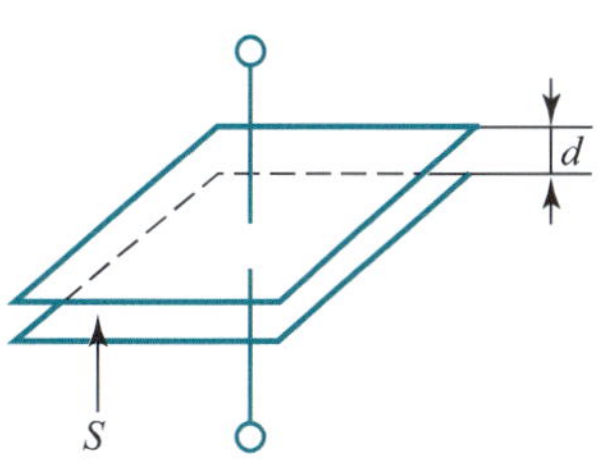

그림 5.21 정전용량식 변환기의 원리

■ 참고

- 정전용량 : 물통에 물을 부으면 수위(水位)가 높아지는 것과 같이 도체에 전하를 주면 전위(電位)가 높아진다. 이때 도체의 전위를 1 V만큼 높이는 데 필요한 전하량(電荷量)을 그 도체의 정전용량(전기용량)이라 한다. 도체에 전하량 Q를 주었을 때 전위가 V 볼트만큼 높아질 때의 정전용량 C는 다음과 같이 된다.

$$C=\frac{Q}{V}$$

- 유전율(dielectric constant) : 두 전극 사이에 있는 물질에 의하여 충전될 수 있는 정전용량
- 전하(電荷) : 전선을 흐르면서 여러 가지 전기적 현상을 일으키는 그 무엇을 전하라고 한다.

5.4.2 전극간격 변화형 변환기

앞에서의 정전용량 C에 대한 식 $C=\varepsilon_s\varepsilon_0\frac{S}{d}$을 전극 사이의 거리 d의 변화 Δd에 대한 정전용량의 변화 ΔC로 나타내면 식 (5.11)과 같이 된다.

$$\Delta C=-\varepsilon_0\varepsilon_s\frac{S}{d^2}\Delta d \tag{5.11}$$

식 (5.11)에서 정전용량의 변화 ΔC는 전극 사이의 거리 변화 Δd에 비례한다는 것을 알 수 있다. 이와 같은 원리를 이용하여 그림 5.22와 같은 원통의 진동측정 또는 편심 측정을 할 수 있다.

또한 식 (5.11)에서 거리 d가 작으면 작을수록 정전용량의 변화 ΔC는 커지게 되므로, 거리 d를 작게 하면 그만큼 감도가 커지게 된다는 사실도 알 수 있다.

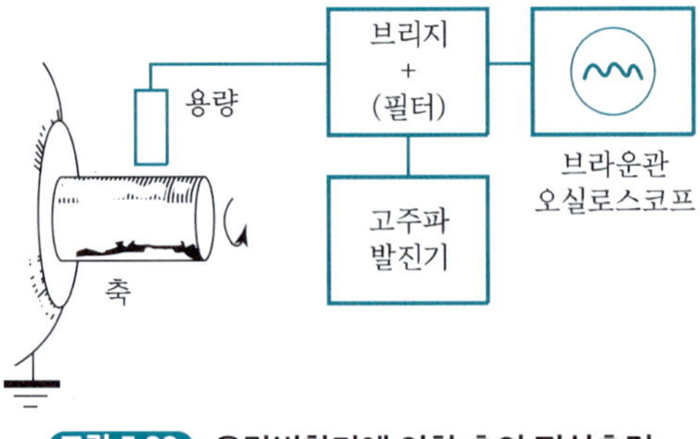

그림 5.22 용량변환기에 의한 축의 편심측정

■ 식 (5.11)의 유도

$$C = \varepsilon_s \varepsilon_0 \frac{S}{d}$$

의 양변을 d에 대하여 미분하면 다음과 같이 된다.

$$\frac{\Delta C}{\Delta d} = -\varepsilon_0 \varepsilon_s S d^{-2}$$

따라서 ΔC는 다음과 같이 된다.

$$\Delta C = -\varepsilon \varepsilon_s \frac{S}{d^2} \Delta d$$

5.4.3 넓이 변화형 변환기

정전용량에 대한 식 $C = \varepsilon_s \varepsilon_0 \frac{S}{d}$을 전극의 면적 S의 변화 ΔS에 대한 용량변화 ΔC로 표시하면 다음과 같이 된다.

$$\Delta C = \frac{\varepsilon_0 \varepsilon_s}{d} \Delta S \qquad (5.12)$$

이와 같이 정전용량 변화 ΔC는 전극의 면적변화 ΔS에 비례하는 것을 알 수 있다. 따라서 이와 같은 원리를 이용하여 변위 변환계를 만들 수 있다.

변위변환계에서 정전용량을 변화시키기 위해서는 전극 간에 서로 맞대어 겹쳐 있는 면적을 변화시켜야 하는데, 그 방법으로는 그림 5.23(a)와 같이 직선 변위에 의한 방법과 그림 5.23(b)와 같이 회전 변위를 이용한 방법이 있다.

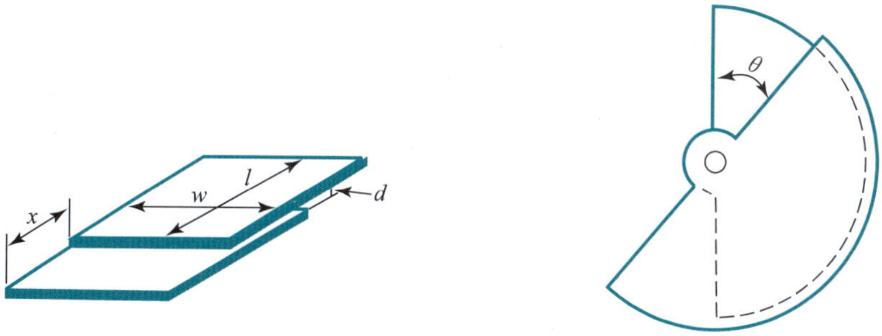

(a) 직선 변위에 의한 용량 변화

(b) 회전 변위에 의한 용량 변화

그림 5.23 직선 변위 및 회전 변위에 의한 용량 변화

■ 식 (5.12)의 유도

$$C = \varepsilon_s \varepsilon_0 \frac{S}{d}$$

의 양변을 S에 대하여 미분하면 다음과 같이 된다.

$$\frac{\Delta C}{\Delta S} = \varepsilon_0 \varepsilon_s d^{-1}$$

따라서 ΔC는 다음과 같이 된다.

$$\Delta C = \frac{\varepsilon_0 \varepsilon_s}{d} \Delta S$$

5.4.4 유전율 변화형 변환기

정전용량에 대한 식 $C = \varepsilon_s \varepsilon_0 \frac{S}{d}$를 전극 사이의 유전율 ε_s의 변화 $\Delta\varepsilon_s$에 대한 용량변화 ΔC로 표시하면 다음과 같다.

$$\Delta C = \frac{\varepsilon_0 S}{d} \Delta \varepsilon_s \quad (5.13)$$

따라서 정전용량변화 ΔC는 유전율 ε_s의 변화 $\Delta\varepsilon_s$에 비례한다는 것을 알 수 있으며, 이러한 원리를 이용하여 다음과 같은 각종 변환기를 만들 수 있다.

(1) 회전수 계측 센서

그림 5.24와 같이 회전축의 측면에 붙은 유전체가 축의 회전에 따라 2장의 전극 사이를 지나가면 전극 사이의 유전율이 변화하게 되므로 정전용량이 펄스적으로 변화한다. 따라서 이 펄스의 횟수를 계측하면 축의 회전수를 알 수 있게 된다.

그림 5.24 회전수의 계측

(2) 목재의 수분측정기

수분의 함유량을 측정하고자 하는 목재의 양단에 전극을 대면 목재의 수분함유량에 따라 전극 사이의 유전율이 달라진다. 이때 이 유전율의 변화를 측정하여 목재의 수분함유량을 구한다.

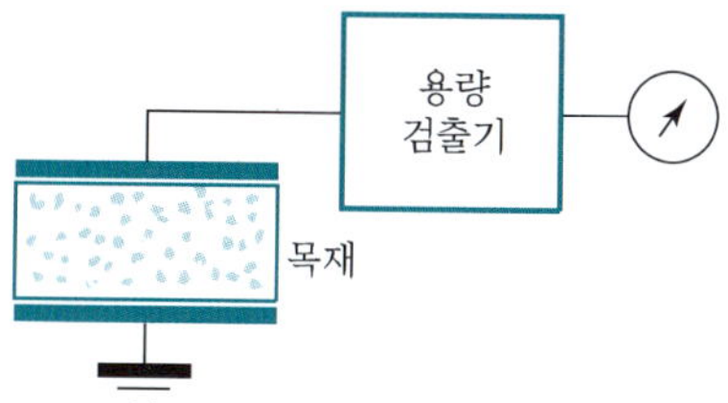

그림 5.25 목재의 수분 측정기

5.5 기전력법을 이용한 변환기

5.5.1 개 요

측정정보를 기전력의 크기로 변환시키는 방법을 이용한 변환기를 기전력법에 의한 변환기라 한다. 이들에는 다음과 같은 전자유도형 변환기, 열전대, 압전소자, 홀소자 등이 있다.

5.5.2 전자유도형 변환기

그림 5.26과 같이 영구자석의 자속밀도가 B Wb/m^{2}인 자장(磁場) 내에서 길이 ℓ m의 도체를 속도 v m/s의 속도로 움직이면, 다음과 같은 기전력 E가 발생한다.

$$E = Bv\ell$$

이와 같이 자장 내에서 도체를 움직일 때 도체에 기전력이 발생하는 원리를 이용하여, 다음과 같이 속도를 전압으로 변환시키는 속도변환기를 만들 수 있다.

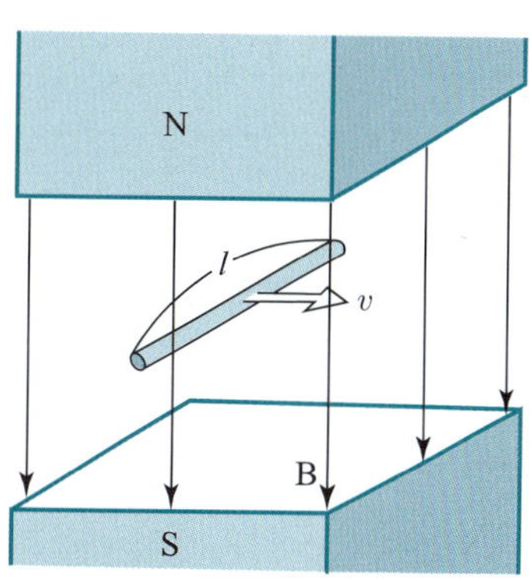

그림 5.26 기전력의 발생원리

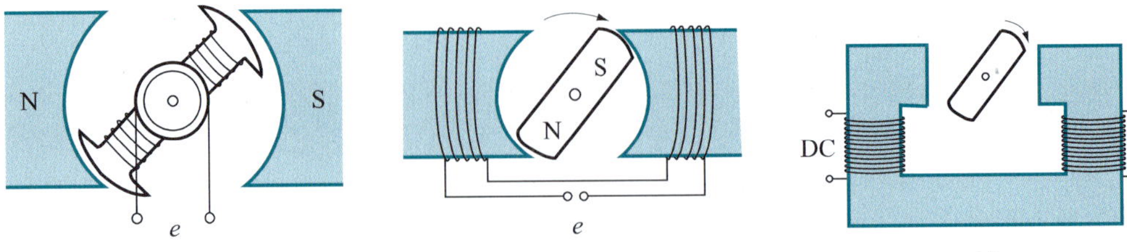

(a) (b) (c)

그림 5.27 전자유도형 변환기

그림 5.27(a)는 코일이 감겨진 회전자를 영구자석 속에서 회전시켜, 회전속도에 비례하는 유기 전압을 인출하여 회전속도를 측정하는 변환기이고, 그림 5.27(b)는 코일이 감겨진 철심 사이에 영구자석을 회전시켜, 코일에 영구자석의 회전수에 비례한 전압을 인출하여 회전속도를 측정하는 원리를 가진 변환기이다.

또한 그림 5.27(c)는 일종의 **자기저항변화형 변환기**로 회전자, 고정자 모두가 강자성체로 되어 있다. 고정자의 입력측 권선은 직류로 여자(勵磁)되어 있고, 회전자가 회전하면 그 위치에 따라서 자기저항이 변화되기 때문에, 고정자에 감겨진 출력측 권선에는 회전자의 회전수에 비례하는 주파수의 교류출력이 발생한다.

따라서 이때의 주파수를 주파수 카운터로 계수(計數)하면 디지털적으로 회전수를 계측할 수 있게 된다.

5.5.3 열전대

그림 5.28과 같이 서로 다른 2종의 금속선의 양단을 연결하여 회로를 만들고, 두 개의 접점 사이에 온도차를 주면 그 회로에 기전력이 발생하는데, 이러한 현상을 **제베크(seebeck) 효과**라 하며, 이때 발생하는 기전력을 **열기전력**이라고 한다.

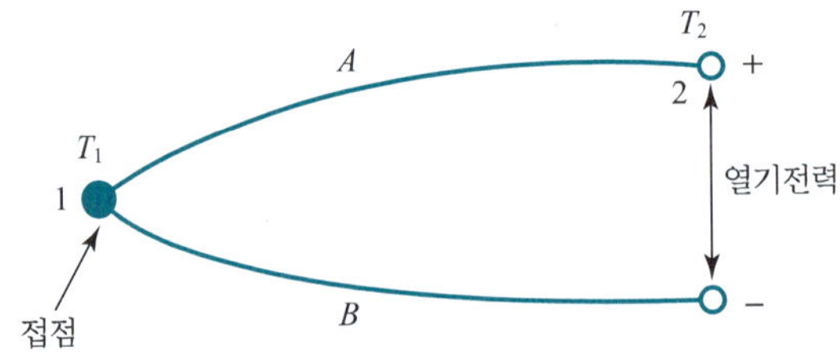

그림 5.28 열전대

이때 열기전력의 크기는 두 금속의 종류 및 두 접점 간의 온도차만으로 결정되며, 금속의 단면적이나 접점 이외의 온도분포와는 관련이 없다.

이와 같은 제베크 효과를 이용, 온도차를 전압으로 바꾸어 주기 위하여 2종의 금속을 조합한 것을 **열전대**(thermocouple)라 한다.

그림 5.28과 같이 금속 A 및 B로 만들어진 열전대 회로의 접점 1, 2에 $t_1 < t_2$의 온도차를 주었을 때 이 두 접점 간에는 다음과 같은 기전력 E가 발생한다.

$$E = \int_{t_1}^{t_2} (a + bt)\, dt = a(t_2 - t_1) + \frac{1}{2} b(t_2^2 - t_1^2)$$

여기서 a, b는 사용하는 금속에 따라 결정되는 상수이다.

이와 같은 열전대를 가지고 실제로 측정물의 온도를 측정할 때에는 한쪽의 접점 1을 측정물에 접촉시키고, 다른 한쪽의 접점 2를 일정한 온도를 가진 장소에 설치한다. 이때 일정한 온도를 가진 장소에 설치한 접점을 **기준접점** 또는 **냉접점**이라 하고, 측정물에 접촉시킨 접점을 **측온접점**이라고 한다.

현재 가장 많이 사용되고 있는 열전대는 백금 – 백금로듐, 크로멜 – 알루멜, 철 – 콘스탄탄, 구리 – 콘스탄탄, Ir – Ir60, W – Ir 등의 조합이 있다.

이 중에서 Ir – Ir60은 2,000℃까지의 고온측정용으로 사용되며, W – Ir은 2,100℃까지의 고온측정용으로 사용된다.

5.5.4 압전소자

수정 등과 같은 결정이나 티탄산 바륨 등과 같은 자기(瓷器)에 특정한 방향으로 힘을 가하면 그 힘에 비례하여 전압이 발생하는데 이를 **압전효과**(壓電効果, piezoelectric effect)라 하고, 압전효과를 가지는 소자를 **압전소자**라 한다.

그림 5.29와 같은 압전소자에 힘 F를 가하면 압전소자 양단의 전극에서 전압이 발생하는데 이때 발생되는 전압 V는 다음과 같다.

$$\text{전압 } V = gt\, \frac{F}{A}$$

식에서 g는 전압감도로 재료의 종류 또는 결정의 절단방향에 의하여 결정되는 상수이고, t는 압전소자를 구성하는 재료의 두께, A는 단면적이다.

이와 같이 압전소자에 가한 힘이 전압으로 변환되는 원리를 이용하여 힘 측정 변환기로 사용할 수 있다.

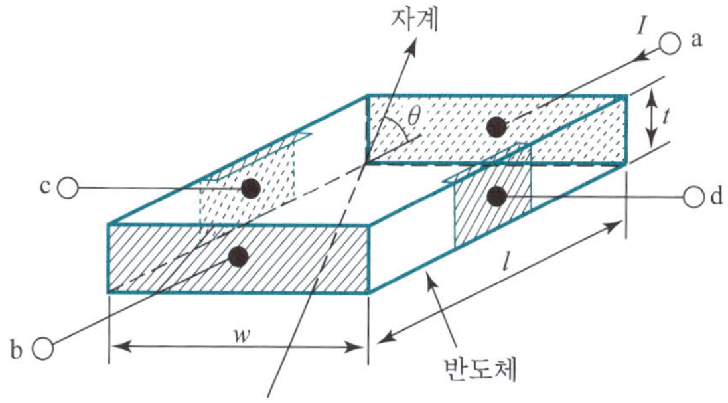

그림 5.31 홀 소자의 원리

그림 5.31에서 a, b에 흐르는 전류를 I, 자계의 자속밀도를 B라 하면 전극 c, d 사이에 발생하는 전압 V_H 는 다음 식과 같이 된다.

$$V_H = R_H IB \frac{f\left(\frac{\ell}{w}\right)}{t} \sin\theta$$

식에서 R_H 는 홀 소자의 재료에 따라 결정되는 상수로 홀 계수라 하고, $f\left(\frac{\ell}{w}\right)$는 홀 소자의 형상에 따라 결정되는 상수로 $\frac{\ell}{w} > 4$일 때 $f\left(\frac{\ell}{w}\right) \approx 1$이 된다.

홀 소자에 사용되는 반도체 재료는 게르마늄(Ge), 실리콘(Si), 인듐-안티몬(InSb), 인듐-비소 등이다. 홀 소자의 응용 예로 그림 5.32와 같은 변위 변환기가 있다.

그림과 같이 서로 반대방향으로 놓여 있는 자계 안에 홀 소자가 중앙에 놓여 있을 때, 홀 소자에 발생하는 기전력 V_1과 V_2는 동일하므로 출력전압 $V = V_2 - V_1 = 0$로 된다.

그러나 홀 소자가 좌우 어느 한쪽으로 이동하면 홀 소자에 작용하는 자계의 균형이 깨지므로 결국 홀 소자의 변위는 출력전압의 변화로 바뀌게 된다.

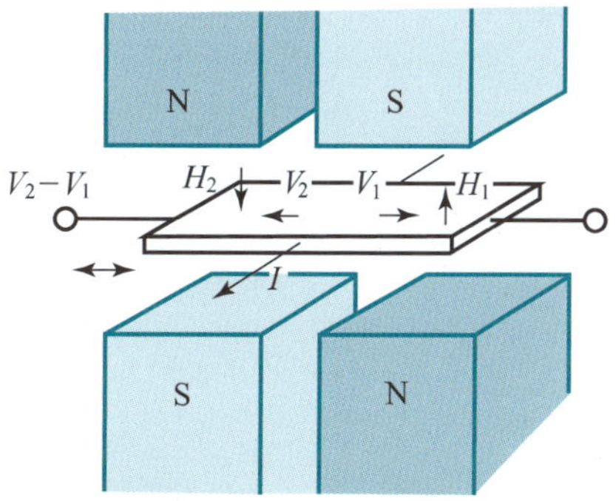

그림 5.32 홀 소자 이용 변위 변환기

Chapter 06

길이의 측정

6.1 길이의 단위와 측정환경

길이의 기본 단위는 미터(meter)이며, 길이의 단위 미터는 "빛이 진공 중에서 1/299,792,458초 동안 진행된 거리"로 정의된다.

물체의 길이는 온도에 따라 변화한다. 즉, 길이 l, 열팽창계수(또는 선팽창계수) α인 재료의 온도가 ΔT만큼 상승하면 다음 식과 같이 물체의 길이는 Δl 만큼 늘어나게 된다.

$$\Delta l = l\alpha\Delta T$$

이와 같이 물체의 길이가 온도에 따라 변화하므로 측정물의 치수를 측정하여 그 치수를 표기할 경우에 어떤 기준 온도를 정할 필요가 있다. 이것을 **표준온도**라 하며 20℃로 규정한다.

6.2 게이지 블록

6.2.1 게이지 블록의 구조 및 등급

게이지 블록(gauge block)이란 아주 정밀하게 제작된 블록형태의 게이지로, 길이의 기준기(基準機)로 사용되는 것을 말한다.

즉, 게이지 블록은 각종 길이측정기의 정도를 확인할 때라든가, 비교측정 시의 기준물 등으로 활용되고 있다.

게이지 블록을 그 형태에 따라 분류하면 그림 6.1(a)와 같이 직육면체 형상의 **요한슨(Johansson)형**, 그림 6.1(b)와 같이 정육면체 형상으로 중앙에 구멍이 나 있는 **호크(Hoke)형**, 그림 6.1(c)와 같이 원판 형상으로 중앙에 구멍이 나 있는 **캐리(cary)형** 등이 있다.

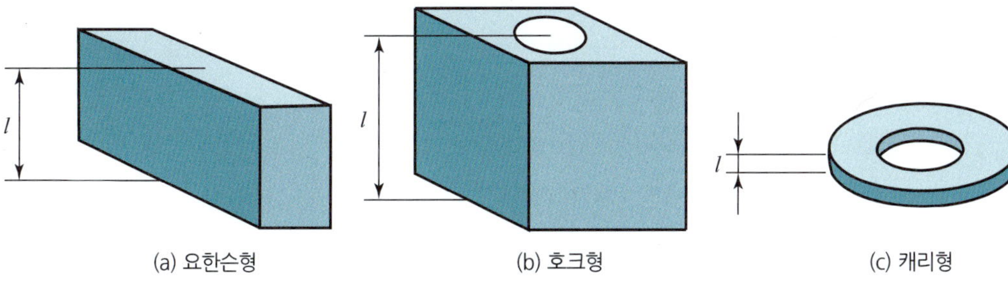

그림 6.1 게이지 블록의 종류

그림 6.2 게이지 블록 세트

또한 게이지 블록을 그 정도(精度)에 따라 00급, 0급, 1급, 2급의 4등급으로 분류하는데, 00급의 정도가 가장 높으며, 2급의 정도가 가장 낮다.

이 게이지 블록의 치수는 아주 정밀하다. 예를 들면, 호칭치수가 50 mm이고 00급인 게이지 블록의 치수 허용차는 $\pm 0.10 \mu m$에 이른다.

한편 게이지 블록은 그 호칭치수가 각기 다른 112개, 103개, 76개 등을 1조(set)로 하여 구성되어 있는데, 이들 게이지 블록을 잘 조합하고 밀착(wringing)시켜 원하는 기준치수를 만든다.

게이지 블록의 재료로는 보통 탄소함유량 0.9% 이상의 크롬을 함유한 강이 사용되며, 최근에는 초경합금(超硬合金) 또는 세라믹을 사용하기도 한다.

6.2.2 게이지 블록의 정도검사

1, 2급 게이지 블록의 치수정도검사에는 이보다 더욱 정도가 높은 00, 0급 게이지 블록을 기준으로 하고 콤퍼레이터를 사용하여 비교측정한다.

그러나 00, 0급 게이지 블록의 경우에는 이보다 더 높은 정도의 기준물이 없기 때문에 비교측정할 수 없다. 따라서 다음과 같은 광파간섭계로 직접 측정한다.

그림 6.3은 게이지 블록의 정도점검을 위하여 주로 사용되고 있는 마이켈슨(Michelson) 간섭계의 구조를 단순화하여 나타낸 것으로 그 원리는 다음과 같다.

광원 O로부터 나온 단색광(單色光)은 집광렌즈 L_1에 의해 집광되고, 이 집광렌즈의 초점에 위치한 슬릿 S 및 콜리미터 렌즈 L_2에 의하여 평행광선이 되어 반투과경 M_1으로 진행한다. 반투과경 M_1에 온 빛의 일부는 반사하여 게이지 블록 G 및 광선정반(optical flat) B쪽으로 향하고, 그 나머지 일부는 그대로 투과하여 반사경 M쪽으로 진행한다.

이때 반사경 M에서 반사한 빛은 평행평판유리 M_2 및 반투과경 M_1, 반사경 M_3를 차례로 거쳐 망원경 T로 가고, 게이지 블록 G 및 광선정반 B에서 반사된 빛은 반투과경 M_1과 반사경 M_3를 거쳐 망원경 T로 간다.

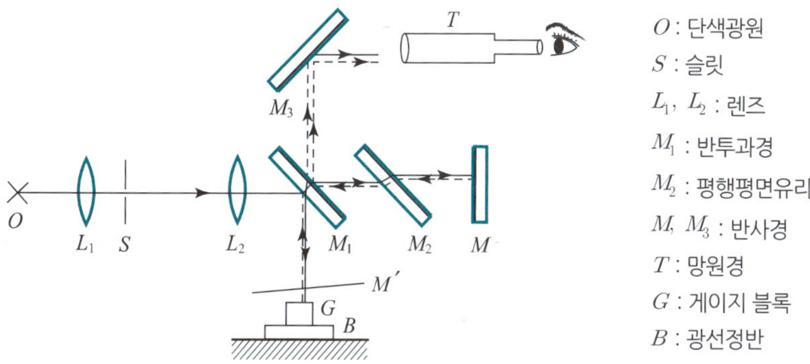

그림 6.3 마이켈슨 간섭계의 구조

이와 같이 G 및 B와 M에서 각각 반사하여 망원경 T에서 합류한 광선은 광로차(光路差)에 따라 서로 간섭이 발생하여 간섭무늬가 생긴다. 여기서 반사경 M과 M_1 사이에 있는 평행평판 유리 M_2는 M으로 진행하는 광로(光路)를 G 및 B쪽으로 진행하는 광로와 일치시키기 위한 것이다.

지금 반사경 M의 위치를 G와 B측의 광로인 M'에 놓여있다고 가정하고, M'은 G, B의 표면에 대하여 극히 작은 경사를 이루고 있다고 생각하면 M'는 G, B 위에 놓여진 평행평면유리와 같은 역할을 하는 것으로 생각할 수 있으므로, 각각 M'와 G, M'와 B 사이의 광로차에 의하여 그림 6.4와 같은 밝고 어두운 띠모양의 간섭무늬가 생긴다.

따라서 평행평면 유리판과 게이지 블록 표면과의 사이의 틈새가 빛의 파장 λ의 반인 $\frac{\lambda}{2}$의 정수배일 때마다 간섭무늬가 발생하므로, 이 간섭무늬수를 세면 게이지 블록의 길이를 측정할 수 있게 된다. 즉, 그림 6.4와 같이 간섭무늬가 나타났을 때 간섭무늬 개수의 정수부를 P, 소수부를 f 라 하면 게이지 블록의 높이 d는 다음 식과 같이 구한다.

$$d = (P + f)\frac{\lambda}{2}$$

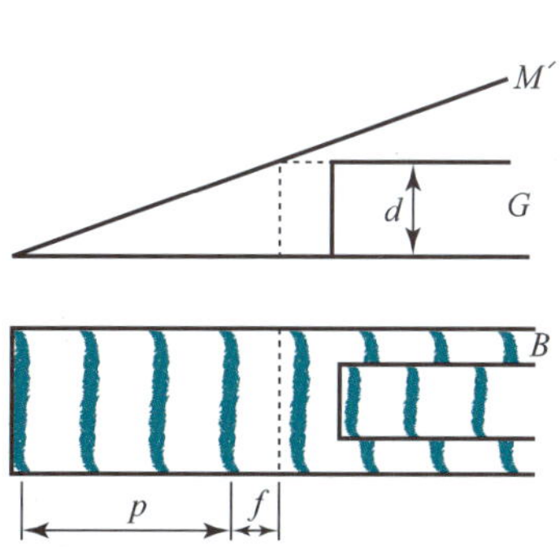

그림 6.4 M'와 게이지 블록 G에 의한 간섭무늬의 발생원리

6.2.3 광파간섭계에서의 간섭무늬수의 측정법

그림 6.5에서와 같이 평평한 정반면 A 위에 게이지 블록 B를 올려놓은 다음, 그 위에 평면유리 G를 어느 각도로 경사지게 설치하여 단색광원으로 조명하고 관찰하면, 그림 6.5의 아래 원형 부분과 같이 주기적인 암흑의 간섭무늬가 발생한다.

이때 게이지 블록의 중앙에서의 정반면으로부터 평면유리 밑면까지의 높이를 구하기 위해서는, 게이지 블록 B의 중앙으로부터 평면유리 G의 연장선이 정반면과 만나는 점까지의 간섭무늬수에 단색광원의 반파장을 곱하면 된다. 즉, 이때 나타난 간섭무늬수의 정수부를 m, 소수부를 f, 빛의 파장을 λ라 하면 정반면으로부터 평면유리 밑면까지의 높이는 $(m+f)\times\frac{\lambda}{2}$가 될 것이다.

또한 게이지 블록 B의 윗면으로부터 평면유리 G의 밑면까지의 높이는, 게이지 블록의 중앙으로부터 평면유리 G의 밑면의 연장선과 게이지 블록 윗면의 연장선이 만나는 점까지의 간섭무늬수에 단색광원의 반파장을 곱하여 구할 수 있다.

즉, 이때 나타난 간섭무늬수를 n개라 하면 게이지 블록 윗면으로부터 평면유리 밑면까지의 높이는 $n\times\frac{\lambda}{2}$가 될 것이다.

따라서 게이지 블록의 높이 l은 게이지 블록의 중앙에서의 정반면에서 평면유리 밑면까지의 높이로부터 게이지 블록 B의 윗면에서 평면유리 G의 밑면까지의 높이를 뺀 것이므로 다음 식과 같이 구할 수 있다.

$$l=(m+f)\frac{\lambda}{2}-n\frac{\lambda}{2}=\{(m-n)+f\}\frac{\lambda}{2}=(p+f)\frac{\lambda}{2} \tag{6.1}$$

여기서 소수부 f는 정반면에 의해 발생한 간섭무늬 사이의 간격 S와 정반면에 의한 간섭무늬와 게이지 블록에 의한 간섭무늬 사이의 간격 a를 측정하고, $f=\frac{a}{S}$로 하여 구할 수 있으나 정수부 p를 직접 헤아리기는 불가능한 일이다.

따라서 다음과 같은 방법으로 구한다.

파장이 다른($\lambda_i,\ i=1,2,3$) 여러 가지 단색광원을 조사(照射)하고 간섭무늬를 관측하여 식 (6.1)을 적용하면 다음과 같이 된다.

$$\begin{aligned} l &= (p_1+f_1)\frac{\lambda_1}{2}=(p_2+f_2)\frac{\lambda_2}{2} \\ &= (p_3+f_3)\frac{\lambda_3}{2}=(p_i+f_i)\frac{\lambda_i}{2} \end{aligned} \tag{6.2}$$

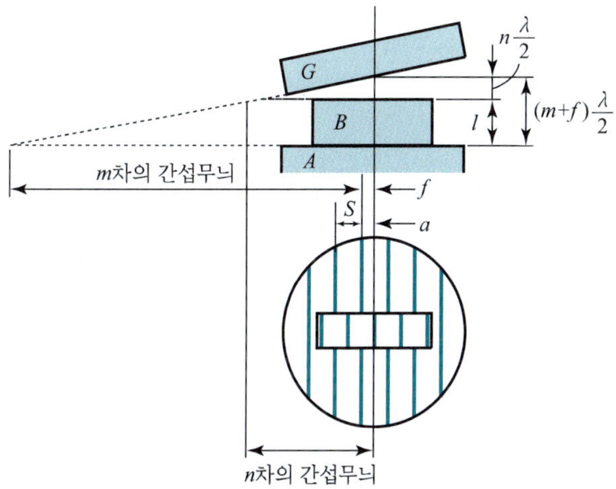

그림 6.5 광파 간섭계의 원리

또한 게이지 블록의 호칭치수를 l_0라 하고 이를 평면유리에 나타난 간섭무늬의 수로 표현하면 다음과 같다.

$$l_0 = (p_i' + f_i')\frac{\lambda_i}{2} \tag{6.3}$$

따라서 게이지 블록의 실제치수는 다음과 같이 표시할 수 있다.

$$l = l_0 + C \tag{6.4}$$

여기서 C는 보정값으로 게이지 블록의 제작공차에 해당하며 식 (6.2), (6.3), (6.4)의 관계로부터 다음 식이 성립한다.

$C > 0$일 때

$$C = l - l_0 = \left[(p_i - p_i') + (f_i - f_i')\right]\frac{\lambda_i}{2} = (m_i + \delta_i)\frac{\lambda_i}{2} \tag{6.5}$$

$C < 0$일 때

$$C = l - l_0 = -\left[(p_i' - p_i) + (f_i' - f_i)\right]\frac{\lambda_i}{2} = -(m_i + \delta_i')\frac{\lambda_i}{2} \tag{6.6}$$

여기서 $m_i = p_i \sim p_i'$는 극히 작은 정수이고 f_i'는 다음 식으로부터 계산한다.

$$p_i' + f_i' = \frac{l_0}{\lambda_i/2} \tag{6.7}$$

또한 C의 범위(예를 들면, $\pm 1\mu\text{m}$)로부터 정수 m_1의 범위를 알 수 있고, 이로부터

$(m_1+\delta_1)\dfrac{\lambda_1}{2}$과 $-(m_1+\delta_1{}')\dfrac{\lambda_1}{2}$을 결정할 수 있다.

따라서 다음과 같은 관계식으로부터 여러 가지 파장(λ_i, $i=1,2,3$)에 대한 좌변의 값을 계산하여, 각 λ_i의 소수부분이 계산에서 얻은 소수부의 조와 측정값에서 얻어진 소수부의 조 중에서 가장 가까운 것 1개를 선택한다.

$$m_i+\delta_i=(m_1+\delta_1)\frac{\lambda_1}{\lambda_i} \tag{6.8}$$

$$-(m_i+\delta_i{}')=-(m_1+\delta_1{}')\frac{\lambda_1}{\lambda_i}$$

$$(i=2,\ 3\cdots)$$

이것을 식 (6.5)와 (6.6)에 대입하여 보정값을 산출하고, 그 평균값으로부터 보정값을 결정한다. 참고로 측정에 사용되는 각종 스펙트럼선의 표준상태(온도 20℃, 기압 760 mmHg, 수증기압 10 mmHg, 탄산가스 0.03%)에 있어서의 파장은 표 6.1과 같다.

표 6.1 각종 스펙트럼선의 파장

파 장 / 빛의 색	파 장(μm)		
	He	Kr	Cd
적 색	$\lambda_1=0.6678184$	$\lambda_1=0.64563238$	$\lambda_1=0.64385037$
황 색	$\lambda_2=0.5875649$	$\lambda_2=0.60561588$	
녹 색	$\lambda_3=0.5015702$		$\lambda_2=0.50858490$
청록색	$\lambda_4=0.4921955$	$\lambda_3=0.56495922$	
청 색	$\lambda_5=0.4713168$		$\lambda_3=0.47999344$
자주색	$\lambda_6=0.4471501$	$\lambda_4=0.45023788$	$\lambda_4=0.46781751$

■ 측정 예

호칭치수 $l_0=1.400$ mm($\pm 1\,\mu$m)의 게이지 블록을 He의 적색, 황색, 녹색, 자주색선을 사용하여 측정하고, 각각의 빛에 대하여 정반면에 의한 간섭무늬와 게이지 블록에 의한 간섭무늬 사이의 간격 a를 측정하여 다음 표 6.2와 같이 간섭 무늬수의 소수부 f_i를 얻었다. 이 게이지 블록의 실제치수를 구해 보자.

표 6.2

빛의 색	적 색	황 색	녹 색	자주색
파 장	$\lambda_1=0.6678184$	$\lambda_2=0.5875649$	$\lambda_3=0.5015702$	$\lambda_4=0.4471501$
관측값 f_i	0.28	0.85	0.90	0.23

풀이

우선 식 (6.7)에 의하여 호칭치수 l_0인 게이지 블록의 경우에 나타나는 간섭무늬수의 소수부 f_i'을 구한다. 즉,

$$p_1'+f_1'=\frac{l_0}{\lambda_1/2}=\frac{1400}{0.6678184/2}=4192.7565 \fallingdotseq 4192.76$$

으로부터 소수부 $f_1'=0.76$

$$p_2'+f_2'=\frac{l_0}{\lambda_2/2}=\frac{1400}{0.5875649/2}=4765.431 \fallingdotseq 4765.43$$

으로부터 소수부 $f_2'=0.43$

$$p_3'+f_3'=\frac{l_0}{\lambda_3/2}=\frac{1400}{0.5015702/2}=5582.4688 \fallingdotseq 5582.47$$

으로부터 소수부 $f_3'=0.47$

$$p_4'+f_4'=\frac{l_0}{\lambda_4/2}=\frac{1400}{0.4471501/2}=6261.8794 \fallingdotseq 6261.88$$

으로부터 소수부 $f_4'=0.88$이 된다.

따라서 이들 결과로부터 $C>0$일 때의 f_i-f_i'와 $C<0$일 때의 $f_i'-f_i$를 구하면 각각 다음과 같이 된다.

$$f_1-f_1'=0.28-0.76=1.28-0.76=0.52$$
$$f_2-f_2'=0.85-0.43=0.42$$
$$f_3-f_3'=0.90-0.47=0.43$$
$$f_4-f_4'=0.23-0.88=1.23-0.88=0.35$$
$$f_1'-f_1=0.76-0.28=0.48$$
$$f_2'-f_2=0.43-0.85=1.43-0.85=0.58$$
$$f_3'-f_3=0.47-0.90=1.47-0.90=0.57$$
$$f_4'-f_4=0.88-0.23-0.65$$

이와 같은 계산 시 $f_1 = 0.28$을 $f_1 = 1.28$ 등으로 계산한 것은 간섭무늬의 정수부에서 1개를 빌려온 것으로 하여 계산한 것이다(참고 : 0.28에서 0.76을 빼면 음수가 되는데 음수(−)의 개수란 존재하지 않기 때문).

앞에서 보정치 C가 ±1μm 이내에 있으므로 m_1은 $\dfrac{\pm 1}{\lambda_1/2} = \dfrac{\pm 1}{0.6678184/2} \fallingdotseq 3$ 이내에 있다.

따라서

$$m_1 + \delta_1 = \quad 0.52, \qquad 1.52, \qquad 2.52,$$
$$-(m_1 + \delta_1') = -0.48, \qquad -1.48, \qquad -2.48,$$

를 고려할 수 있다.

식 (6.8)에서 $m_i + \delta_i$와 $-(m_i + \delta_i')$를 구하면 다음과 같이 된다.

	$-(m_1+\delta_1')$	$-(m_2+\delta_2')$	$-(m_3+\delta_3')$	$-(m_4+\delta_4')$
관측	−0.48	−0.58	−0.57	−0.65
계산	−2.48	−2.82	−3.30	−3.70
	−1.48	−1.68	−1.98	−2.21
	−0.48	−0.55	−0.64	−0.72
	+0.52	+0.59	+0.69	+0.78
	+1.52	+1.72	+2.02	+2.27
	+2.52	+2.88	+3.36	+3.76
관측	+0.52	+0.42	+0.43	+0.35
	$m_1+\delta_1$	$m_2+\delta_2$	$m_3+\delta_3$	$m_4+\delta_4$

이와 같은 4종류의 파장에 대하여 계산한 결과 관측값으로부터 구한 소수부에 가장 유사한 소수부 조합을 갖는 것은 '___'을 그은 열이라는 것을 알 수 있다.

따라서 보정값 C_i는 식 (6.6)을 적용하여 구하면 다음과 같이 된다.

$$C_1 = -(m_1 + \delta_1')\frac{\lambda_1}{2} = -0.48 \times \frac{0.6678184}{2} = -0.16$$

$$C_2 = -(m_2 + \delta_2')\frac{\lambda_2}{2} = -0.55 \times \frac{0.5875649}{2} = -0.17$$

$$C_3 = -(m_3 + \delta_3')\frac{\lambda_3}{2} = -0.64 \times \frac{0.5015702}{2} = -0.14$$

$$C_4 = -(m_4 + \delta_4')\frac{\lambda_4}{2} = -0.72 \times \frac{0.4471501}{2} = -0.15$$

이 보정값들의 평균값 $C=-0.16\mu\text{m}$ 을 보정값으로 하여 게이지 블록의 치수 l 을 구하면 다음과 같이 된다.

$$l = l_0 + C = 1400 + (-0.16) = 1399.84\ \mu\text{m} = 1.39984\ \text{mm}$$

6.3 자 scale

그림 6.6과 같이 직사각형 단면을 가진 판재에 길이방향으로 일정한 간격의 눈금을 새긴 것을 자(scale)라 하며, 그다지 정도가 높지 않은 치수 측정에 사용된다.

자는 통상 탄소공구강, 스테인리스강, 목재, 플라스틱 등으로 만들어져 있으며 그 기능 또는 형태상 직선자, 직각자, 접음자, 줄자 등으로 구분한다.

자를 이용하여 측정물의 치수를 측정하는 방법은 자를 측정물에 접촉시켜 자의 눈금을 읽거나 퍼스(pers) 또는 디바이더(devider)로 측정물의 치수를 자에 옮겨 눈금을 읽는다.

자는 그 크기별로 150, 300, 600, 1000, 1500, 2000 mm가 있으며, 최소눈금은 0.5 mm와 1 mm가 있다.

자에는 정밀한 측정에 사용되는 A형, 눈금면을 경사지게 하여 제도용으로 이용되는 B형, 일반용인 C형이 있다.

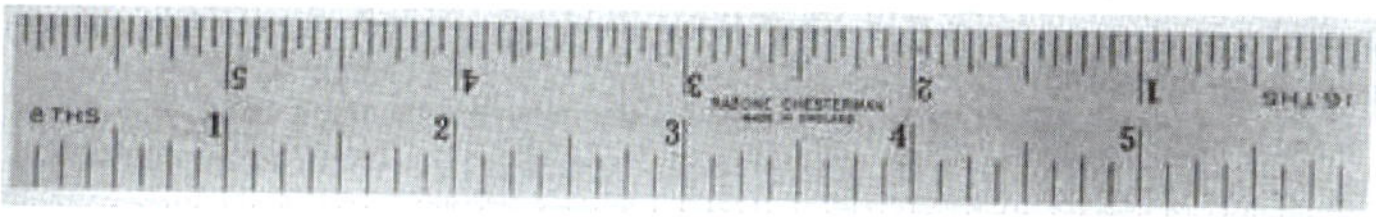

그림 6.6 금속제 곧은 자

6.4 버니어 캘리퍼스

버니어 캘리퍼스(vernier calipers)는 그림 6.7과 같이 본척(本尺)과 부척(副尺; vernier)으로 구성되어 있어, 본척의 1눈금(1 mm)을 부척으로 세분(細分)하여 1/20 mm 또는 1/50 mm 등의 정도까지 읽을 수 있는 길이 측정기이다.

버니어 캘리퍼스에서 부척(vernier)의 눈금선 사이의 간격(눈금선 간격)은 본척의 $(n-1)$개의 눈금 사이의 간격을 n 등분한 것이다.

즉, 본척의 눈금선 사이의 간격을 S라 하면 부척의 눈금선 사이의 간격 V는 다음과 같이 된다.

$$V = \frac{n-1}{n} S$$

따라서 본척과 부척의 눈금선 사이의 간격차 C는 다음과 같이 되는데, 이는 부척으로 읽을 수 있는 최소단위의 길이로 최소눈금이라고 한다.

$$C = S - V = S - \frac{n-1}{n} S = \frac{S}{n}$$

예를 들면, 눈금선 사이의 간격이 1 mm인 본척의 20눈금을 19등분한 부척을 가진 버니어 캘리퍼스에서 부척의 눈금선 사이의 간격 V와 최소눈금 C는 다음과 같다.

$$V = \frac{n-1}{n} S = \frac{20-1}{20} \times 1\,\text{mm} = 0.95\,\text{mm}$$

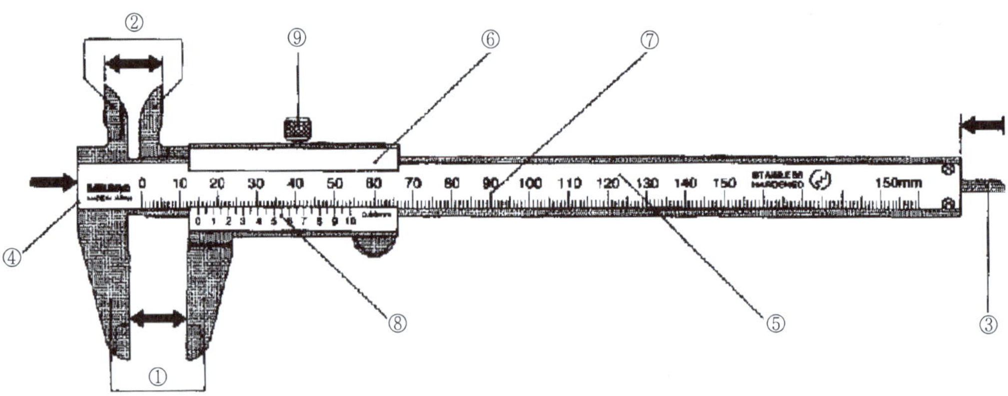

① 외측측정용 턱 ② 내측측정용 턱 ③ 깊이자 ④ 단차측정면
⑤ 본척 ⑥ 부척 ⑦ 본척눈금 ⑧ 부척눈금 ⑨ 고정나사

그림 6.7 버니어 캘리퍼스

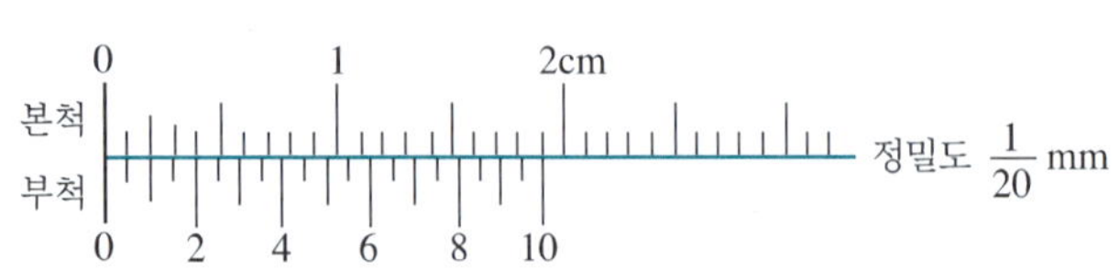

그림 6.8 버니어 캘리퍼스의 눈금

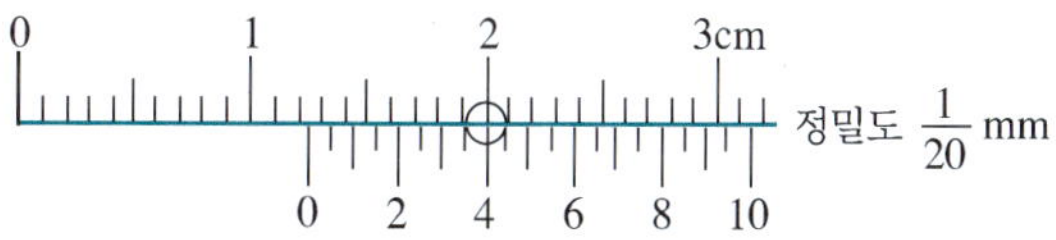

그림 6.9 버니어 캘리퍼스의 눈금지시

$$C = S - V = 1 - 0.95 = 0.05\text{mm}$$

또는

$$C = \frac{S}{n} = \frac{1\text{mm}}{20} = 0.05\,\text{mm}$$

버니어 캘리퍼스로 물체의 길이를 측정하는 방법은 부척을 움직여 턱(jaw) 사이에 측정물을 끼우고 본척과 부척이 지시하는 눈금을 읽는다.

이때 눈금을 읽는 방법은 우선 부척의 0눈금이 지시하는 본척의 눈금을 읽은 다음 본척의 눈금과 부척의 눈금이 일치하는 부척의 눈금을 읽으면 된다.

즉, 버니어 캘리퍼스의 눈금이 그림 6.9와 같이 지시하였다면 부척의 0눈금이 지시하는 본척의 눈금은 12 mm이고, 본척의 눈금과 부척의 눈금이 일치하는 부척의 눈금(O 부분)은 0.4 mm이므로 12.4 mm가 된다.

이 버니어 눈금을 가진 측정기에는 버니어 캘리퍼스 외에도 높이 전용측정기인 하이트 게이지(height gauge), 길이 전용측정기인 뎁스 게이지(depth gauge) 등이 있으며, 최근에는 버니어 눈금 대신에 다이얼 게이지(dial gauge)를 부착하거나 디지털(digital)식으로 하여 눈금을 보다 쉽게 읽을 수 있도록 되어 있는 것도 있다.

6.5 마이크로미터 micrometer

마이크로미터는 암나사(nut)에 수나사(bolt)를 끼워 회전시킬 때 수나사의 회전수에 비례하여 수나사가 축 방향으로 이송되는 원리를 이용하여, 스핀들의 이송길이의 변화를 회전각과 지름에 의하여 확대하고, 그 확대된 길이에 눈금을 새겨 스핀들의 이송량을 확대하여 읽을 수 있도록 한 측정기이다.

그림 6.10은 일반적으로 사용되고 있는 마이크로미터의 구조를 보여 준다.

마이크로미터는 그림 6.11과 같은 스핀들(spindle)이 1회전하면 스핀들 나사의 1피치(pitch)만큼 스핀들이 이동하도록 되어 있다.

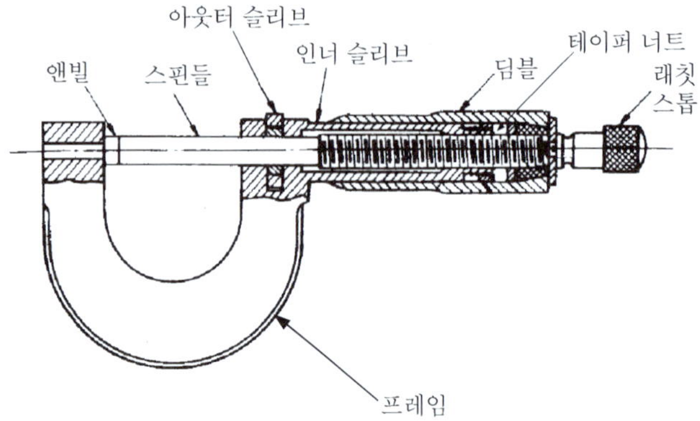

그림 6.10 마이크로미터의 구조

따라서 스핀들의 1회전은 각도로 환산하면 $2\pi r$ [rad]에 상당하므로 스핀들의 회전각 α [rad]와 스핀들의 이송량 X 사이에는 다음과 같은 관계식이 성립한다.

$$2\pi r \ : \ p = \alpha : X$$

이와 같은 관계로부터 스핀들의 이송량 X는 다음과 같이 된다.

$$X = \frac{\alpha}{2\pi r} p$$

식에서 p는 나사의 피치이다.

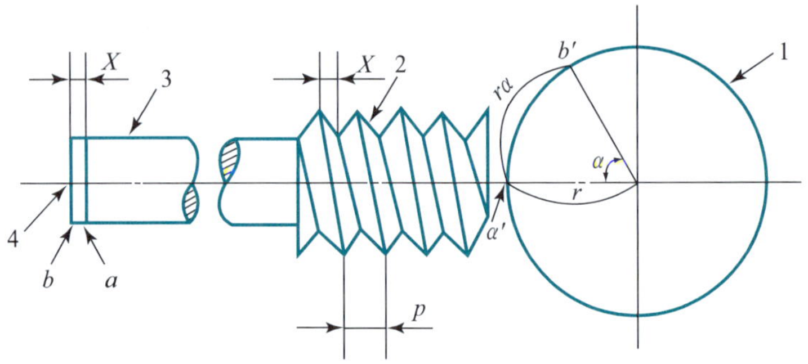

1 : 딤블의 원주눈금이 새겨진 면　　2 : 스핀들 나사
3 : 스핀들　　4 : 측정면
X : 스핀들의 이송량　　p : 나사의 피치
α : 딤블의 회전각　　r : 딤블의 반경

그림 6.11 마이크로미터의 원리

예를 들면, 나사의 피치 $p=0.5$ mm이고, 스핀들과 함께 회전하는 딤블(thimble)의 원주눈금이 50등분되어 있는 마이크로미터에서, 딤블이 1눈금 회전하면 스핀들의 이송량 X는 다음과 같이 된다.

$$X = \frac{\alpha}{2\pi r}p = \frac{1}{50} \times 0.5 = 0.01 \text{ mm}$$

이것은 딤블 1눈금에 해당하는 측정량이므로 이것이 이 마이크로미터의 최소눈금이 된다.

마이크로미터로 측정물의 길이를 측정하는 방법은 앤빌과 스핀들의 측정면 사이에 측정물을 끼우고 래칫스톱(ratchet stop)을 회전시켜 스핀들과 앤빌의 측정면이 측정물의 양쪽에서 충분히 접촉되도록 한다.

이때 스핀들의 측정면이 측정물에 접촉하여 힘이 걸리면, 따르륵 소리와 함께 래칫스톱이 작동하는데 래칫 스톱이 1.5회전(따르륵 따르륵 따르륵 세 번)할 때까지 계속 돌린다.

래칫스톱은 래칫을 사용하여 측정물에 작용하는 측정력이 항상 일정하게 되도록 하기 위한 것이다.

마이크로미터의 눈금 읽는 방법은 우선 딤블이 지시하는 슬리브(sleeve)의 눈금을 읽은 후 슬리브의 기선(基線)이 지시하는 딤블의 눈금을 읽어 이들을 합하면 된다.

예를 들면, 그림 6.12에서 딤블이 지시하는 슬리브(sleeve)의 눈금은 8 mm이고, 슬리브의 기선(基線)이 지시하는 딤블의 눈금은 0.35 mm이므로 읽음치는 8.35 mm가 된다.

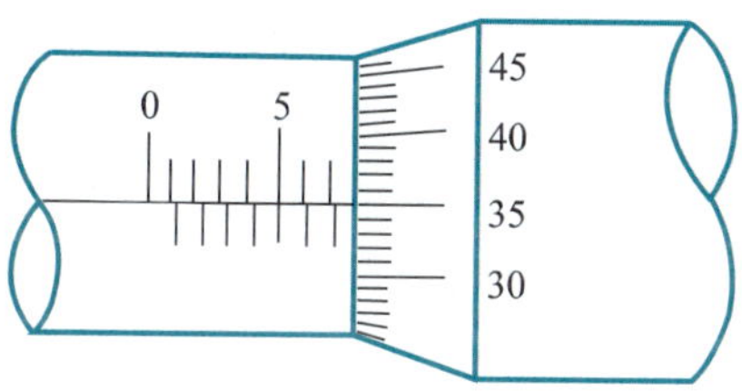

그림 6.12 마이크로미터의 눈금

6.6 다이얼 게이지

다이얼 게이지는 스핀들의 직선운동을 기어(gear) 또는 레버(lever) 등으로 확대하고, 지침의 회전각으로 변환하여 눈금을 읽을 수 있도록 한 변위 측정기이다.

다이얼 게이지의 종류는 대단히 많으나, KS(한국공업규격)에서는 그 정도(精度)에 따라 0.01 mm 다이얼 게이지와 0.001 mm 다이얼 게이지의 두 종류로 분류하고 있다.

다이얼 게이지의 구조 및 원리는 각각 다음과 같다.

6.6.1 0.01 mm 다이얼 게이지의 구조 및 원리

그림 6.13(a), (b)는 최소눈금 0.01 mm의 다이얼 게이지의 내부구조를 단순화하여 도시한 것이다.

다이얼 게이지의 스핀들이 축선 방향으로 움직이면 래크(rack)와 피니언(pinion)에 의해 직선운동이 회전운동으로 바뀌고, 이 회전운동은 피니언과 동일한 축에 고정된 제1기어에 전달된다.

다시 제1기어의 회전운동은 기어의 잇수비에 따라 확대되어 지침 피니언에 전달되고, 이에 고정된 지침이 회전하며 눈금을 지시하게 된다.

한편 헤어코일스프링(hair coil spring)에 의하여 회전하도록 되어 있는 제2기어는 지침 피니언과 맞물려 있어 지침 피니언에 한쪽 방향으로 회전력을 줌으로써, 스핀들의 상·하강 시 발생될 수 있는 기어의 백 래쉬(back lash, 뒤틈)에 의한 오차를 방지하도록 되어 있다.

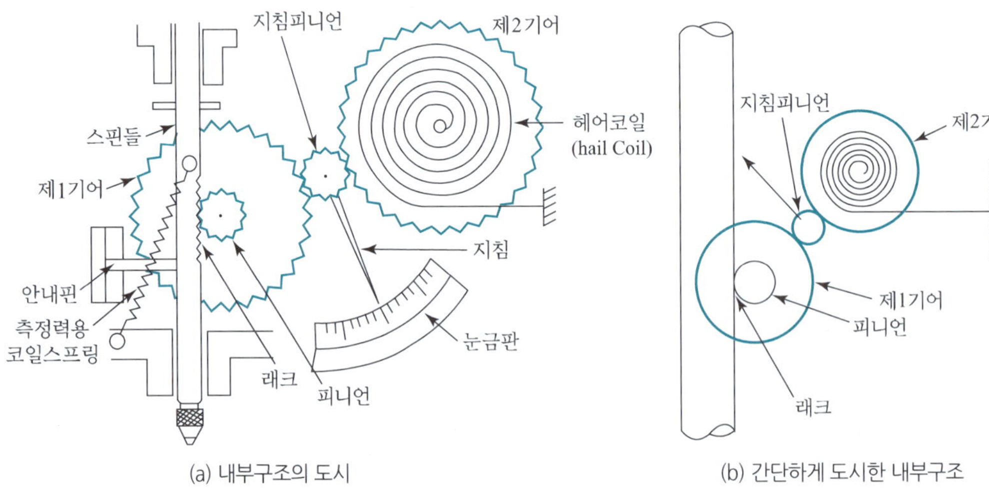

그림 6.13 0.01 mm 다이얼 게이지의 내부 구조

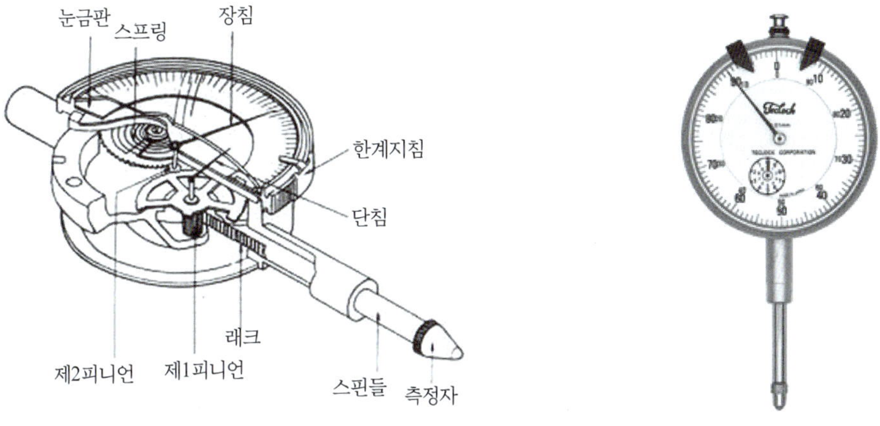

(a) 내부구조 (b) 외관

그림 6.14 다이얼 게이지의 실제 내부구조(a)와 외관(b)

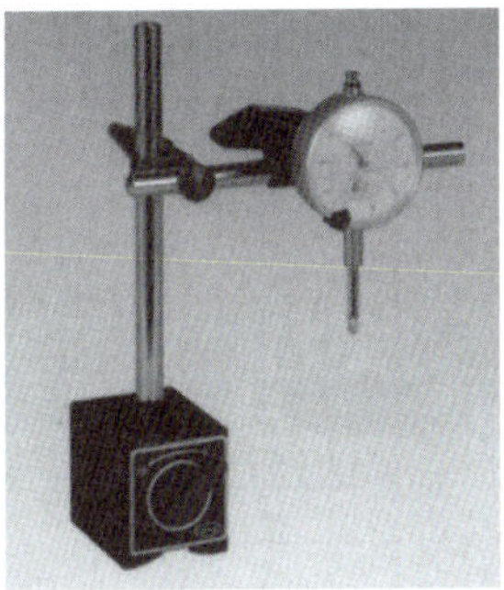

그림 6.15 다이얼 게이지 스탠드에 다이얼 게이지를 장착한 모습

다이얼 게이지 자체만을 이용하여 측정에 사용되는 경우는 거의 없으며, 그림 6.15와 같은 다이얼 게이지 스탠드(dial gauge stand)에 다이얼 게이지를 지지하여 사용한다.

0.01 mm 다이얼 게이지에서 장침이 지시하는 눈금판의 1눈금이 0.01 mm이며, 단침은 장침의 회전수를 지시한다.

6.6.2 최소눈금 0.001 mm 다이얼 게이지의 구조 및 원리

그림 6.16(b)에서 보는 바와 같이 0.001 mm 다이얼 게이지의 외부구조는 0.01 mm의 것과 별다른 차이가 없으나, 내부구조는 그림 6.16(a)에서 보는 바와 같이 많은 차이를 보인다. 그것은 0.001 mm 다이얼 게이지의 경우에는, 기어 외에 레버(lever)에 의하여 변위를 한번 더 확대함으로써 배율을 한층 더 높이는 구조로 되어 있기 때문이다.

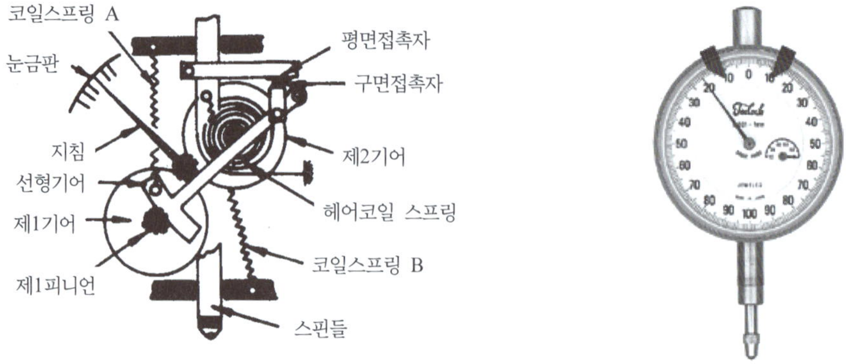

(a) 내부구조 (b) 외관

그림 6.16 0.001 mm 다이얼 게이지

그림 6.16(a)에서 스핀들의 직선 변위는 평면 접촉자와 구면 접촉자를 통하여 선형기어로 전달되어 선형기어를 회전시킨다. 다시 선형기어(sector gear)의 회전은 제1피니언에 전달되고, 제1피니언은 이와 동일한 축에 고정되어 있는 제1기어를 회전시켜 주며, 제1기어는 다시 지침 피니언을 회전시켜 줌으로써 지침이 눈금판을 따라 회전하도록 되어 있다.

한편 헤어코일 스프링과 제2기어는 0.01 mm 다이얼 게이지에서와 같이, 기어의 백래시(backlash)에 의하여 스핀들의 이송방향에 따라 발생될 수 있는 오차를 제거하기 위한 것이다.

이와 같은 다이얼 게이지는 다음과 같은 장점을 가지고 있으므로 널리 사용되고 있다.

- 작고 가벼우므로 취급이 용이하다.
- 측정 범위가 넓다.
- 눈금과 지침에 의해 눈금을 읽기 때문에 읽음 오차가 적다.
- 연속된 변위량의 측정이 가능하다.
- 많은 개소의 측정을 동시에 할 수도 있다.

그림 6.17은 다이얼 게이지를 이용한 각종 측정법을 예시한 것이다.

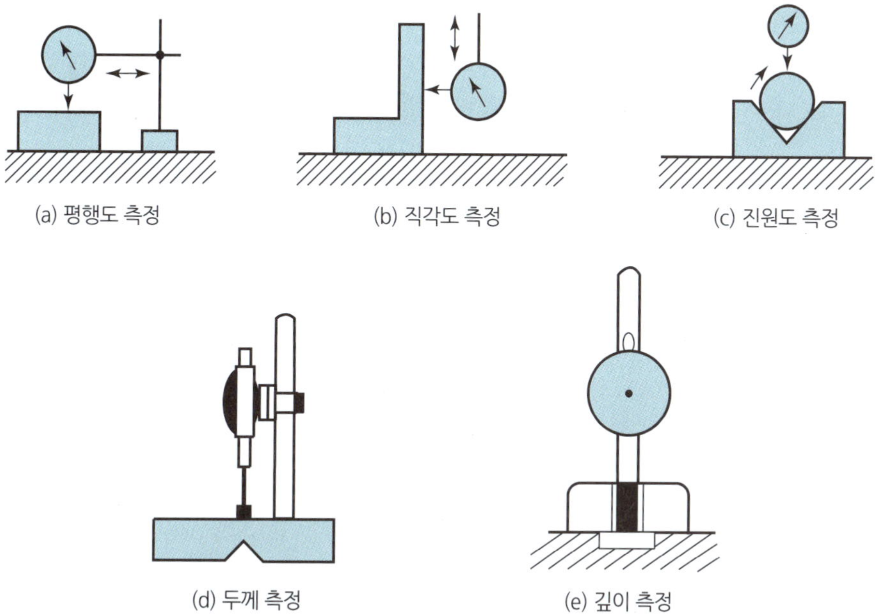

그림 6.17 다이얼 게이지를 이용한 각종 측정 예

6.7 지침 측미기

지침 측미기(指針 測微器)란 다이얼 게이지와 마찬가지로 스핀들의 변위를 레버(lever)나 기어(gear) 등 기계적 확대기구를 통하여 확대시켜 치수를 측정하는 측정기로, 최소눈금이 1μm 이하이고, 지침의 회전범위가 1회전 미만인 것을 말한다.

지침 측미기에는 그림 6.18과 같은 **미니미터**(minimeter)가 있다. 이것은 레버만을 이용하여 미소변위를 확대하는 원리를 이용한 것으로, 스핀들 S의 미소 변위를 고정 나이프 에지(knife edge) a를 중심으로 하여 회전하는 지침의 변위로 확대 지시하도록 되어 있다.

미니미터의 확대율은 레버의 비 $\frac{L}{e}$로 결정되며 최대 1000배 정도가 된다.

이와 같이 레버를 이용한 확대기구는 그 구조상 측정범위를 30μm 이상으로 하기 어려우므로 사용범위가 제한적일 수밖에 없다.

따라서 레버에 기어를 조합시켜 측정범위를 $\pm$0.1 mm까지 확보한다.

그림 6.19는 기어열을 2단으로 하여 변위를 확대하는 지침측미기로 **오르도 테스트**(ortho test)라고 한다.

오르도 테스트의 기본구조나 동작원리는 0.001 mm 다이얼 게이지와 거의 유사하다.

이와 같은 지침 측미기는 비교측정기(comparator)로 많이 활용되며, 다이얼 게이지에 비해 측정범위는 적으나, 정도(精度)가 좋기 때문에 게이지 블록의 정도(精度) 검사 등에 사용되고 있다.

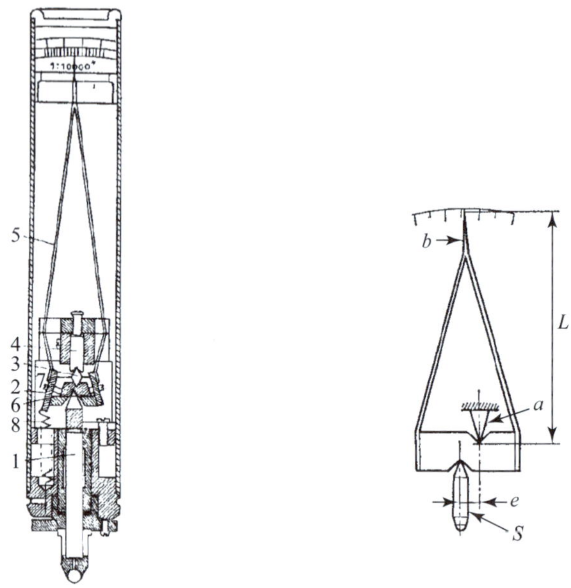

(a) 미니미터의 내부구조 (b) 미니미터의 원리

그림 6.18 미니미터의 구조 및 원리

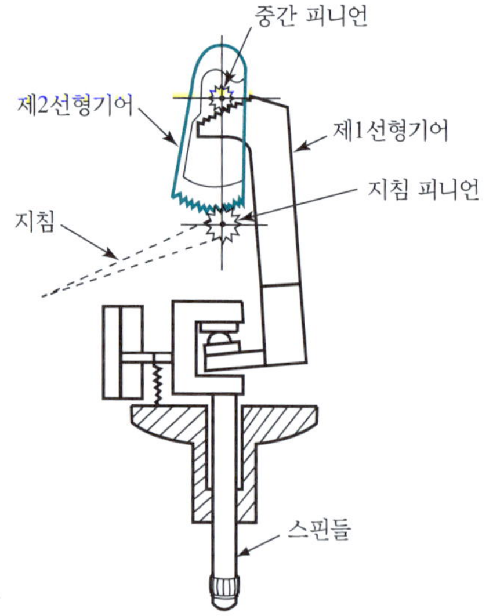

그림 6.19 오르도 테스트의 내부구조

6.8 실린더 게이지

실린더 게이지(cylinder gauge 또는 bore gauge)는 길이의 변위를 그와 수직방향의 변위로 바꾸어 다이얼 게이지에 의하여 그 변위를 읽을 수 있도록 한 것으로, 주로 구멍의 내경 측정에 사용된다.

실린더 게이지의 구조는 그림 6.20과 같다.

측정자가 축방향으로 움직이면 전도자(傳導子, 캠이라고도 함)에 의하여 직각방향의 움직임으로 변환되어 압봉(押捧)에 전달하게 되고, 압봉의 직선변위는 이와 접촉해 있는 다이얼 게이지의 스핀들로 전달되어 다이얼 게이지의 지침을 회전시킨다.

이 실린더 게이지는 어떤 기준물과 측정물의 치수차만을 검출할 수 있는 비교 측정기이기 때문에 어떤 치수를 측정할 때에는 기준물이 있어야 한다. 즉, 실린더 게이지를 이용하여 어떤 구멍의 내경을 측정할 때에는, 이와 거의 치수가 비슷한 표준 링게이지와의 치수차를 실린더 게이지로 검출하고 이로부터 측정물의 치수를 구한다.

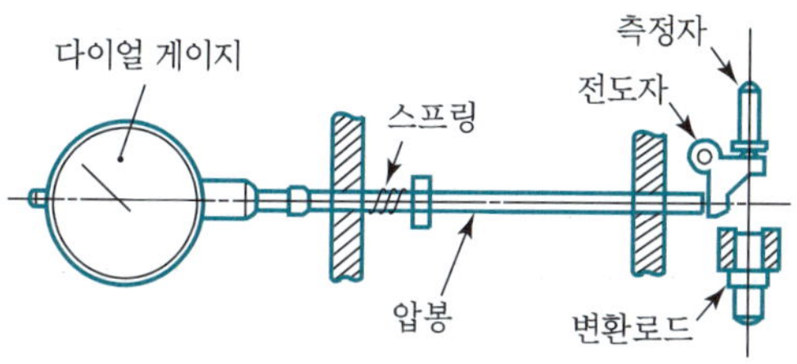

그림 6.20 실린더 게이지의 내부구조

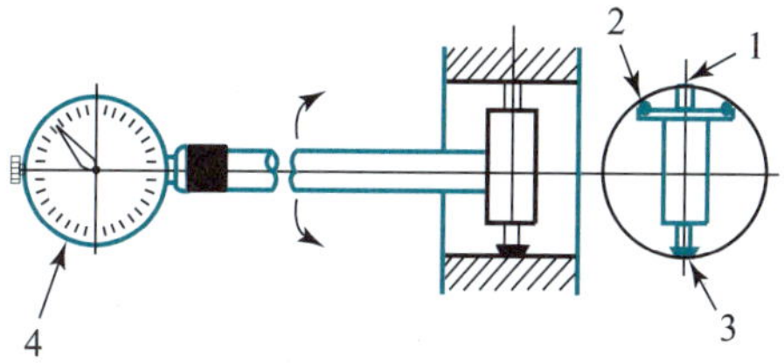

그림 6.21 실린더 게이지에 의한 내경 측정

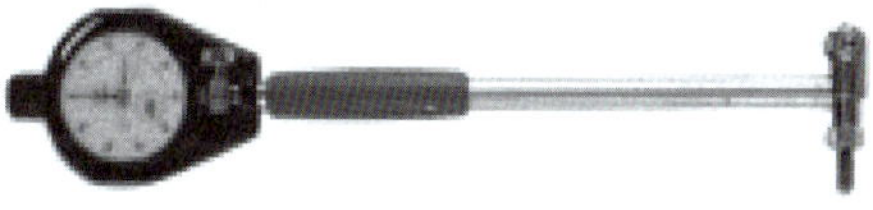

그림 6.22 실린더 게이지

6.9 전기 마이크로미터

전기 마이크로미터는 기계적 변위를 전기적으로 증폭하여 지시하는 고정도(高精度)의 측정기로 0.01μm까지 측정할 수 있는 것도 있다.

이 전기 마이크로미터는 기계적 변위를 어떻게 전기량으로 변환시키느냐에 따라 인덕턴스형, 용량형, 저항형 등으로 구분한다.

인덕턴스형의 경우 그림 6.23(a)와 같이 코어를 중심으로 하여 1차 코일과 2차 코일이 감겨져 있는데, 1차 코일에 전압을 가하면 2차 코일에 전압이 유기된다. 이때 스핀들이 축방향으로 움직이면 코어의 변위에 의하여 2차 코일에 유기되는 전압 E는 그림 6.23(b)와 같이 이송량 x에 2차 함수적(포물선)으로 변화한다.

이와 같은 인덕턴스형의 경우 스핀들의 이송량 x에 대하여 2차 코일에 유기되는 전압 E 사이의 관계가 1차 함수적인 비례관계가 성립되지 않기 때문에, 지시계의 눈금을 등분눈금으로 하기가 곤란하다.

따라서 이를 개선하여 코어의 변위 x와 2차 코일에 유기되는 전압과의 관계를 1차함수적인 비례관계로 하기 위하여, 다음과 같은 차동변압기(linear voltage differential transformer, LVDT) 회로를 사용한다.

차동 변압기회로는 그림 6.24(a)와 같이 한 개의 1차 코일을 중심으로 하여, 양측에 있는 두 개의 2차 코일이 서로 직렬로 연결되어 있는데, 이와 같은 경우 2차 코일측의 두 코일에 유기되어 흐르는 전류의 방향은 서로 반대가 된다.

따라서 2차 코일에 유기되는 최종전압 E_0은 두 코일에 유기되는 전압차인 $E_1 - E_2$로 되어, 그림 6.24(b)와 같이 철심의 변위 x에 대하여 1차 함수적인 비례관계로 되는 것이다.

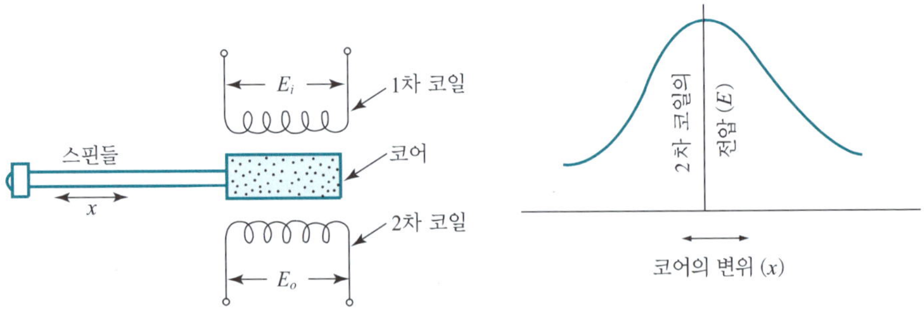

(a) 인덕턴스식 검출기의 원리도 (b) 고어의 변위와 출력 전압과의 관계선도

그림 6.23 인덕턴스식 검출기

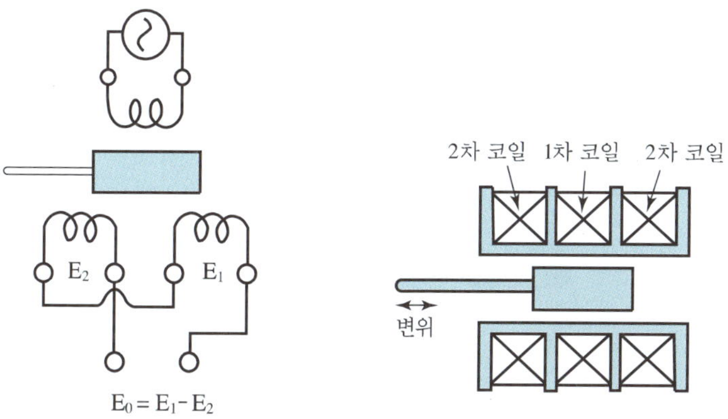

(a) 차동 변압기식 검출기의 원리도

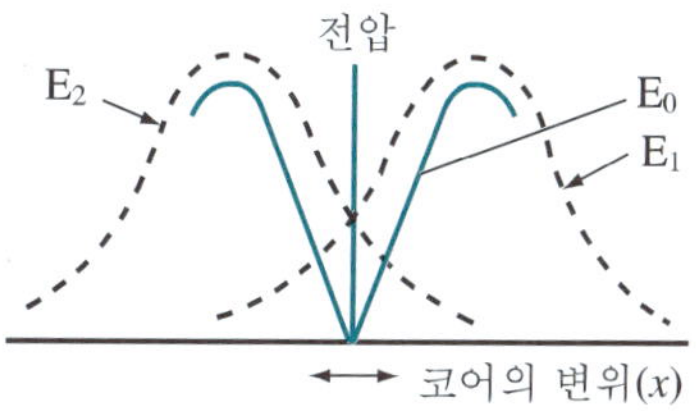

(b) 코어의 변위와 출력 전압과의 관계선도

그림 6.24 차동변압기식 검출기

그림 6.25는 전기 마이크로미터 검출기의 내부 구조 및 외양이고, 그림 6.26은 전기 마이크로미터의 회로 구성이다.

전기 마이크로미터의 회로는 그림에서와 같이, 우선 발진기에 의하여 수 kHz의 주파수로 1차 코일을 여진하여 2차 코일에 전압을 유기시키고, 이 출력전압을 증폭기에 의하여 증폭한 후 검파기로 위상을 검파하고 정류하여 지시계를 통하여 지시하도록 되어 있다.

이때 검파기는 위상변별(位相辨別) 정류(整流)방식을 사용는데, 이는 차동변압기의 변위에 대한 위상관계가 0점을 경계로 하여 180° 변화하므로, 이와 같은 특성을 이용하여 그림 6.27과 같이 출력 전압이 얻어지도록 조정하는 것이다.

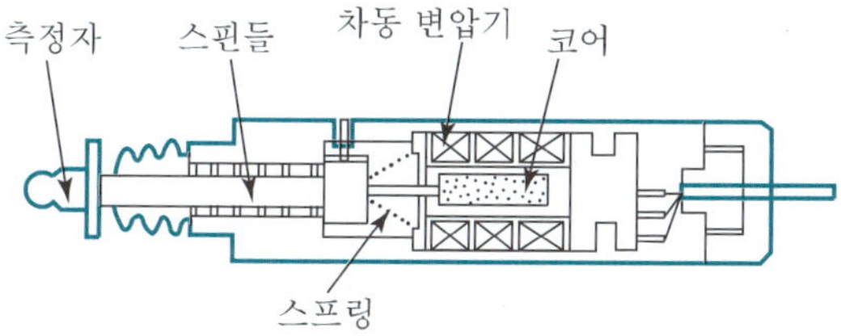

(a) 구조

(b) 외형

그림 6.25 검출기의 내부 구조 및 외형

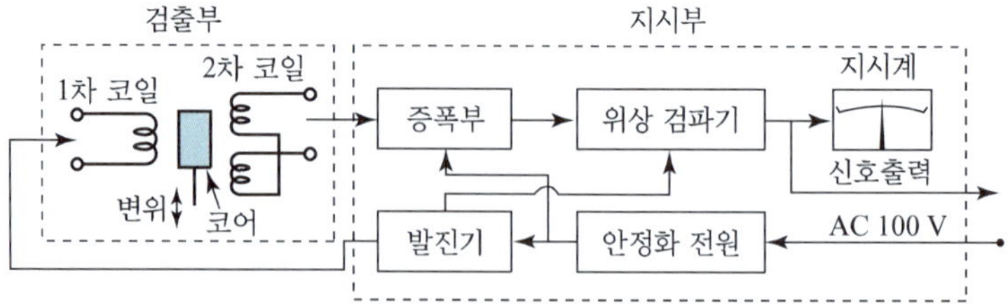

그림 6.26 전기 마이크로미터의 회로 구성

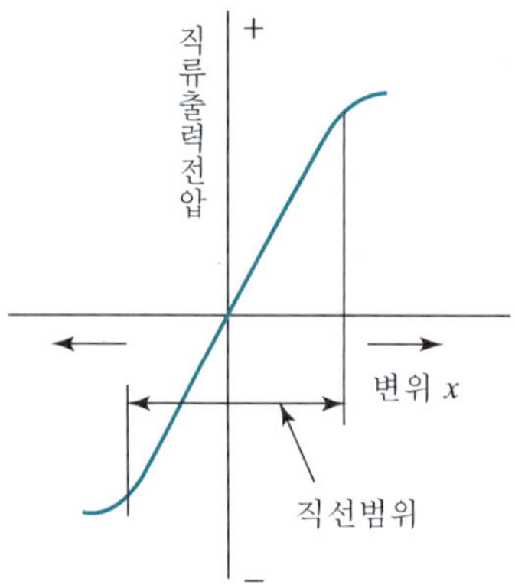

그림 6.27 변위 - 위상변별 정류전압

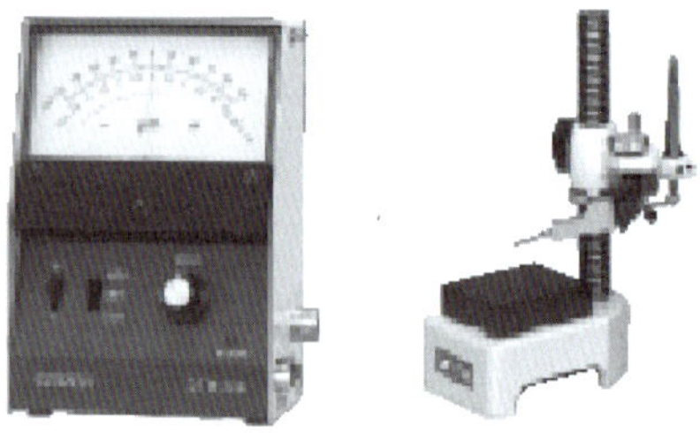

(a) 지시기 (b) 검출기

그림 6.28 전기 마이크로미터 지시기 및 검출기

6.10 공기 마이크로미터

6.10.1 유량식 공기 마이크로미터

공기 마이크로미터(air micrometer)는 노즐과 측정물 사이의 틈새로 빠져나가는 공기 흐름의 미소변화를 공기압력 또는 유량으로 변환하여 틈새의 크기를 확대 · 지시하도록 만든 것으로, 유량식, 배압식, 유속식 등으로 구분된다.

유량식 공기 마이크로미터는 그림 6.29와 같이 노즐과 유량계로 구성되어 있으며, 노즐과 측정물 사이의 틈새에 따라서 유출되는 공기의 유량변화를 유량계로 감지하여 틈새의 크기를 지시한다. 다시 말하면 노즐과 측정물 사이에 좁은 틈새를 두고, 노즐을 스탠드로 고정시킨 다음, 노즐을 통하여 공기를 분출시키면 그림 6.30과 같이 노즐과 측정물 사이의 틈새로 공기가 빠져 나가게 된다.

이때 측정물을 높이가 더욱 낮은 측정물로 대체하면, 측정물과 노즐 사이의 틈새가 커지게 됨에 따라 틈새를 통하여 유출되는 공기가 많게 되고, 유량계속의 부자(浮子, float)가 더 높이 상승하게 된다.

직경 2 mm인 표준노즐의 경우, 노즐과 측정물과의 틈새 h와 유량 사이의 관계는 그림 6.31에서 보는 바와 같이 다음과 같다.

- 틈새 h가 0~0.015 mm 범위에서는 공기의 점성 때문에 틈새가 있어도 공기가 거의 유출되지 않게 된다.
- 틈새 h가 0.015~0.2 mm 범위에서는 틈새와 유량이 비례한다. 이 범위가 공기 마이크로미터의 사용범위가 된다.
- 틈새 h가 0.2 mm 이상이 되면, 그림 6.30과 같이 노즐 구멍의 단면적 $\frac{\pi d^2}{4}$이 노즐 주위의 틈새로 이루어진 원통의 표면적 πdh에 가까워져, 더 이상 비례관계가 성립되지 않게 된다.

이 유량식 공기 마이크로미터에는 그림 6.29와 같이 제로(zero)조정밸브와 배율조정밸브가 있다. 제로조정밸브를 열거나 닫으면 유량계를 통과하는 공기의 유량은 증가하거나 감소하기 때문에 이 밸브를 여닫음으로써 부자의 위치를 임의의 위치로 조절할 수 있게 된다.

또한 배율조정밸브는 유량계를 안 거치고 바로 노즐로 보내는 공기의 양을 조절함으로써 공기 마이크로미터의 감도를 조정한다.

유량식 공기 마이크로미터에서의 배율은 다음 식과 같이 된다.

$$\text{배율} = \frac{\text{부자의 이동거리}}{\text{측정물의 치수차}}$$

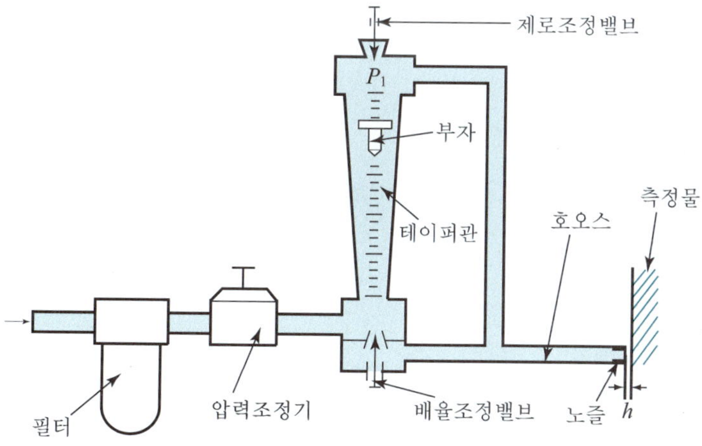

그림 6.29 유량식 공기 마이크로미터의 구조

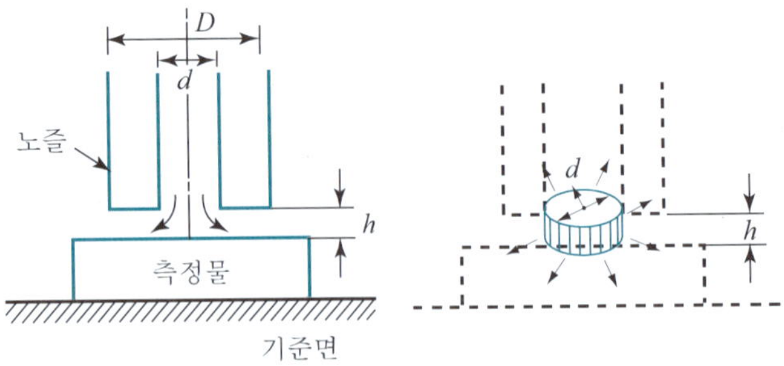

그림 6.30 노즐로부터의 공기 유출

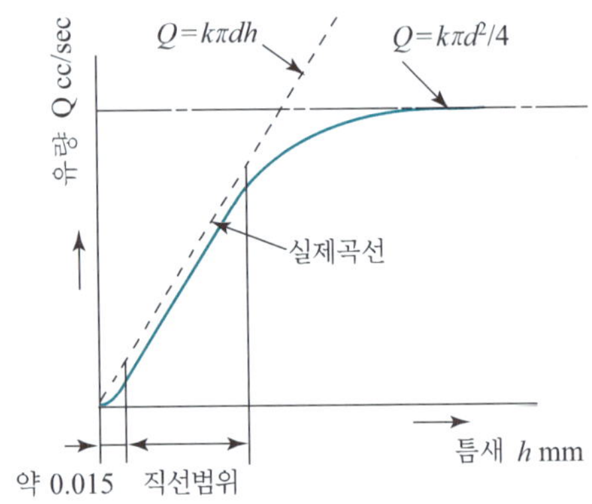

그림 6.31 틈새와 유량 사이의 관계

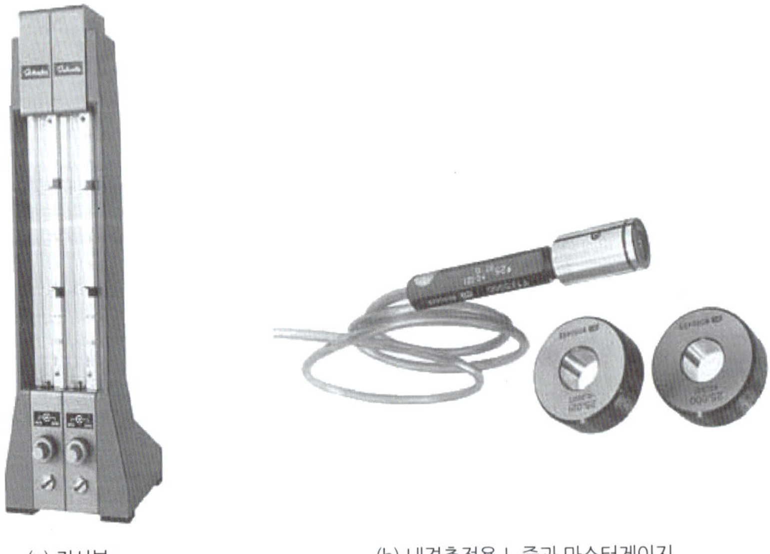

(a) 지시부

(b) 내경측정용 노즐과 마스터게이지

그림 6.32 유량식 공기 마이크로미터

6.10.2 배압식 공기 마이크로미터

그림 6.33(a)는 배압식 공기 마이크로미터의 구조를 간단하게 나타낸 것이다.

그림에서 보는 바와 같이 배압식 공기 마이크로미터는 **노즐과 압력지시계, 오리피스(orifice)**로 구성되어 있는데, 이 오리피스와 노즐 사이의 부분을 배압실이라고 한다.

공기 압축기(compressor)로부터 보내 온 압축공기는 압력조정기(regulator)에 의하여 일정한 압력으로 되어, 오리피스, 배압실, 노즐을 차례로 통과한 후 측정물과 노즐 사이의 틈새를 통하여 대기 중에 배출된다.

이때 노즐과 측정물과의 틈새 h 와 배압실의 압력(배압) P_x 는 그림 6.33(b)와 같이 다음과 같은 관계가 있다.

- 틈새 h 가 0일 때에는 배압 P_x 는 압력조정기에서의 압력 P_c와 같게 된다.
- 틈새 h 가 점점 커질수록 배압 P_x 는 낮아지며, 어느 구간(A−B)에서 틈새 h 와 배압 P_x 는 서로 비례관계를 가지는데, 이 구간이 측정에 사용되는 구간이다.
- 틈새 h 가 노즐 구멍의 지름보다 커지면, 배압실의 압력 P_x 는 0에 가까워지나 0으로 되지는 않는다. 그 이유는 틈새가 노즐구멍의 직경보다 커져도 공기가 노즐 구멍을 통하여 그리 쉽게 빠져나가지 못하기 때문이다.

배압식 공기 마이크로미터는 유량식 공기 마이크로미터와는 달리 제로조정밸브와 배율조정밸브가 없는데, 압력조정기로 배압실의 압력을 조정하여 제로조정을 하고, 오리피스 구멍의 크기를 조절하여 배율조정을 한다.

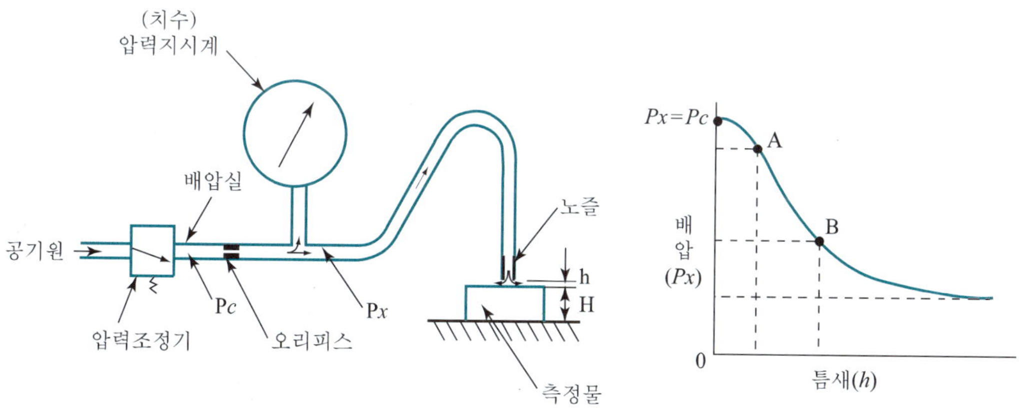

(a) 구조

(b) 틈새와 배압과의 관계선도

그림 6.33 배압식 공기 마이크로미터

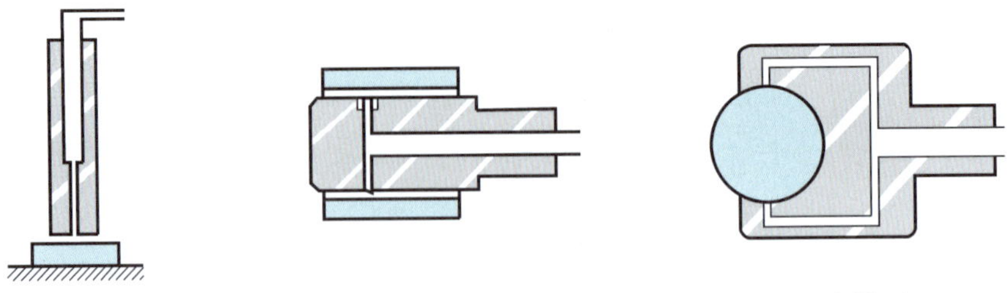

그림 6.34 공기 마이크로미터를 이용한 각종 측정

그림 6.34의 (a)는 공기 마이크로미터를 이용하여 측정물의 두께를 측정하는 것을 보여 주며, (b) 및 (c)는 각각 내경과 외경을 측정하는 모습을 보여 준다.

이와 같이 공기 마이크로미터는 측정물의 높이뿐만 아니라 내경 및 외경측정에 사용되고 있는데, 그중에서 공기 마이크로미터의 효용가치가 가장 큰 것은 구멍의 내경측정이다.

내경을 측정하는 방법은 그림 6.34(b)와 같은 노즐을 측정하고자 하는 측정물과 이미 그 치수를 알고 있는 마스터 게이지의 구멍 속에 차례로 집어넣어, 그 둘 사이의 치수차를 구한 후 그 치수차로부터 측정물의 내경을 구한다.

6.11 레이저 변위계

6.11.1 레이저 변위계

레이저(laser) 변위계는 삼각측량을 이용한 방식으로 그림 6.35과 같이 발광소자와 수광소자의 조합으로 구성되어 있다.

발광소자에는 반도체 레이저가 이용되고 있으며, 반도체 레이저의 광선은 투광(投光)렌즈를 통하여 집광되어 측정물에 조사(照射)된다. 측정물로부터 확산반사(擴散反射)된 광선의 일부는 수광렌즈를 통과하여 수광소자에 초점(spot)을 맺는다.

측정물이 상하로 이동하면 이 초점의 위치도 이동하므로 그 초점의 위치를 검출함으로써 측정물의 변위량을 알아낼 수가 있다.

이때 측정물 표면으로부터 반사한 빛은 확산 반사성분과 정반사(正反射)성분으로 나누어 생각할 수 있는데, 이는 측정물의 표면 상태에 따라 달라진다. 즉, 그림 6.36(a)와 같이 경면(鏡面)이나 광택이 있는 표면에서는 정반사 성분이, 그림 6.36(b)와 같이 광택이 없는 면에서는 확산반사

성분이 지배적으로 많게 된다.

수광소자에는 PSD(position sensitive detector) 또는 CCD(charge coupled device)를 사용하고 있으며, 그림 6.37과 같이 CCD를 이용하면 각 화소(畵素) 개개의 광량(光量)을 검출할 수 있으므로, 측정물 표면이 거칠어 확산반사가 될 경우에도 광량이 피크(pick)인 위치를 정확히 검출할 수가 있게 되어 측정물 표면의 영향에 의한 오차를 대폭적으로 줄일 수 있다.

그림 6.38은 CCD레이저 변위계로 최소 초점 반경은 20μm 이고, 최소분해능은 0.1μm, 최대 측정범위는 500±250 mm이다.

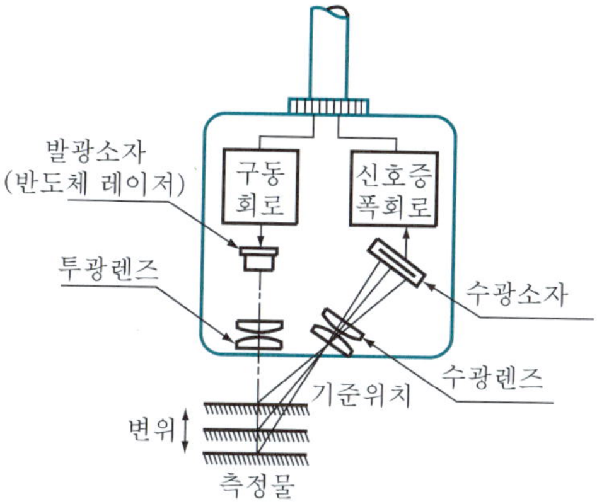

그림 6.35 레이저 변위계의 원리

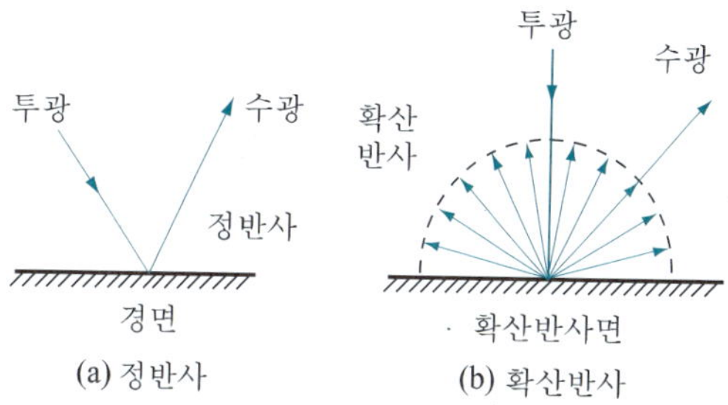

그림 6.36 정반사(a)와 확산반사(b)

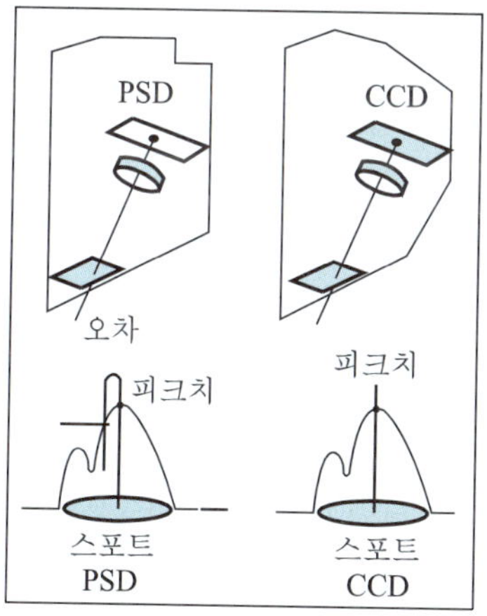

그림 6.37 PSD와 CCD에 의한 검출

그림 6.38 레이저식 변위계

6.11.2 레이저 스캔 laser scan식 변위계

그림 6.39과 같이 레이저 반도체(半導體)로부터 나온 레이저 광선은 다면경(polygon mirror) 및 반사경을 거쳐 콜리미터 렌즈(collimator lens)로 간다. 콜리미터 렌즈를 통과한 빛은 평행광선이 되고 이 평행광선이 수광렌즈에 의하여 수광소자에 집광된다. 이때 콜리미터렌즈와 수광렌즈 사이에 측정물이 있으면 측정물에 의하여 레이저 광선이 차단되게 된다. 레이저 광선은 회전하는 다면경에 의하여 측정물의 위에서부터 차례로 주사(走査)되는데, 측정물의 크기가 클수록 측정물에 의하여 빛이 차단되는 시간은 길어질 것이다. 따라서 이 차단되는 시간을 카운터로 계측하여 측정물의 치수를 측정하는 방법이다.

이와 같은 변위계의 정도는 클록펄스(clock pulse)의 발진 주파수와 다면경을 회전시키는 동기모터에 의하여 결정되며 약 1μm가 된다.

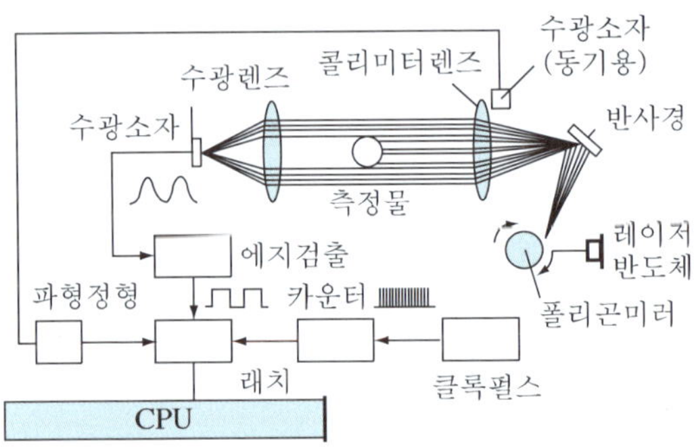

그림 6.39 레이저 스캔식 변위계의 원리

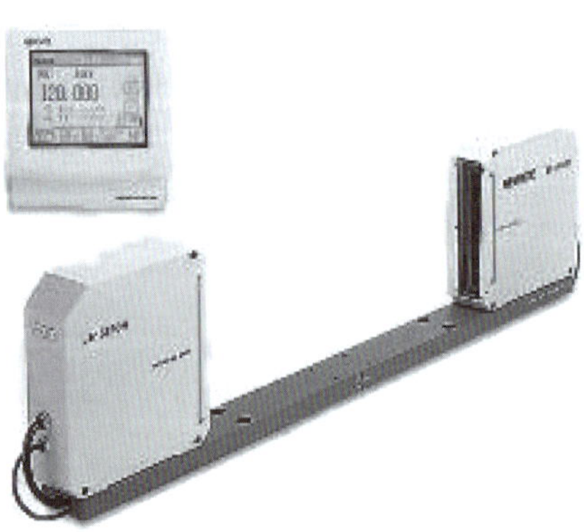

그림 6.40 레이저 스캔식 변위계

6.12 초음파 변위계

초음파 변위계는 음향학적 변환기로 그림 6.41과 같이 진동자로부터 초음파를 측정물에 송신시키고 측정물로부터 반사되어 오는 초음파를 다시 진동자로 수신한다. 이때 음파의 송신에서부터 수신할 때까지의 시간을 계측하여 진동자에서 측정물까지의 거리를 측정한다.

송신에서 수신까지의 시간을 T, 음속을 C라 하면 진동자로부터 측정물까지의 거리 L은 다음과 같이 된다.

$$L = \frac{1}{2} TC$$

식에서 T가 왕복시간이므로 1/2을 곱하였다.

공기 중에서의 음속 C는 기온이 0℃일 때 331.45 m/s인데, 기온이 1℃ 상승할 때마다 음속은 0.607 m/s씩 빨라지므로 온도가 X℃일 때의 음속은 다음과 같은 계산식으로부터 구할 수 있다.

$$C = 0.607X + 331.45 \text{ m/s}$$

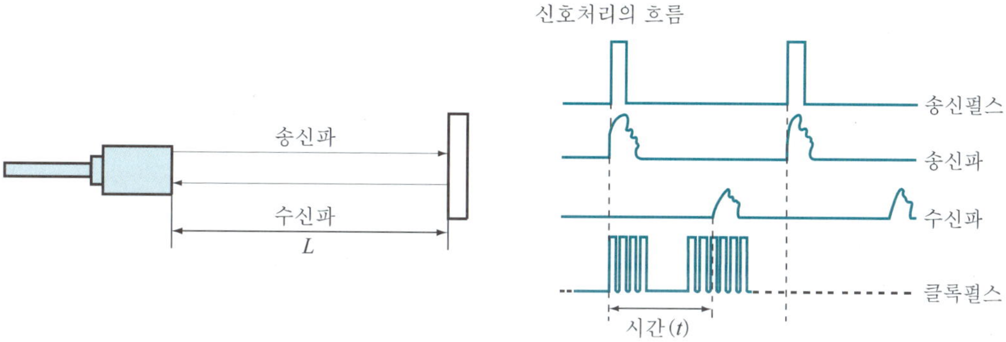

그림 6.41 초음파 변위계의 원리

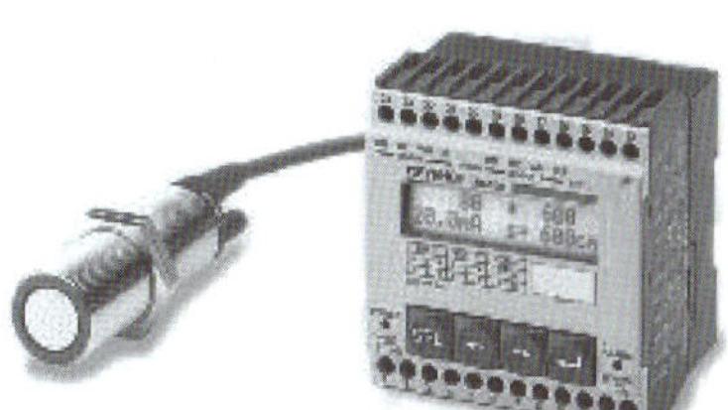

그림 6.42 초음파 변위계

6.13 측정의 디지털화

최근 컴퓨터의 발달에 힘입어 측정량의 전달, 기록, 연산처리능력이 뛰어난 측정기가 각광을 받고 있다. 이와 같이 측정량을 컴퓨터로 처리하기 위해서는 측정값의 디지털(digital)화가 선행되지 않으면 안 된다.

따라서 측정값의 디지털화를 위한 것으로 다음과 같은 인코더(encoder)가 있다.

6.13.1 인코더의 종류

변위량을 코드판을 사용하여 디지털량으로 변환시키는 장치를 인코더(encoder)라고 한다. 이와 같은 인코더 중에서 직선 변위량을 디지털량으로 변환시켜 주는 인코더를 리니어 인코더(linear encoder)라 하며, 회전변위량을 디지털량으로 변환시켜 주는 인코더를 로터리 인코더(rotary encoder)라고 한다.

또한 인코더를 그 출력신호의 형식에 따라 절대방식(absolute type)과 증분방식(incremental type)으로 구분하기도 한다.

이 중 절대방식은 어떤 정해진 원점으로부터의 변위량을 디지털량으로 표시하는 방법이고, 증분방식은 임의의 점을 원점으로 하고 그곳으로부터의 변위량을 디지털량으로 나타내는 방법이다.

현재 시판되고 있는 인코더는 대부분이 증분방식이다.

인코더는 또한 스케일에 빛을 투과하여 그 빛의 명암차에 의해 전기적인 신호를 얻는 투과형과 스케일에서 반사된 빛의 명암차에 의하여 전기신호를 얻는 반사형으로 구분된다. 여기서 투과형은 스케일이 유리로 되어 있고, 반사형은 스케일이 금속으로 되어 있다.

6.13.2 인코더의 특징

① 미세하고 정밀한 격자눈금을 사용하기 때문에, 이를 세분하면 할수록 보다 정밀도 높은 측정값을 얻을 수 있다.

② 유리에 크롬도금을 하여 격자눈금을 만들기 때문에, 내구성이 좋고 표면의 변화가 거의 생기지 않는다.

③ 본척 눈금과 부척 눈금이 서로 접촉하지 않은 상태에서 움직이므로, 마찰에 의한 영향이 없다.

④ 한 번에 많은 수의 격자가 지나가면서 검출되므로, 눈금 사이의 오차가 평균화되어 정밀도 높은 측정값을 얻을 수 있다.

⑤ 발광소자로 발광 다이오드, 수광 소자로 수광 다이오드를 사용하므로 수명이 길다.

6.13.3 투과형 리니어 인코더

리니어 인코더는 그림 6.43과 같이 슬릿(slit)이 있는 펄스 스케일(pulse scale)과 인덱스 슬릿(index slit), 광원 및 광전소자로 구성되어 있으며, 펄스 스케일과 인덱스 슬릿은 서로 일정한 간격으로 떨어져 있어 서로 마찰을 일으키지 않고 상대운동을 하도록 되어 있다.

펄스 스케일과 인덱스 슬릿의 눈금은 크롬도금으로 된 미세한 격자로 되어 있으며, 응답속도를 고려하여 눈금의 폭 및 눈금 사이의 폭을 10μm로 한다.

따라서 피치가 20μm의 눈금을 가진 펄스 스케일에 대하여 위상이 90° 벗어난 4개의 인덱스 슬릿이 있고, 이로부터 나오는 0~180°, 90~270°의 신호를 차동 증폭기에 보내 0°, 90°, 180°의 3개의 신호를 얻는다.

이와 같은 차동 증폭 방식에 의하여 동일한 양을 제거하고, 위치상 변동에 의한 영향을 감소시킴으로써 S/N비가 좋은 신호를 얻을 수 있게 된다.

그런 다음에 0°, 90°, 180°의 3가지 신호를 분할회로에 입력하여 필요로 하는 위치의 오차신호를 얻고, 이들 신호는 가역 선별회로, 가감산 제어회로, 계수 표시회로를 차례로 거쳐 디지털량으로 표시되게 된다.

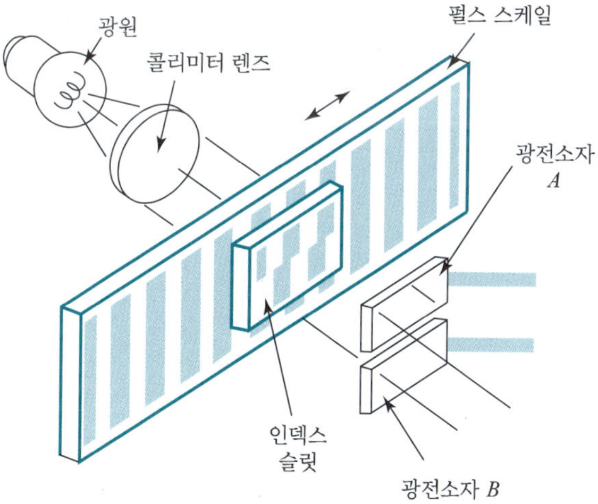

그림 6.43 투과형 리니어 인코더의 구조

6.13.4 반사형 리니어 인코더

물체에 빛을 조사(照査)하면 표면이 매끄러운 면에서는 빛의 반사량이 많아지고, 거친 면의 경우에는 난반사를 하여 반사량이 적어진다.

이때 반사광선이 들어오는 방향에 광전소자를 놓으면, 여기에 들어오는 빛의 양은 반사면의 표면상태에 따라서 다르게 된다. 이와 같은 원리를 이용하여 금속면에 매끄러운 면과 거친 면을 각각 10μm와 20μm의 폭으로 하여, 교대로 배열해 놓은 것이 반사형 리니어 인코더의 스케일이다. 반사형 리니어 인코더는 그림 6.44와 같이 스케일, 인덱스 스케일, 광원, 광전소자, 집광렌즈로 구성되어 있으며, 이의 동작원리는 다음과 같다.

광원(발광램프)으로부터 발사된 빛은 집광렌즈를 통과하여 평행광선으로 되고, 이 빛은 인덱스 스케일에 45° 각도로 입사된다.

인덱스 스케일을 통과한 빛은 스케일면에서 반사되고, 이 빛은 다시 인덱스 스케일을 통과하여 광전소자에 도달하고, 광전소자는 광전소자에 들어온 빛의 양을 전압으로 변환시켜 전기신호를 발생시킨다. 이때 사용되는 광전소자로는 태양전지가 이용된다.

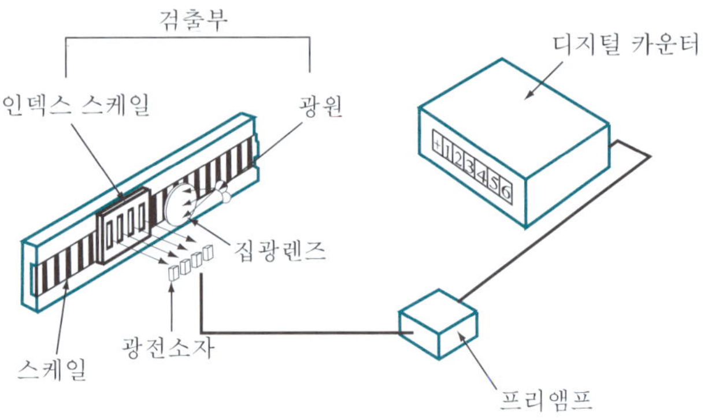

그림 6.44 반사형 리니어 인코더의 구조

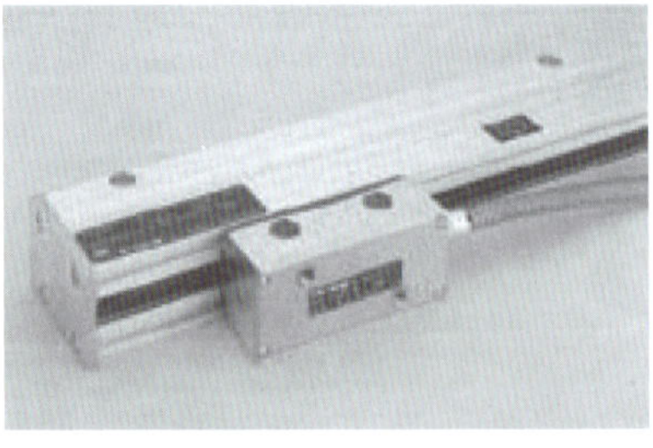

그림 6.45 리니어 인코더

6.13.5 무아레 간섭무늬 moire interference pattern를 이용한 리니어 인코더

표면에 가늘게 평행선을 여러 개 그려 넣은 투명한 유리판 두 매를 서로 θ 만큼 경사지게 하여 교차시키고, 유리판에 빛을 통과시키면 그림 6.46과 같이 평행선과 직각방향으로 거칠고 굵은 무늬가 나타나는데 이것을 무아레 간섭무늬라고 한다.

이때 간섭무늬의 피치 p와 평행선의 피치 ω 사이에는

$$\tan\theta = \frac{\omega}{p}$$

의 관계가 성립하고, θ가 rad 단위이고 작다면 $\tan\theta \approx \theta$ 이므로 간섭무늬의 피치

$$p \approx \frac{\omega}{\theta}$$

가 된다. 따라서 두 개의 유리판 중 한 개를 횡으로 이동시키면 무아레 간섭무늬는 유리판의 이동방향과 직각인 방향으로 움직인다.

이때 간섭무늬가 발생한 한 점에 시선을 고정시키고 관찰하면, 간섭무늬의 이동으로 인하여 밝아졌다 어두워졌다를 반복할 것이고, 이 명암의 수를 파악하면 유리판의 이동량을 알 수 있게 되는 것이다.

따라서 간섭무늬가 지나가며 z 번 어두워졌다고 하면, 무아레 간섭무늬의 이동량 s 는 다음과 같이 된다.

$$s = zp = z\frac{\omega}{\theta}$$

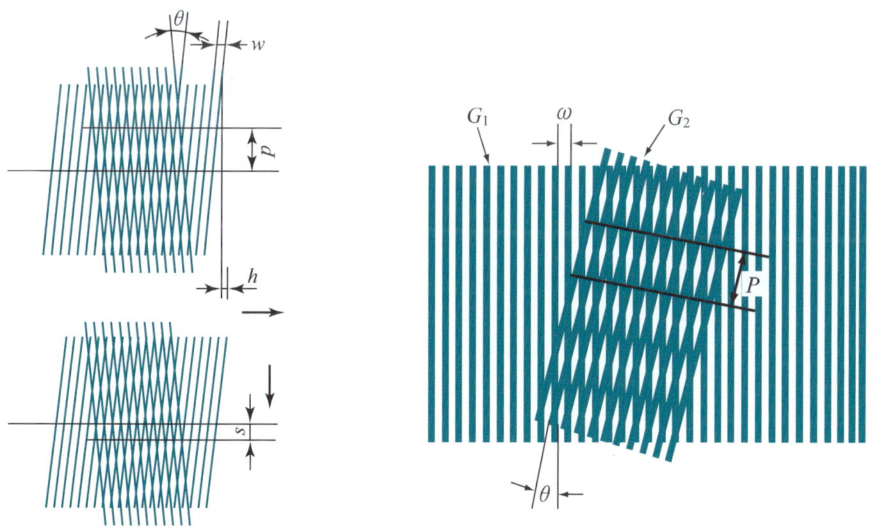

그림 6.46 무아레 간섭무늬

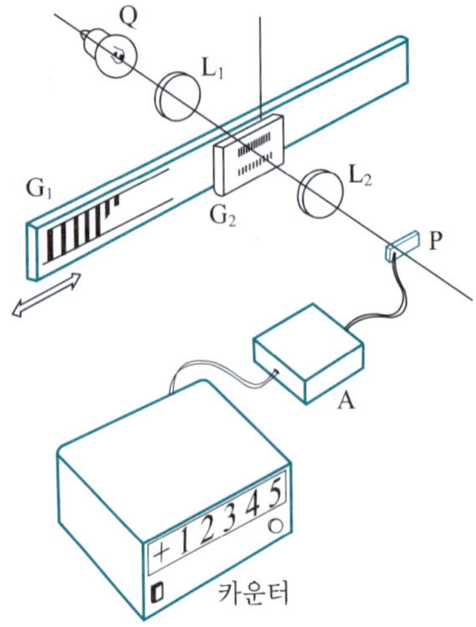

그림 6.47 무아레 간섭무늬를 이용한 리니어 인코더

이때 유리판의 이동량 h 는

$$h = z\omega$$

이므로, 확대율 m 은 다음 식으로 된다.

$$m = \frac{s}{h} = \frac{p}{\omega} = \frac{1}{\theta}$$

이와 같은 무아레 간섭무늬를 이용하여, 그림 6.47과 같이 스케일의 이동량을 디지털량으로 검출할 수 있는 리니어 인코더를 만들 수 있다.

자로 사용되는 스케일 G_1의 격자와 인덱스 격자 G_2는 서로 작은 간격을 두고 떨어져 있고, 이들은 서로 작은 각도로 기울어져 무아레 간섭무늬를 만든다.

이때 광원 Q 로부터 스케일에 빛을 조사(照射)하여, 스케일을 통과한 빛을 광전소자 P 로 수광한다.

다음에 스케일 격자 G_1을 화살표 방향으로 이동시키면, 무아레 간섭무늬가 이와 직각방향으로 이동하고, 이때 발생하는 명암변화를 광전소자로 검출하여 전압의 변화로 변환시킨다. 이것을 다시 직류증폭기 A로 증폭하고 카운터로 계수(計數)한다.

6.13.6 로터리 인코더

그림 6.48(b)에서와 같이 로터리 인코더(rotary encorder)는 슬릿(slit)원판과 인덱스 슬릿(index slit), 발광소자와 수광소자로 구성되어 있다.

발광소자로부터 나온 빛은 슬릿원판상의 슬릿과 인덱스 슬릿상의 슬릿을 차례로 통과하여 수광소자로 가는데, 이때 슬릿원판과 인덱스 슬릿의 슬릿이 서로 일치되었을 때만 빛이 통과하여 밝아지고 그렇지 않을 때는 어두워지므로, 이러한 명암변화의 수를 수광소자로 검출하여 축의 회전수를 검출한다.

즉, 슬릿원판이 1피치의 슬릿만큼 회전하면, 그 동안에 수광소자는 인덱스 슬릿을 통하여 들어온 빛의 명암을 1개의 사인파상의 출력전압변화로 변환시켜 펄스화하고, 이와 같은 펄스를 카운터로 계수하여 슬릿원판의 회전량을 계측할 수 있게 되는 것이다.

이때 회전량을 더욱 정밀하게 계수하고자 할 때에는 전자적인 분할회로를 부가한다. 예를 들면, 1회전에 2,000분할된 인코더에 4분할 회로를 부가하면 1회전에 8,000개의 펄스를 얻을 수 있다.

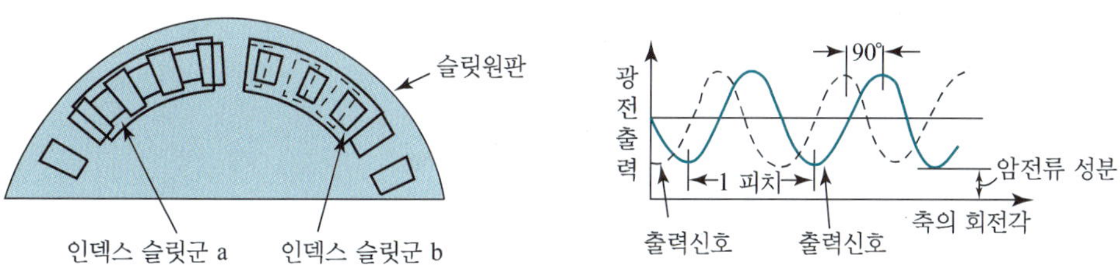

(a) 인덱스 슬릿군 a와 b가 서로 1/4 피치 만큼의 위상차가 있는 경우의 슬릿원판과 그 출력신호

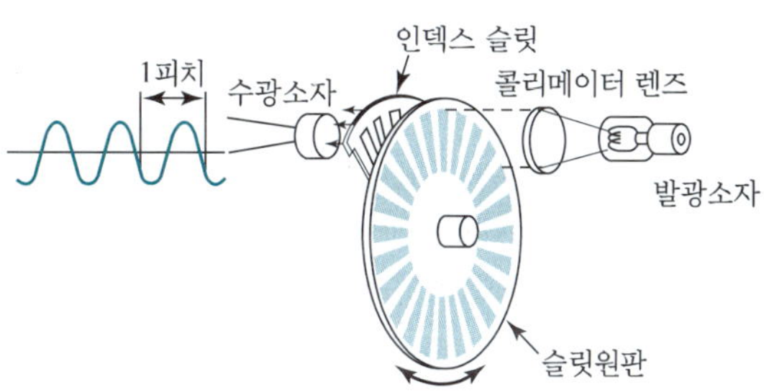

(b) 슬릿원판과 인덱스 슬릿의 위상차가 있는 경우의 구성도

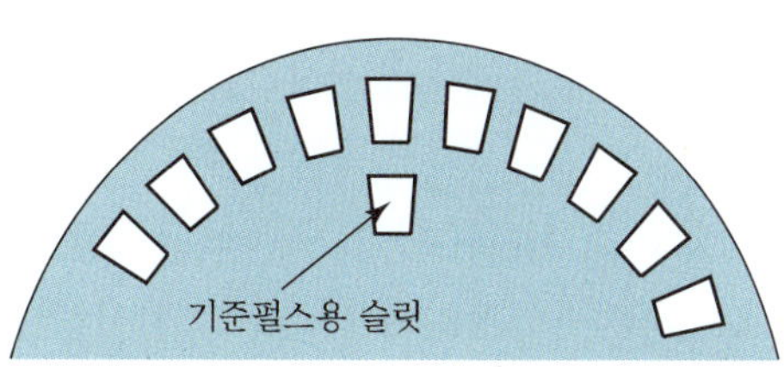

(c) 슬릿원판상의 주눈금과 동심으로 단 1개의 슬릿을 별도로 설치한 경우

그림 6.48 로터리 인코더의 구조원리

리니어 인코더와 같이 로터리 인코더에서도 축의 회전방향을 판별하기 위하여 1/4 피치의 위상차가 있는 2개의 신호를 조합하여 이용한다.

인덱스 슬릿은 수십개로 이루어진 인덱스 슬릿군으로 되어 있는데, 이와 같이 실제로는 인덱스 슬릿을 수십 개로 함으로써 피치오차를 평균화하여 보다 안정된 신호를 얻고 있다.

또한 그림 6.48(a)에서와 같이, 2개의 인덱스 슬릿군 a와 b는 1/4피치만큼 벗어난 위치에 배치되어 있어, 슬릿원판이 왼쪽으로 회전할 경우 출력신호 a에 대하여 b는 90°(1/4피치)만큼 위상이 앞선 형태로 되고, 슬릿원판이 오른쪽으로 회전할 경우의 출력신호 a가 b보다 90° 앞선 형태로 되게 되어 이 두 개의 출력신호로부터 회전방향을 판별할 수 있다.

한편 그림 6.48(c)와 같이, 슬릿원판상의 주 눈금과 동심으로 단 1개의 슬릿을 별도로 설치하고 1회전할 때마다 1펄스의 기준신호를 발생시키게 하여, 펄스수를 계수하면 총 회전수를 계수할 수 있으며, 미스 카운트의 체크 또는 고속회전축의 회전수 측정 등에 적용시킬 수 있다.

그림 6.49 그림 6.41 로터리 인코더

6.13.7 펄스 인코더

펄스 인코더(pulse encorder)는 스케일의 회전에 따라 발생하는 펄스신호의 수를 세어 각도를 디지털량으로 검출하는 측정기이다.

펄스 인코더는 그림 6.50과 같이 반경방향의 회전격자 ②와 고정격자 ③이 서로 편심된 상태로 대향하고 있어 무아레 간섭무늬를 만든다.

측정하고자 하는 회전축에 연결되어 있는 회전격자가 회전하면, 무아레 간섭무늬가 반경방향으로 이동한다.

따라서 발광소자 ④로부터 빛을 조사(照射)하여, 무아레 간섭무늬의 이동에 의하여 나타나는 명암의 변화를 수광소자 ⑤로 검출하고, 전압의 변화로 변환시킨다.

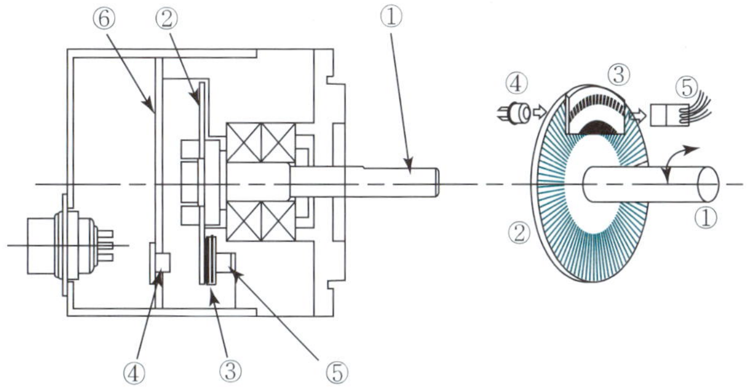

그림 6.50 펄센의 구조

6.13.8 인덕토신

인덕토신(inductosyn)은 그림 6.51과 같이 지그재그로 구부러진 스케일 코일과 슬라이더 코일이 서로 좁은 간격으로 떨어져 대향하고 있으며, 이 두 코일의 피치는 서로 같다.

스케일 코일에 교류 전류를 흘려 보내면 슬라이더 코일에 유기전압이 발생하고, 이 유기전압은 스케일 코일이 이동함에 따라 변화되는데, 이때 변화되는 전압 변동의 파형은 사인파로 된다.

따라서 그 파동의 개수를 세면 스케일 코일의 이동량을 파악할 수 있으며, 전압의 크기를 더욱 세분하면 1피치 내에서의 이동량도 파악할 수 있다.

이와 같은 인덕토신은 공작기계에서의 위치제어나 위치 읽음 장치에 이용되고 있다.

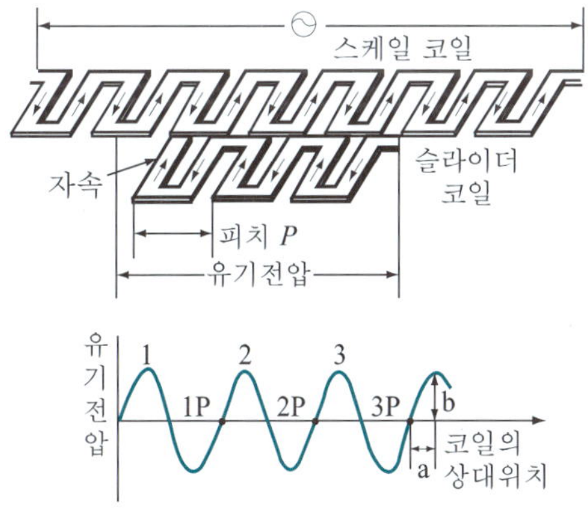

그림 6.51 인덕토신의 구조 및 원리

6.13.9 마그네 스케일

마그네 스케일은 특수한 자성재료로 된 테이프 또는 환봉에 작은 피치의 자기눈금을 기록하고, 이것을 스케일로 사용하는 것이다.

자기눈금은 그림 6.52와 같이 작은 자석을 NS, SN, NS··· 형태로 배열한 것으로, 이때 발생하는 자속(磁束)의 강도는 N극과 N극이 마주보고 있는 곳에서는 +로 가장 세어지고, S극과 S극이 마주보고 있는 곳에서는 −로 가장 세어진다.

따라서 마그네 스케일을 이송시키면, 마그네 스케일의 자속의 강도가 1피치 구간마다 커졌다 작아졌다 하는 주기가 반복되며 사인파를 그린다. 이때 이 사인파의 파동수를 세면 마그네 스케일의 이송량을 알 수 있게 된다.

마그네 스케일이 이송할 때 발생하는 자속의 강도변화는 테이프 레코더에서와 같은 자기(磁氣)눈금 읽음 헤드를 사용하여 검출한다.

테이프 레코더의 재생헤드는 그림 6.53과 같이 U자형의 철심에 코일을 감은 형태로 되어 있는데, 스케일이 이동하면 철심에 흐르고 있는 자속이 변하므로 코일에 유기전압이 발생하게 된다. 이때 발생하는 유기전압의 강도는 스케일의 이송에 의한 자속의 변화에 대응한 사인파 형태로 된다.

그러나 스케일이 정지해 있을 때에는 철심에 흐르는 자속의 강도가 변화하지 않으므로 코일에 유기전압이 발생하지 않게 되어 신호가 발생되지 않게 되는 문제점이 있다.

따라서 다음과 같은 방법을 사용하여 스케일이 정지해 있을 때에도 유기전압이 발생하도록 하고 있다.

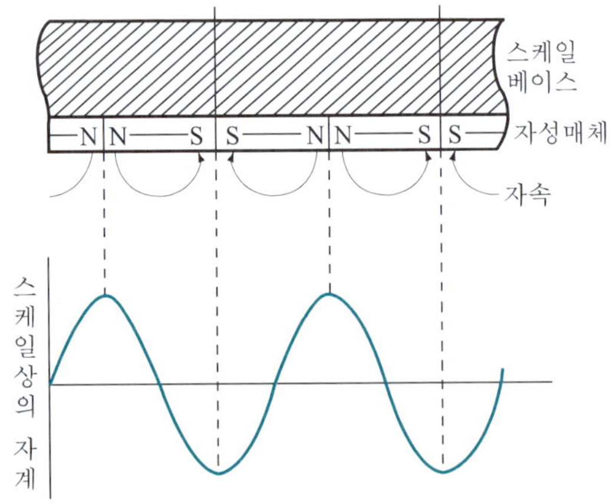

그림 6.52 자기 눈금

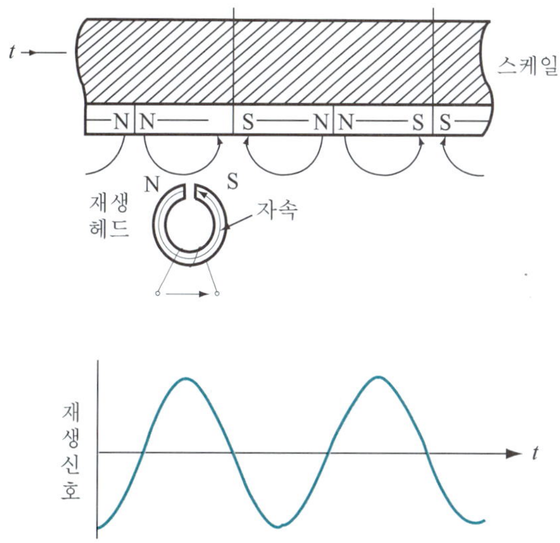

그림 6.53 테이프 레코더의 구조

그림 6.54와 같이 테이프 레코더의 재생헤드와 같은 코일 하단부에 또 하나의 코일을 설치하고, 이 코일에 교류 전류를 흘려 보내면 BC의 부분에는 스케일로부터 흘러 들어온 자속 ABCD와 BEFC의 코일부에서 발생한 자속과 겹치게 된다.

이때 스케일로부터의 자속이 A → B → C → D로 흐르면 BEFC의 교류자속이 B → C 방향일 때는 플러스로 강해지고, C → B 방향일 때는 마이너스로 약해진다.

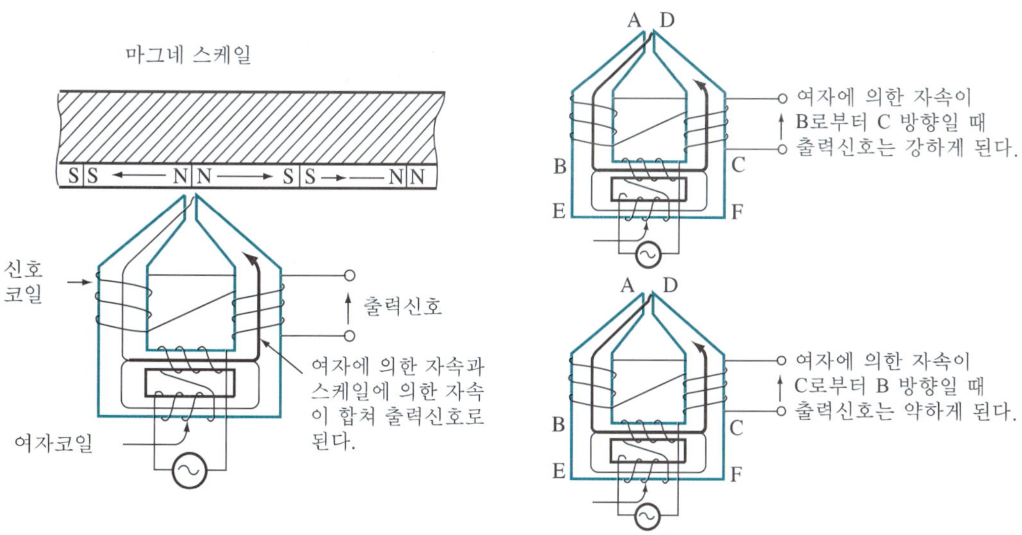

그림 6.54 테이프 레코더 재생헤드의 원리

이렇게 하여 스케일이 움직이지 않을 때에도 ABCD를 흐르는 자속의 강도는 BEFC의 교류와 같은 사이클로 변화되게 되는 것이다. 다시 말하면 스케일이 움직이지 않아도 읽어 들임 헤드로부터 전기신호를 얻는 것이 가능하게 된다.

이와 같이 자기 스케일의 읽음은 스케일과 헤드의 상대속도에 관계없이, 스케일의 자속(磁束)의 강도변화에 비례한 출력신호를 얻을 수 있다.

6.14 각도측정

6.14.1 각도의 단위

각도의 단위에는 다음과 같은 종류가 있다.

(1) 도 degree

원주를 360등분하여 그 한 호에 대한 중심각을 1도(1°)라 한다.

또한 1°의 1/60을 1분(1′), 1분의 1/60을 1초(1″)라 한다.

(2) 라디안 radian

원의 반경과 같은 길이의 호에 대한 중심각을 1라디안(1 rad)이라 한다.

라디안은 삼각함수를 사용한 계산에 많이 사용되며, 국제 단위계(SI 단위계)이다.

6.14.2 각도 게이지

각도 게이지는 각도의 기준물로 사용되는 것으로, 서로 조합하여 임의 각도를 만들 수 있도록 되어 있으며, 요한슨(Johansson)식과 N.P.L식이 있다.

(1) 요한슨식 각도 게이지

요한슨식 각도 게이지는 그림 6.55(a)와 같은 형상의 길이 약 50 mm, 폭 19 mm, 두께 2 mm의 크기를 가진 게이지로, 날개에 대한 각도의 정도(精度)는 ±12초이며, 조합했을 때의 정도는 ±24초가 된다.

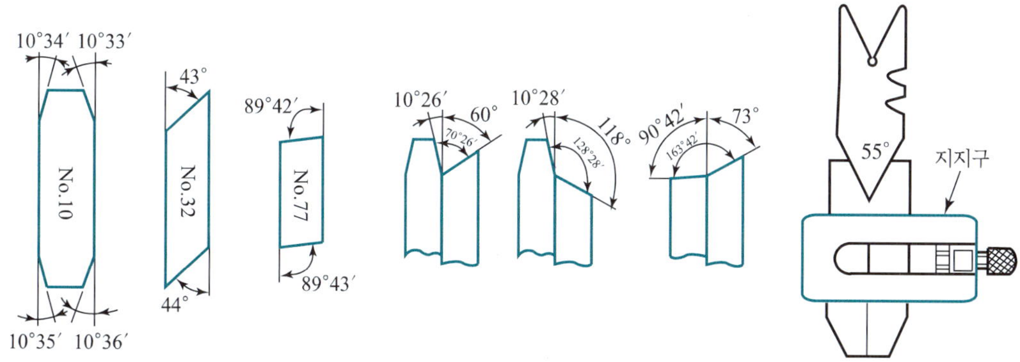

(a) 요한슨식 각도 게이지 (b) 요한슨식 각도 게이지의 조합 (c) 지지구를 이용한 요한슨식 각도 게이지의 조합

그림 6.55 요한슨식 각도 게이지

이 각도 게이지는 85개조와 49개조가 있으며, 그림 6.55(b)와 같이 2개를 조합하여 사용하는데, 서로 밀착되지 않으므로 그림 6.56(c)에서와 같이 지지구(holder)를 사용하여 조립한다. 그림 6.56(c)는 요한슨식 각도 게이지를 사용하여 센터 게이지를 검사하는 모습이다.

(2) N.P.L식 각도 게이지

N.P.L식 각도 게이지는 약 90×16 mm의 측정면을 가진 강제(鋼製) 블록으로 41°, 27°, 9°, 3°, 1°, 27′, 9′, 3′, 1′, 30″, 18″, 6″(고정도 용의 경우에는 마지막 3개가 27″, 9″, 3″로 되어 있음) 등 12개로 되어 있으며, 낱개 또는 조합 시의 정도(精度)는 ±3~6초 정도이다.

이 N.P.L식 각도 게이지는 서로 밀착(wringing) 가능하므로 지지구(holder)가 필요 없으며, 그림 6.56과 같이 서로 밀착하여 조립시켜 원하는 각도의 조합을 얻는다.

이 각도 게이지는 오토콜리미터를 이용하여 각도를 비교 측정할 때 각도의 기준물로 사용되는데, 측정하는 방법은 그림 6.57과 같이 정반위에 기준물로 사용되는 N.P.L식 각도 게이지와 측정물을 나란히 올려놓고, 그림과 같은 방향에 오토콜리미터를 설치하여 기준물과 측정물 사이의 각도 편차를 읽는다.

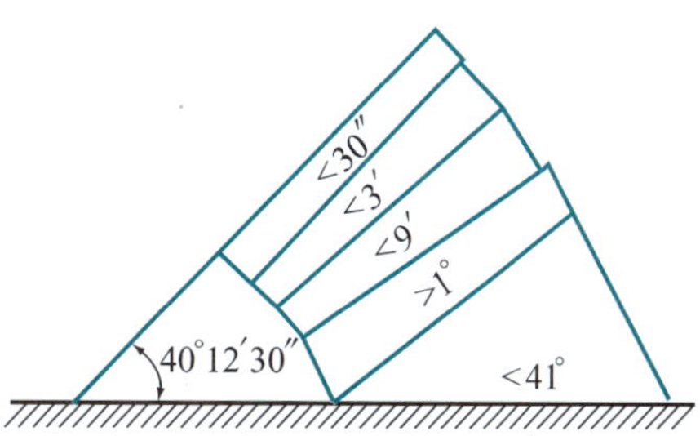

그림 6.56 N.P.L식 각도 게이지의 조합(41°-1°+9′+3′+30″=40°12′30″)

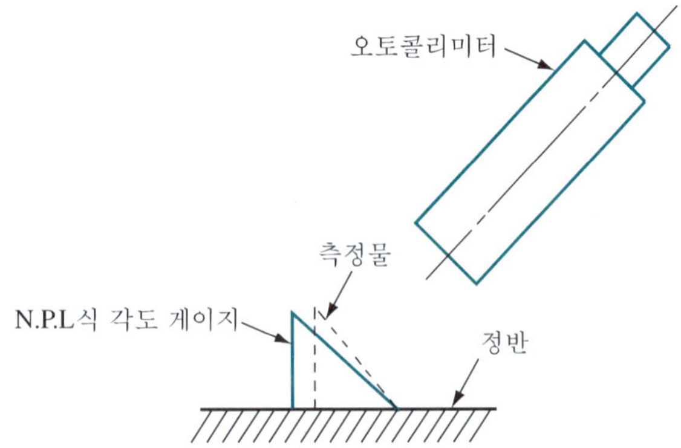

그림 6.57 오토콜리미터에 의한 각도의 비교측정

6.14.3 각도정규

각도를 비교적 정밀하게 측정할 수 있는 간단한 측정기로 그림 6.58(a)와 같은 각도정규(bevel protractor)가 있다.

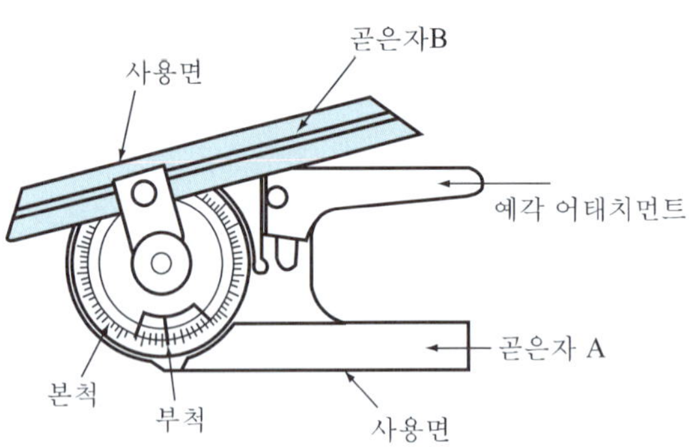

(a) 각도정규의 구조

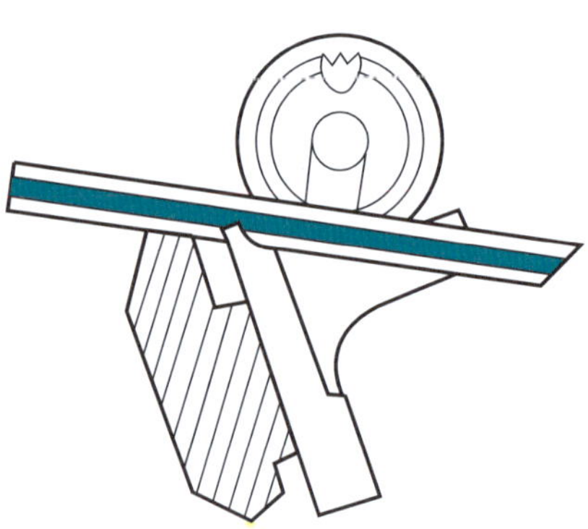

(b) 각도정규를 이용한 각도 측정

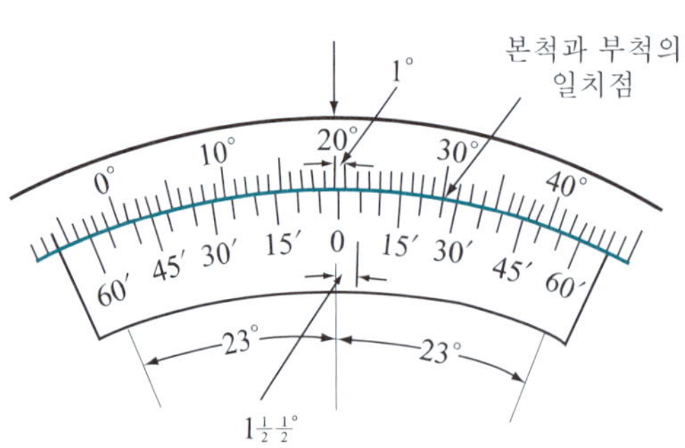

(c) 각도정규의 눈금

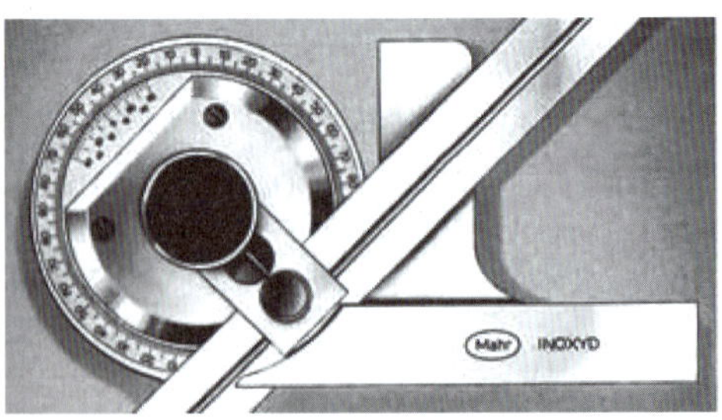

(d) 각도정규의 실제 모습

그림 6.58 각도정규

각도정규는 두 개의 곧은자 A, B와 눈금 원판으로 되어 있는데, 곧은자 A는 본척의 눈금 원판과 일체로 되어 있고, 곧은자 B는 부척(vernier)과 일체로 되어 있으며, 둘 다 동일한 축을 중심으로 회전한다.

최소 읽음값은 본척 눈금의 23°를 12등분한 부척의 경우 5분, 19°를 20등분한 부척의 경우 3분이다.

측정방법은 그림 6.58(b)와 같이 각도정규의 곧은자 A, B 사이에 측정물을 끼우고, 눈금원판의 본척과 부척의 눈금이 일치하는 눈금을 읽으면 된다.

6.14.4 수준기

유리관에 알코올(alcohol)이나 에테르(ether) 등을 넣어 봉입(封入)하고 유리관을 기울이면 유리관 속의 기포(氣泡)가 항상 높은 위치로 이동하는 원리를 이용하여 각도를 측정할 수 있도록 만든 것이 **수준기**(水準器, level)이다.

수준기는 기포관(기포가 들어 있는 유리관)을 구부려 감도를 조절하는데, 그 원리는 다음과 같다.

우선 그림 6.59와 같은 기포관을 기울였을 때 기포관 속의 기포가 L만큼 이동하였다고 하면, 이 거리 L에 대한 원호의 중심각 θ(rad)는 다음과 같이 된다.

$$\theta = \frac{L}{R}\,(\mathrm{rad})$$

이 기포관의 원호의 중심각 θ는 결국 기포관이 기울어진 각도에 해당되므로, 동일한 기포관의 기울기각 θ에 대하여 기포관의 곡률 반경 R이 크면 클수록 기포의 이동거리 L은 커지게 된다는 것을 알 수 있다.

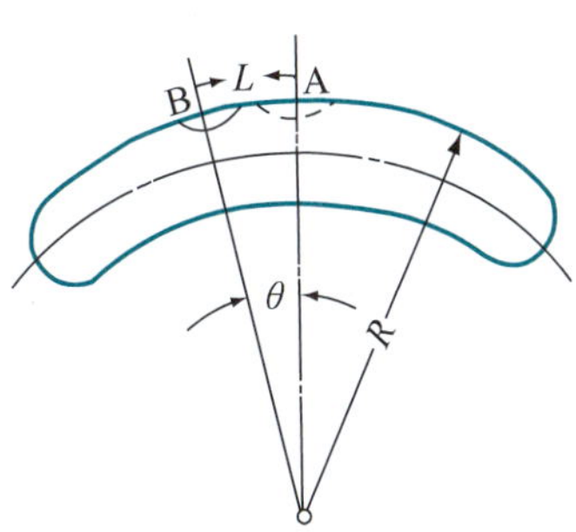

그림 6.59 기포관

이는 기포관의 곡률반경 R이 커지면 커질수록 수준기의 감도가 그만큼 높아진다는 것을 의미하며, 수준기의 감도는 기포관 속의 기포를 1눈금 편위시키는 데 필요한 기포관의 경사량으로 표시한다.

기포관의 한 눈금 사이의 원호의 길이를 a, 한 눈금에 대한 원호의 중심각을 θ라 하면 이들 사이에는 다음과 같은 관계가 성립된다.

$$\theta = \frac{a}{R}\,(\text{rad})$$
$$= 206265\frac{a}{R}\,(\text{초})$$

이 식이 수준기의 감도를 나타내는 식이다.

예를 들면, 한 눈금 사이의 원호의 길이가 2 mm이고, 곡률반경이 40 m인 기포관을 가진 수준기의 경우 감도는 약 10초가 된다.

그런데 일반적으로 수준기의 감도는 각도로 표현하지 않고 "직각삼각형의 밑변 1 m에 대한 높이"로 표현한다.

즉, 기포가 1눈금 편위되었을 때의 기포관의 경사량을, 밑변의 길이가 1 m인 직각삼각형의 높이로 하여 0.02 mm/m, 0.05 mm/m, 0.1 mm/m 등으로 표시한다.

따라서 1초의 경사량을 밑변이 1 m인 직각삼각형의 높이로 표현하면 약 0.005 mm가 되므로 4초는 0.02 mm/m, 10초는 0.05 mm/m, 20초는 0.1 mm/m가 된다.

수준기에는 그림 6.60과 같은 평형 수준기와 그림 6.61과 같은 각형 수준기가 있으며, 감도에 따라 다음과 같이 1종, 2종, 3종으로 구분한다.

1종~0.02 mm/m(4초)
2종~0.05 mm/m(10초)
3종~0.1 mm/m(20초)

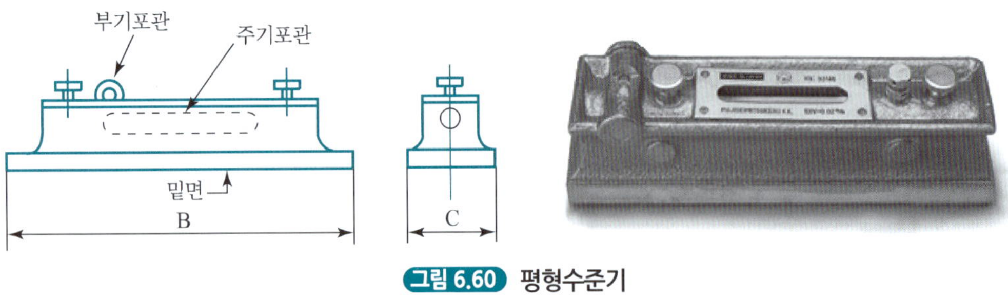

그림 6.60 평형수준기

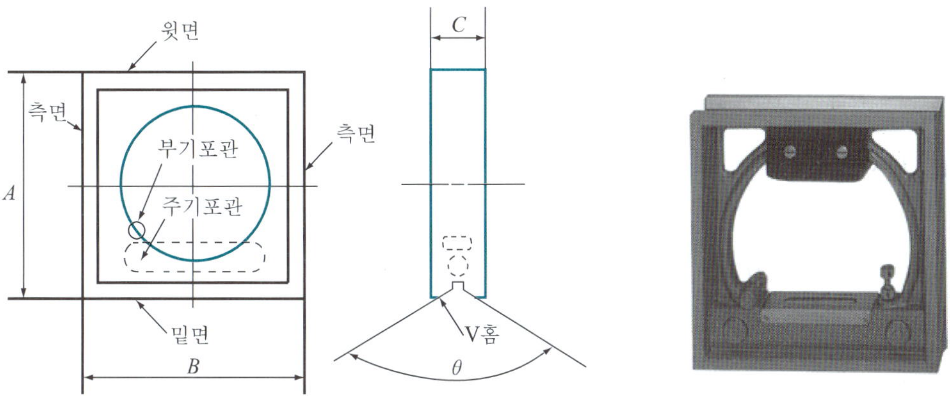

그림 6.61 각형 수준기

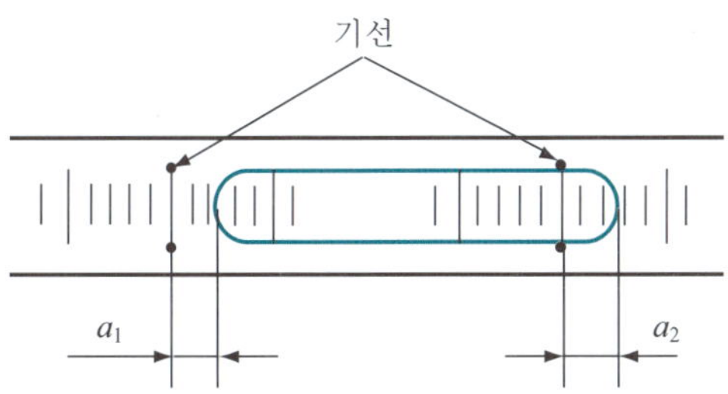

$$측정값 = \frac{a_1 + a_2}{2}$$

그림 6.62 수준기의 눈금 읽음

또한 수준기의 눈금을 읽을 때에는 온도변화 때문에 생기는 기포의 길이변화에 의한 오차를 피하기 위하여, 그림 6.62와 같이 기포의 양단에서 읽어 그 평균값을 취한다.

6.14.5 오토콜리미터

오토콜리미터(autocollimator)란 광학적인 방법으로 작은 각도를 측정하는 데 사용되는 측정기로 그 원리는 다음과 같다.

그림 6.63(a)와 같이 광원 L에서 나온 빛은 집광렌즈 C에서 집광되어 유리판 S1에 조사(照查)된다. 이 유리판 S_1에는 그림 6.63(b)와 같은 십자선이 그려져 있어, 조사된 빛에 의하여 이 십자선이 투영되어 반투과경(半 透過鏡) M으로 간다. 반투과경 M에서는 빛이 직각으로 반사되어 대물렌즈 O로 가고, 대물렌즈 O를 통과한 빛은 평행광선(平行光線)이 되어 반사경 R에 도달한다. 이때 반사경이 광축(光軸)에 대하여 수직이면, 반사경에서 반사되어 되돌아가는 빛은 반사경으로

왔던 경로를 그대로 따라 진행하여 반투과경 M에 도달한다.

다시 반투과경 M에서는 그 일부의 빛이 직각으로 반사하여 광원방향으로 진행하고 나머지 일부는 투과하는데, 투과된 빛은 그림 6.63(d)와 같이 유리판 S_2에 십자선의 상 S를 맺는다. 이 유리판 S_2에는 그림 6.63(c)와 같이 눈금을 새긴 십자선이 있어, 유리판 S_1으로부터 투영되어 온 십자선의 편위된 눈금을 읽을 수 있게 되어 왔다. 그런데 만약 반사경 R이 광축에 대하여 각도 θ 만큼 기울어져 있다면, 반사경에서 반사되어 오는 빛은 반사경에 입사된 빛에 대하여 2θ 만큼의 각도로 반사될 것이고, 이 빛은 그림 6.63(e)와 같이 유리판 S_2에 d 만큼 떨어져 상(像) S′를 맺게 된다.

이때 대물렌즈의 초점거리가 f 라 하면 반사경의 기울기각 θ 와 상의 이동거리 d 사이에는 다음과 같은 식이 성립한다.

$$d = f \ \tan 2\theta$$

이 식에서 θ 가 rad 단위이고, 그 크기가 작다면 $\tan 2\theta \fallingdotseq 2\theta$ 이므로 다음과 같이 쓸 수 있다.

$$d \fallingdotseq 2f\theta$$

이 식으로부터 상의 이동량 d 는 반사경의 기울어진 각의 변화 θ 에 비례한다는 사실을 알 수 있다. 따라서 상의 이동량 d 를 통하여 반사경 R이 기울어진 각 θ 를 구할 수 있게 된다.

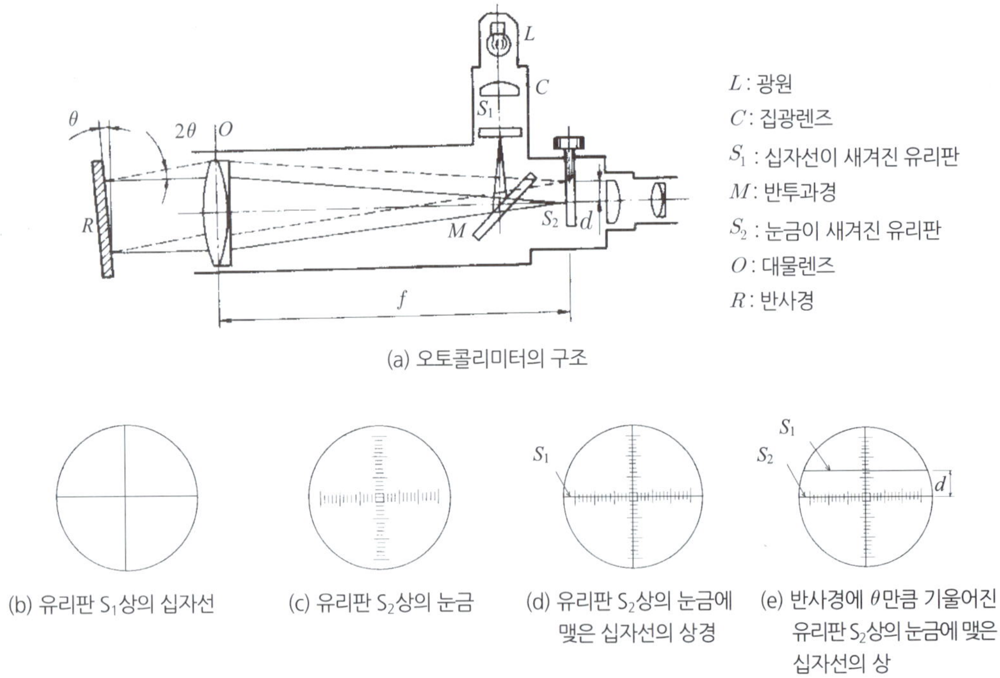

그림 6.63 오토콜리미터의 원리

그림 6.64는 오토콜리미터를 이용하여 직선운동부의 진직도(眞直度) 또는 흔들림을 측정하는 것을 보여 주는 것으로, 반사경을 이송기구 위에 올려놓고 어떤 일정한 위치에 고정된 오토콜리미터를 통하여 운동부분의 이송에 따른 반사경의 기울어진 각도의 변화를 측정한다.

그림 6.65는 기준물과 측정물의 각도차를 측정하는 것으로, 이와 같이 기준물과 측정물을 밀착하여 나란히 정반위에 올려놓고, 두 물체의 경계에 오토콜리미터의 광축을 일치시키면, 기준물과 측정물로부터 각각 반사되어 온 2개의 십자선의 상을 맺게 된다. 이때 이 두 십자선의 위치차로부터 기준물과 측정물 사이의 각도편차를 구할 수 있게 되는 것이다.

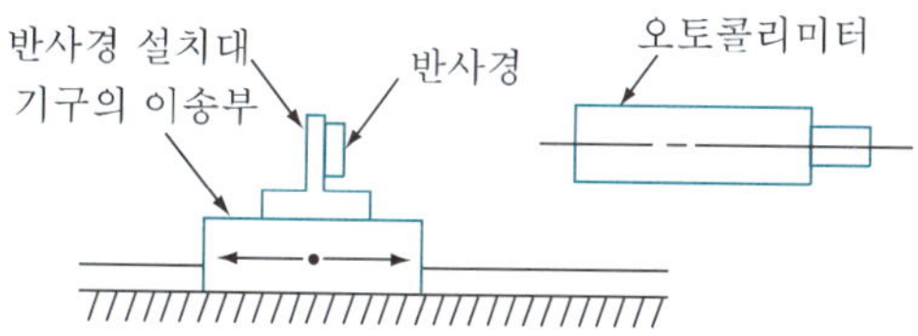

그림 6.64 오토콜리미터를 이용한 이송기구의 진직도 측정

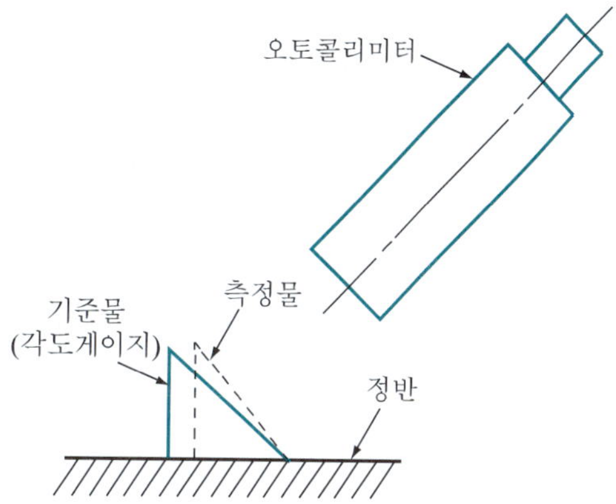

그림 6.65 오토콜리미터를 이용한 각도의 비교측정

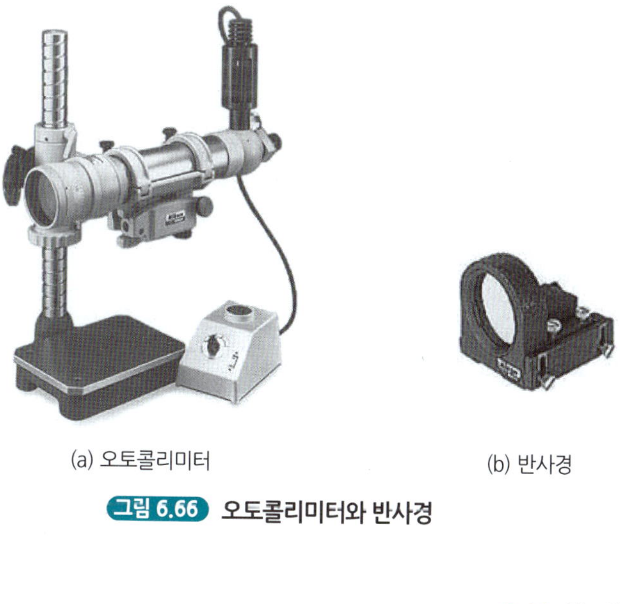

(a) 오토콜리미터

(b) 반사경

그림 6.66 오토콜리미터와 반사경

6.14.6 삼각법에 의한 각도측정

(1) 사인 바

사인 바(sine bar)는 그림 6.67과 같이, 막대의 양단에 직경이 같은 두 개의 롤러(roller)를 끼워 맞춘 것으로, 롤러의 중심선은 막대의 윗면과 평행하게 되도록 만들어져 있다. 이와 같은 사인 바를 이용하여 다음과 같은 순서로 측정물의 각도를 측정한다.

- 그림 6.68과 같이 측정물을 사인 바 위에 올려놓고, 측정물의 윗면과 정반면이 거의 서로 평행하게 되도록 게이지 블록을 롤러의 한쪽 또는 양쪽에 고인다.
- 그림 6.69와 같이 다이얼 게이지 등과 같은 측미기를 사용하여 측정물의 윗면과 정반면이 서로 평행한가를 확인하고, 평행하지 않으면 게이지 블록의 높이를 조절한다.
- 측정물의 윗면과 정반면이 서로 평행하게 되었으면, 다음과 같은 공식에 의하여 측정물의 각도를 구한다.

$$\sin\theta = \frac{h}{L}$$

사인 바에서 롤러 사이의 중심거리 L을 호칭치수로 한다.

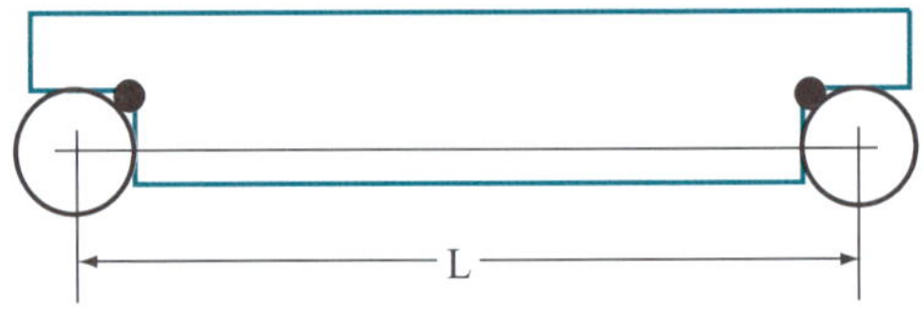

그림 6.67 사인 바

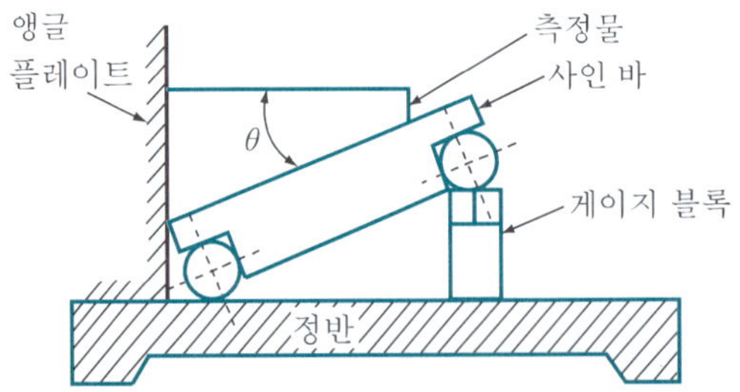

그림 6.68 사인 바 위에 놓인 측정물

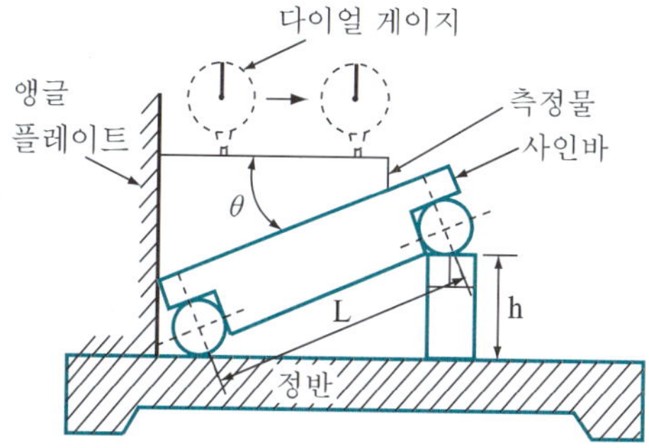

그림 6.69 다이얼 게이지에 의한 측정물의 윗면과 정반 사이의 평행도 확인

(2) 탄젠트 바

탄젠트 바(tangent bar)는 특별히 정해진 측정기가 아니고, 다만 양면이 평행한 게이지 블록과 직경이 다른 2개의 롤러를 응용하여 각도를 측정하는 방법이다.

그림 6.70과 같이 게이지 블록 위에 측정물을 올려놓고, 직경이 다른 두 개의 롤러로 게이지 블록을 지지한 후, 다이얼 게이지 등을 사용하여 측정물의 윗면과 정반면이 서로 평행한가를 확인하고, 평행하지 않으면 롤러 사이의 거리 L을 조절하여 평행하게 한다.

측정물의 윗면과 정반면이 평행하게 되었을 때, 다음 식에 의하여 측정물의 각도 θ를 구한다.

$$\tan\frac{\theta}{2} = \frac{D-d}{D+d+2L}$$

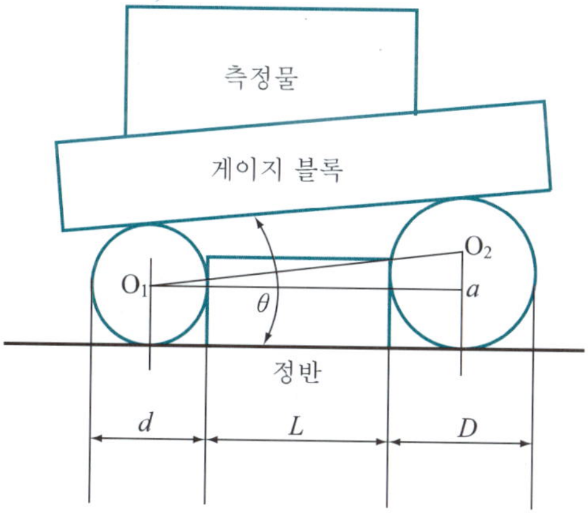

그림 6.70 탄젠트 바

(3) 롤러를 이용한 각도측정

그림 6.71과 같이 직경이 같은 두 개의 롤러를 측정물 위에 올려놓고, 롤러의 높이차 H를 측정하여 다음과 같은 식으로부터 측정물의 각도 θ를 구할 수 있다.

$$\sin\theta = \frac{H}{D+L}$$

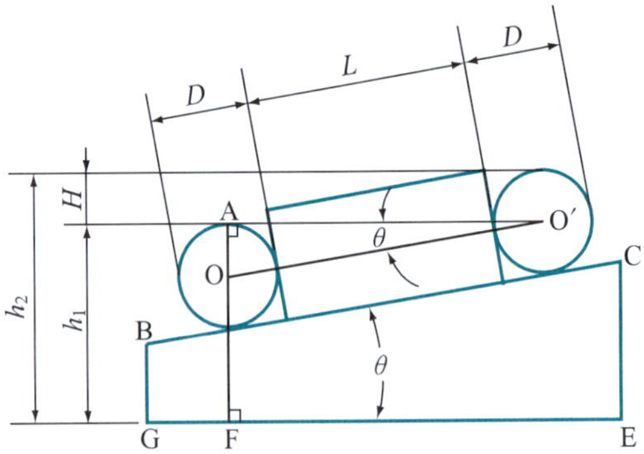

그림 6.71 롤러에 의한 각도 측정

(4) 테이퍼의 각도 측정

그림 6.72는 테이퍼 게이지의 테이퍼각을 측정하는 것을 보여 주는 것으로, 테이퍼의 직경이 작은 부분을 밑으로 하여 측정물을 정반 위에 올려놓고, 그 측면에 직경이 같은 두 개의 롤러를 접촉시킨 후 외측거리 M_1을 측정한다.

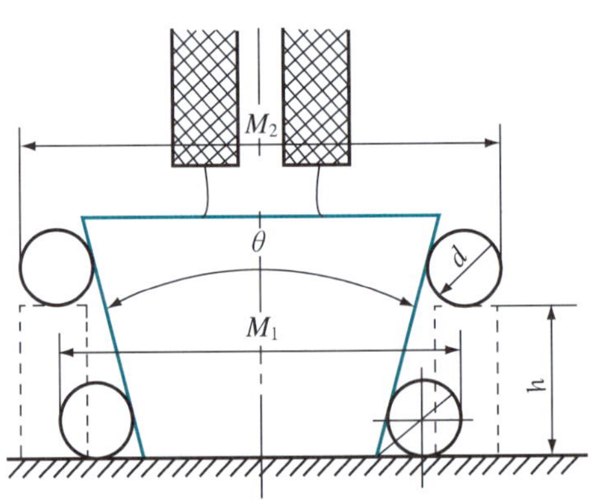

그림 6.72 외측 테이퍼의 측정

그 다음엔 게이지 블록을 테이퍼의 양쪽에 같은 높이 h로 쌓고 그 위에 롤러를 올려놓은 다음, 그 외측거리 M_2를 측정하여 다음과 같은 식에 의하여 테이퍼의 각도를 구한다.

$$\tan\frac{\theta}{2} = \frac{M_2 - M_1}{h}$$

그림 6.73은 내측 테이퍼의 각도를 측정하는 것을 보여 주는 것으로, 테이퍼의 직경이 작은 부분을 밑으로 하여 측정물을 정반 위에 올려놓고, 그 안에 작은 직경(d_2)의 강구(鋼球)를 집어넣은 다음, 깊이 마이크로미터(depth micrometer) 등을 이용하여 그 깊이를 측정한다.

그 다음에는 큰 직경(d_1)의 강구를 집어넣어 그 깊이(또는 높이)를 측정한 후, 작은 강구와 큰 강구와의 깊이 차 H를 구하고, 다음 식을 이용하여 테이퍼의 각도를 구한다.

$$\sin\frac{\theta}{2} = \frac{d_1 - d_2}{2H - (d_1 - d_2)}$$

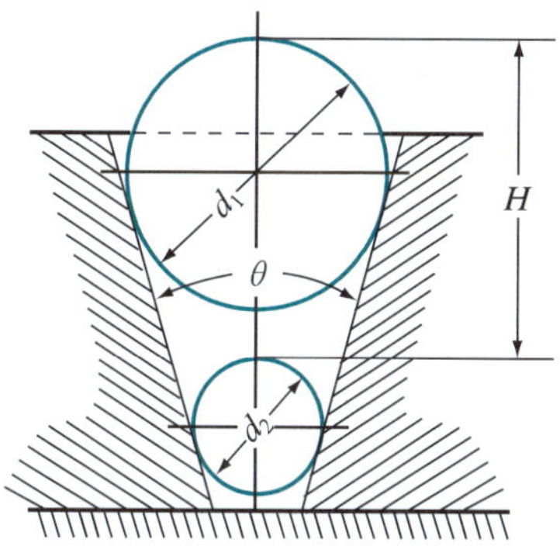

그림 6.73 강구에 의한 내측 테이퍼의 측정

6.15 윤곽의 측정

6.15.1 투영기에 의한 윤곽 측정

투영기(投影器, profile projector)는 측정물을 광학적으로 확대(擴大)하고, 그 확대된 상을 스크린에 맺도록 하여, 측정물의 윤곽, 형상, 치수 등을 측정하는 측정기이다.

그림 6.74는 투영기의 기본적인 구조를 나타낸 것으로, 전구 A에서 나온 빛은 집광렌즈 A로 집속(集束)되어 재물대에 도달한다. 재물대는 유리로 되어 있어 빛이 통과하나, 재물대에 측정물

이 놓여 있으면 측정물이 놓인 부분은 빛이 통과하지 않게 되므로, 까만 그림자 모양의 투영상으로 되어 반투과경으로 된 반사경 A를 거쳐 투영렌즈로 간다.

투영렌즈에서는 투영상을 크게 확대하여 반사경 B로 보내는데, 반사경 B 및 C는 빛의 방향을 스크린의 방향으로 반사시켜, 스크린에 확대된 음영(陰影)의 상을 맺도록 하고 있다.

이와 같은 투영기를 사용하여 측정물의 치수를 측정할 때에는, 스크린에 새겨놓은 +자선을 투영상의 윤곽선에 맞추고, 재물대 이송용 핸들을 이용하여 측정물을 이동시켜가며 측정물의 길이 및 각도 등을 측정한다.

이송용 핸들에는 마이크로미터 눈금이 새겨져 있어, 테이블의 이송량을 읽을 수 있도록 되어 있다. 또한 트레이싱 페이퍼 등과 같은 투명한 차트에 그린 그림을 스크린 위에 나타난 투영상 위에 겹쳐놓고, 측정물의 윤곽오차를 측정할 수 있다.

한편 전구 B에서 나온 빛은 집광렌즈 B에서 집속되어, 반투과경으로 된 반사경 A를 거쳐 재물대에 놓여진 측정물의 표면을 비추게 된다. 이때 측정물의 표면에서 반사된 빛은 다시 반사경 A, 투영렌즈, 반사경 B 및 C 등을 차례로 경유하여 스크린에 상을 맺게 되는데, 이때의 투영상은 측정물의 표면형상을 나타내게 된다. 따라서 이와 같은 조명법은 측정물의 표면형상 관찰에 사용된다.

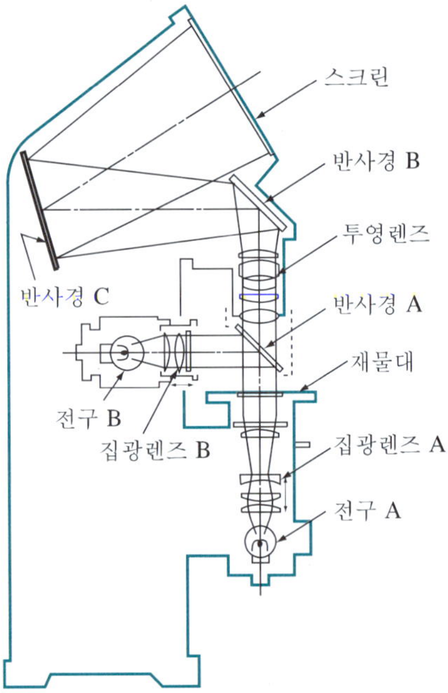

그림 6.74 투영기의 구조

투영기의 광학계는 텔리센트릭(telecentric) 조명법을 이용하고 있다.

이 조명법은 핀트 맞춤이 부정확하더라도 배율오차가 생기지 않도록 하기 위하여, 광선을 광축(光軸)에 평행하게 진행하도록 하여 측정물을 조명하는 방법이다. 즉, 텔리센트릭 조명법은 "볼록렌즈의 초점위치에 놓인 점광원(點光源)으로부터 나온 광선이 볼록렌즈를 통과할 때 평행광선이 되어 나간다는 원리"를 이용하여, 광원을 가능한 한 점과 같이 작게 만들어 집광렌즈의 초점위치에 놓고 측정물을 조명하는 방법으로 구체적으로 설명하면 다음과 같다.

그림 6.75에서와 같이 집광렌즈의 초점위치에 놓인 광원으로부터 나온 광선이 집광렌즈를 통과하면, 광원이 어느 정도의 크기를 가지고 있다고 해도 평행광선이 된다. 이와 같은 평행광선으로 측정물을 조명하면 측정물이 y_1에서 y_2로 이동하여, 상(像)이 y_1'에서 y_2'로 이동하더라도(즉, 핀트맞춤이 부정확하더라도) 고정되어 있는 스크린에 나타나는 상의 크기에는 별 차이가 없다.

그러나 그림 6.76과 같이 집광렌즈의 초점위치에 놓이지 않은 광원으로부터 나온 광선이 집광렌즈를 통과하면, 비록 광원의 한 점에서 나온 광선이라 할지라도 평행광선이 되지 않는다. 이와 같이 광축에 평행하게 진행하지 않는 광선으로 물체를 조명하는 비텔리센트릭 조명계에서는 측정물이 y_1에서 y_2로 이동하면, 스크린에 나타나는 상은 $\frac{\Delta y}{2}$만큼의 배율오차가 생기게 된다.

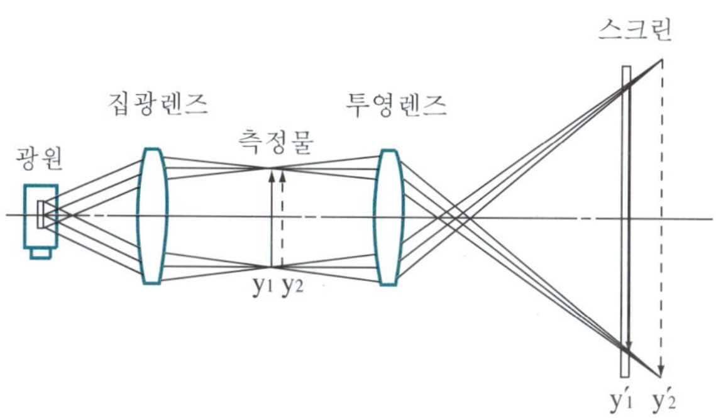

그림 6.75 텔리센트릭 광학계

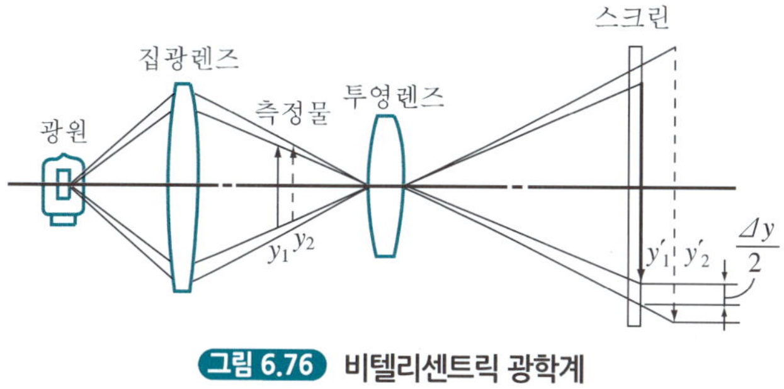

그림 6.76 비텔리센트릭 광학계

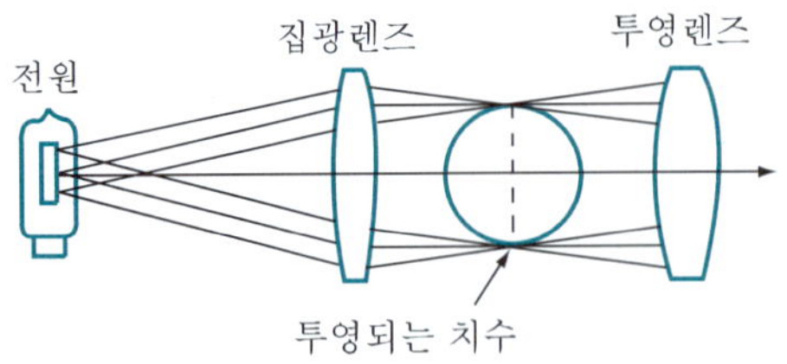

그림 6.77 텔리센트릭 광학계에 의한 원통의 조명

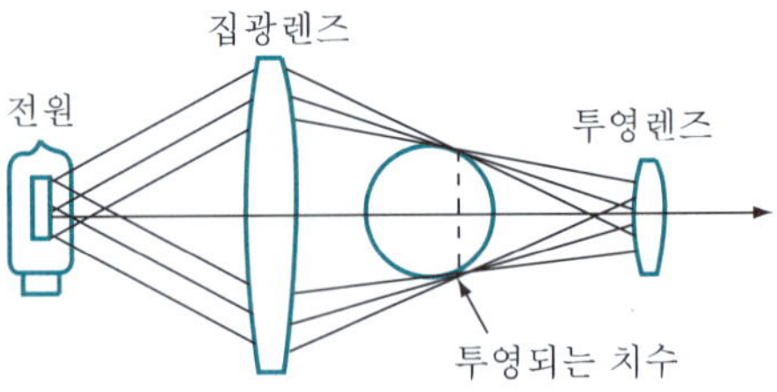

그림 6.78 비텔리센트릭 광학계에 의한 원통의 조명

또한 텔리센트릭 광학계를 사용하면 원통을 측정할 때에도 그림 6.77과 같이 비교적 정확한 직경이 투영되지만, 비텔리센트릭 광학계를 사용하면 그림 6.78과 같이 정확한 직경이 투영되지 않게 된다.

한편 텔리센트릭 조명계에서는 광원이 점과 같이 아주 작아야만 그로부터 나온 빛이 집광렌즈를 통과할 때 평행광선으로 되는데, 광원을 아주 작은 점과 같이 작게 만든다는 것은 현실적으로 불가능하기 때문에, 그림 6.79와 같이 투영렌즈의 후면에 조리개를 두어, 평행광선으로 측정물을 조명하지 아니하고 나온 광선을 차단시키는 방법을 사용하여, 스크린에 선명한 윤곽선이 나타나도록 하고 있다.

이때 이 조리개를 텔리센트릭 조리개(telecentric iris)라고 한다.

투영기는 측정물의 조명법에 따라 광축 수직형, 데스크형, 광축 수평형 등으로 분류된다. 그림 6.80은 광축 수직형(또는 V형)으로 일반적으로 가장 많이 사용되고 있는 형태이며, 그림 6.81은 데스크(desk)형(또는 D형)으로 스크린을 제도대(製圖臺)와 같이 경사지게 하여 차트에 의한 비교검사를 편리하게 할 수 있도록 한 것이다. 또한 그림 6.82는 광축 수평형(H형)으로 재물대가 유리가 아닌 견고한 철재로 되어 있고, 측정물을 측면에서 조명하도록 하여 크거나 무거운 측정물도 측정할 수 있도록 한 것이다.

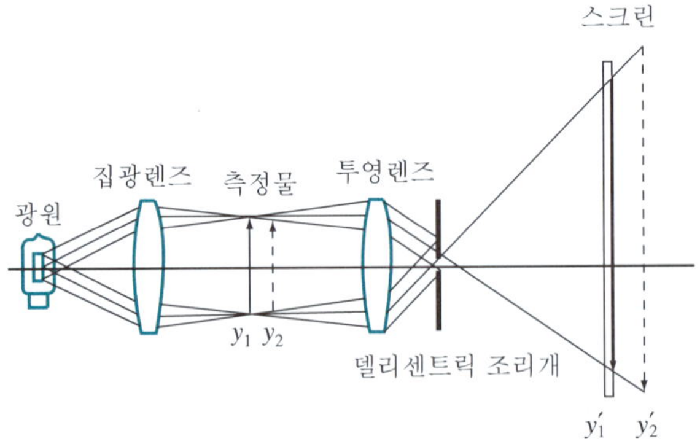

그림 6.79 텔리센트릭 조리개를 사용한 텔리센트릭 광학계

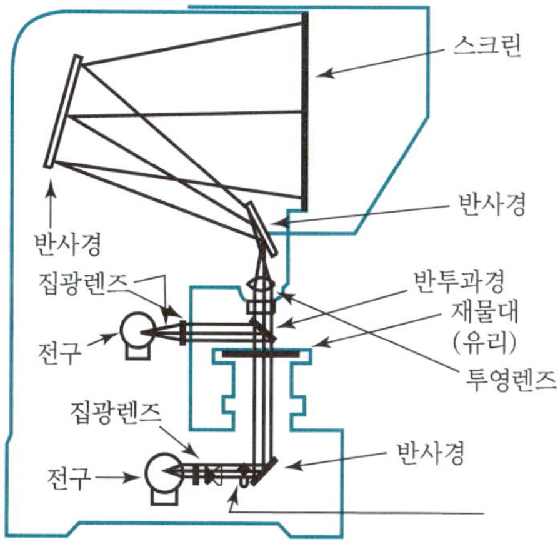

그림 6.80 광축 수직형 투영기

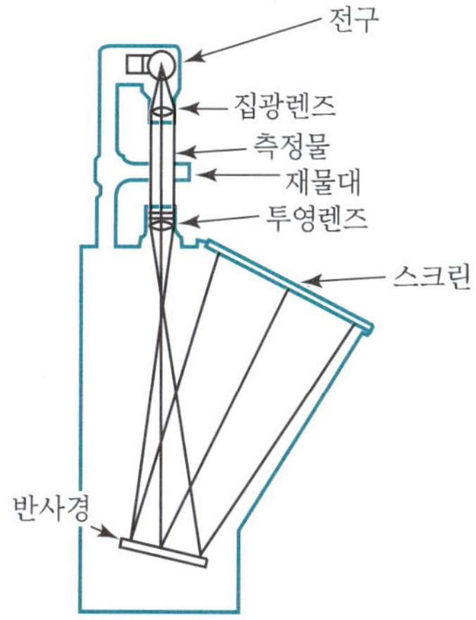

그림 6.81 데스크형 투영기

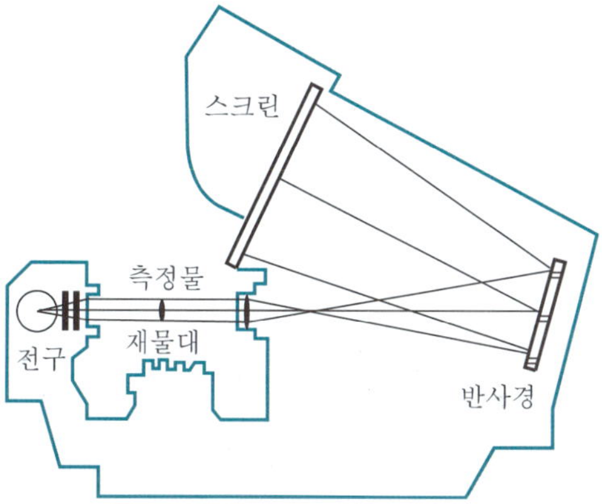

그림 6.82 광축 수평형 투영기

6.15.2 공구 현미경에 의한 윤곽 측정

공구 현미경은 크기가 작고 얇은 측정물의 측정에 사용되는 광학측정기로 그 광학계는 그림 6.83과 같다.

광원 Q에서 나오는 빛은 집광렌즈 K에 의해 집광되어 텔리센트릭(telecentric) 조리개 B_1을 통과한다. 이 조리개는 콜리미터(collimator) 렌즈 L의 초점에 위치하여 집광된 빛의 크기를 작게 하기 위한 것(점광원의 효과를 주기 위한 것)으로, 이 조리개를 통과한 빛이 콜리미터 렌즈 L을 통과하면 대체로 평행하게 진행하게 된다.

이 평행 광선은 유리판으로 된 재물대 T에 있는 측정물을 조명한 후 대물렌즈 O를 거쳐 텔리센트릭 조리개 B_2로 가게 된다. 이 조리개 B_2는 측정물을 평행 광선으로 조명하지 않고 나온 광선을 차단시키는 역할을 한다.

조리개 B_2를 나온 광선은 프리즘 P_2에서 방향을 바꾸어 초점판(pintoglass) R에 측정물의 투영상을 맺는다. 초점판 R에는 +자선, 나사산 등의 형상이 각인(刻印)되어 있어, 이를 측정물의 윤곽선에 맞추어 치수 및 윤곽 등을 측정한다.

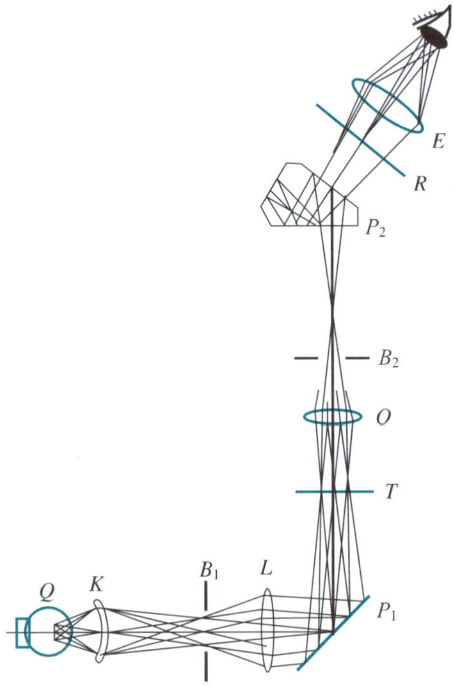

그림 6.83 공구현미경의 광학계

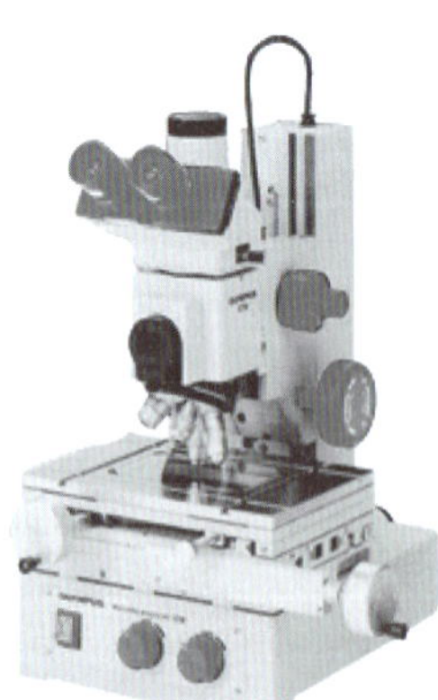

그림 6.84 공구 현미경

6.15.3 윤곽 측정기에 의한 윤곽측정

윤곽 측정기란 촉침(stylus)을 측정물의 표면에 접촉시킨 채 측정물의 윤곽에 따라 이송하도록 하여 그 윤곽을 확대, 기록하는 측정기이다.

윤곽 측정기의 기구 및 구조는 촉침식 표면거칠기 측정기와 거의 유사하지만, 촉침식 표면거칠기 측정기에 비해 배율이 낮아 비교적 큰 기복(起伏)의 표면 윤곽을 측정한다.

윤곽측정기에서는 촉침의 횡방향의 움직임과 종방향의 움직임을 각각 전기신호로 변환하고 확대하여 기록계로 보내어 2차원 기록도형을 그리는데, 이때 촉침의 종방향의 움직임을 전기신호로 변환시키는 장치에는 차동변압기 방식을 많이 사용하고 있다.

또한 촉침의 횡방향의 움직임을 확대기록하는 방법에는, 촉침의 이송량을 인코더로 검출하여 전기신호로 바꾼 다음, 이 전기신호를 이용하여 기록계의 횡축을 작동시키는 방식과 동기(同期) 모터를 사용하여 촉침을 일정한 속도로 이송시키고, 서보레코더의 기록지도 그 기록배율에 따라 일정한 속도로 이송시켜 양자(兩者)의 속도비에 의하여 확대 기록하는 방식 등이 있다.

윤곽측정기의 일반적인 특징을 열거하면 다음과 같다.

① 공구 현미경이나 투영기로는 측정할 수 없는 구멍이나 홈 등의 깊이 측정도 가능하다.

② 공구 현미경이나 투영기를 이용한 측정 시 파괴하지 않고는 측정할 수 없는 개소(個所)도 파괴하지 않고 측정할 수 있으므로 측정물의 손실을 줄일 수 있다.

③ 개인오차가 적어 누구라도 간단히 측정할 수가 있다.

④ 신속한 측정이 가능하다.

⑤ 측정물의 형상에 따라 다소 다르지만 여타 측정기에 비하여 비교적 신뢰성이 높은 측정이 가능하다.

측정화면

그림 6.85 윤곽측정기

⑥ 측정력이 작으므로(10~30 mN) 플라스틱, 고무 등과 같이 연(軟)한 재질의 측정물도 측정 할 수 있다.

⑦ 측정물을 일정한 피치로 촉침의 이송방향과 수직으로 이송시키는 테이블과 제어박스를 추가하면 3차원 기록도형도 얻을 수 있다.

6.16 진직도 및 평면도의 측정

기계부품의 직선부분이 기하학적 이상직선(理想直線)으로부터 벗어난 크기를 **진직도**(眞直度, straightness)라 한다.

여기서 이상직선이란 "될 수 있는 한 먼 거리에 떨어져 있는 직선부분상의 두 점을 지나는 기하학적 직선"을 말한다.

또한 기계부품의 평면부분이 이상평면으로부터 벗어난 정도를 **평면도**(平面度, flatness)라 하는데, 여기서 이상평면이란 "될 수 있는 한 먼 거리에 떨어져 있는 세 점을 포함하는 기하학적 평면"을 말한다.

6.16.1 직정규에 의한 진직도 및 평면도의 측정

직정규(直定規; straight edge)에는 그림 6.86과 같은 나이프에지(knife edge)형 직정규와 그림 6.87과 같은 장방형 단면 직정규(長方形 斷面 直定規) 등이 있다.

나이프 에지형 직정규는 그림 6.86과 같이 그 날(edge)부가 직선이 되도록 한 것으로, 이를 이용하여 진직도를 측정하는 방법은 직정규를 측정면에 접촉시키고 날부와 측정면 사이로부터 새어 나오는 빛을 관찰하여, 직정규와 측정물 표면과의 틈새의 크기로부터 측정물의 진직도를 판정한다. 이때 직정규와 측정물과의 틈새가 0.5μm 이하이면 전혀 빛이 보이지 않게 되고, 0.5~3 μm가 되면 붉은 색의 빛이 보이며, 3μm 이상이 되면 백색광으로 보이게 된다.

장방형 단면 직정규는 그림 6.87과 같이 장방형 단면의 것과 I형 단면의 것이 있는데, 이를 이용하여 진직도를 측정하는 방법은 직정규를 측정면 위에 놓고, 그 한쪽 끝을 손으로 밀어 직정규를 회전시키면 직정규는 직정규의 어느 한 점을 중심으로 회전하게 되는데, 이곳이 직정규와 접촉한 면 중에서 가장 높은 점이 된다는 것을 이용하는 것이다. 이때 주의할 점은 한쪽 끝만을 움직여 판단하는 것이 아니라, 다른 한쪽 끝을 움직일 때에도 전과 똑같은 점에서 회전하는가를

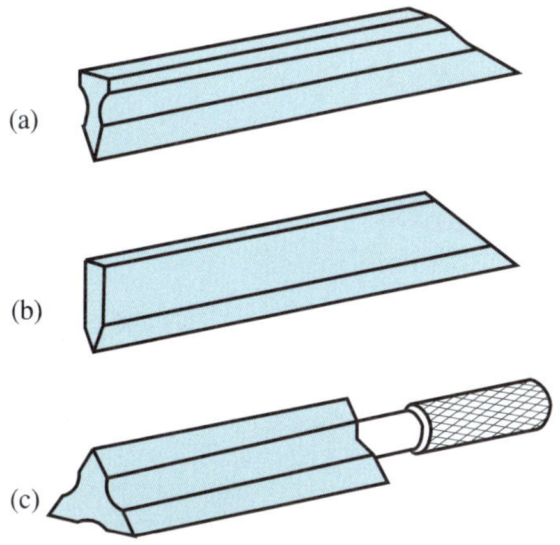

그림 6.86 나이프 에지형 직정규

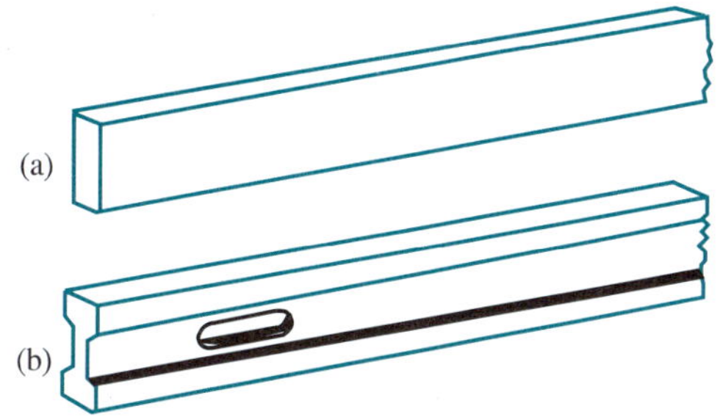

그림 6.87 장방형 직정규

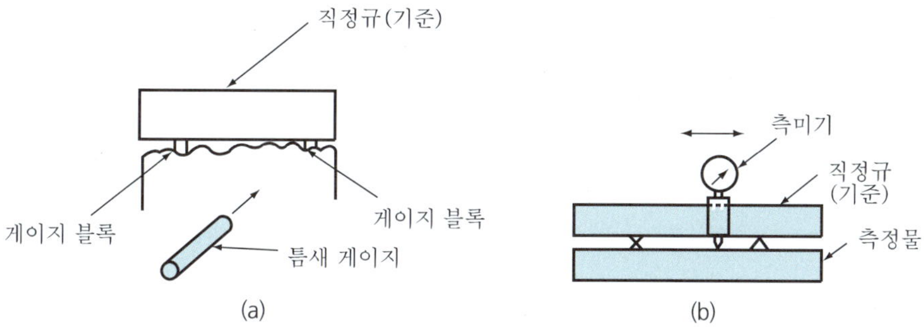

그림 6.88 장방형 직정규를 이용한 진직도의 측정

관찰해야 하는 것이다. 이 방법은 그다지 정확한 방법이라고는 할 수 없으나 대략적인 면의 진직도 검사에 이용된다.

장방형 단면 직정규를 사용하여 측정물의 진직도의 크기를 구체적인 수치로 나타내기 위해서는, 그림 6.88(a)에서와 같이 치수가 같은 두 개의 게이지 블록을 양단에 지지하고 틈새 게이지를 틈새에 밀어넣어 측정하거나, 그림 6.88(b)에서와 같이 직정규에 측미기를 설치하고 직정규의 길이방향을 따라 측미기를 이동시켜 가며 측미기의 지침변동량으로부터 진직도를 측정한다.

6.16.2 정반에 의한 진직도 및 평면도의 측정

정반(定盤, surface plate)은 그 표면이 아주 평평하게 만들어진 것으로 그것을 구성하는 재질별로 분류하면 주철(鑄鐵)제 및 석(石)제의 두 종류가 있으며, 사용면의 평면도에 따라 0급, 1급, 2급, 3급으로 분류한다.

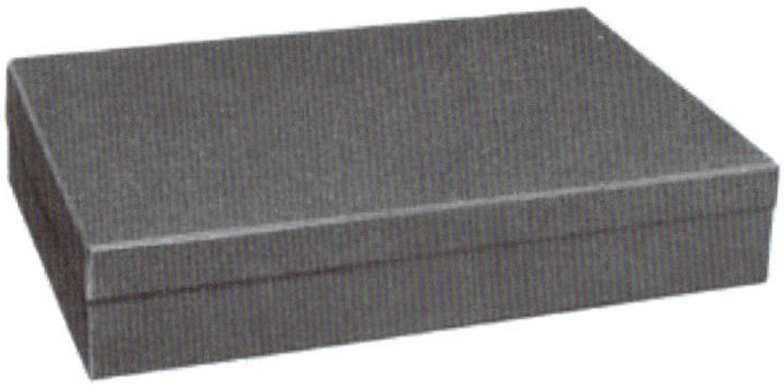

그림 6.89 석정반

사용면의 형상은 정사각형, 직사각형, 원형 등이 있다.

이와 같은 정반을 이용한 진직도 측정법은 그림 6.90과 같다.

그림 6.90(a)는 정반에 측정물과 측미기를 올려놓고 측미기를 화살표 방향으로 이동시켜 가며 측미기의 지시치의 변동량으로부터 측정물의 진직도를 구하는 방법이다.

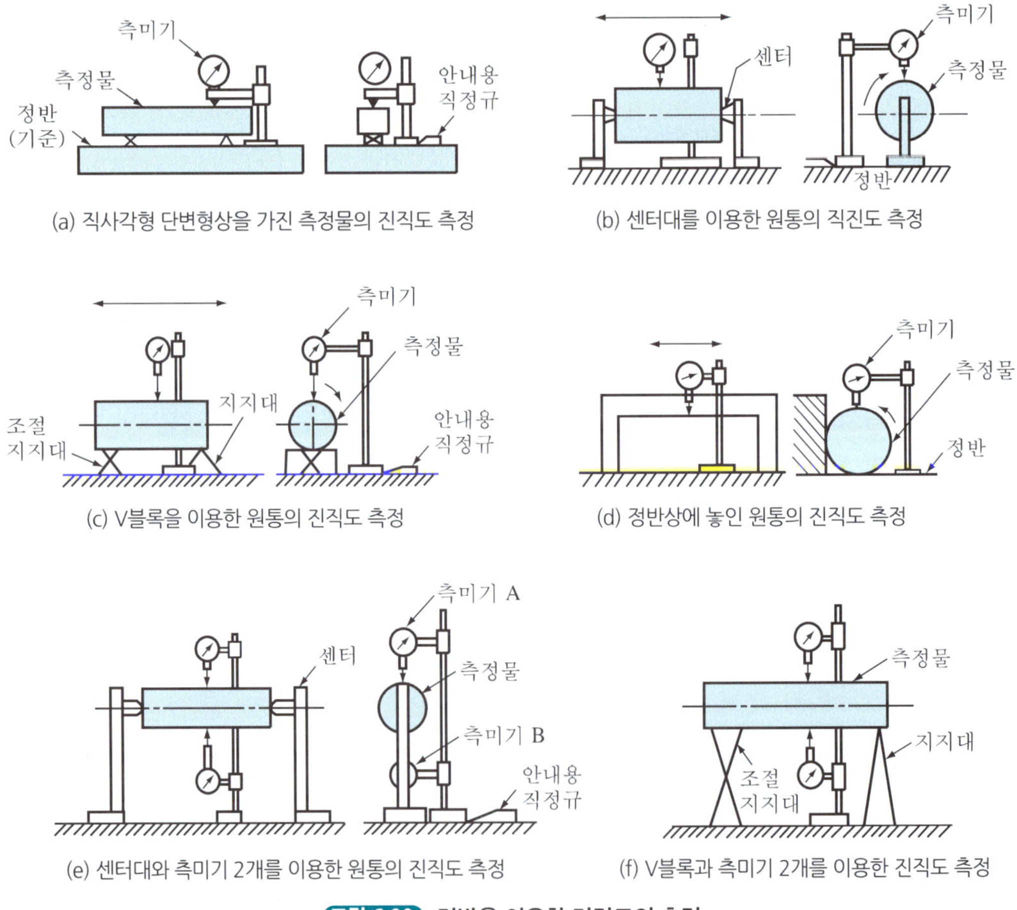

그림 6.90 정반을 이용한 진직도의 측정

그림 6.90의 (b), (c), (d)는 원통의 진직도를 측정하는 방법으로, 그림 (b)는 측정물을 센터로 지지하고, 그림 (c)는 지지대를 사용하여 측정물을 지지하며, 그림 (d)는 측정물을 정반 위에 올려놓고 각각 정반 위에 설치한 측미기를 사용하여 모선(母線)의 진직도를 구하는 것을 보여 준다.

이와 같이 원통의 진직도를 측정할 때에는 측정물을 회전시킴과 동시에 길이방향으로 측미기를 이동시켜 가면서 측미기의 지시치의 변화를 읽어야 한다.

그림 6.90(e) 및 그림 6.82(f)는 원통형상의 측정물을 센터 또는 지지대로 지지하고, 정반 위에 설치한 두 개의 측미기를 사용하여 축선(軸線)의 공간적인 진직도를 측정하는 방법이다.

이때에는 두 측미기의 읽음치 차의 $\frac{1}{2}$을 측정값으로 한다.

6.16.3 수준기에 의한 진직도의 측정

수준기의 눈금을 읽을 때에는 기선(基線)을 기준으로 하여 기포의 끝단이 지시하는 눈금을 읽는다. 이때 기포의 양쪽 끝단을 모두 읽어 그 평균값을 취해야 한다.

예를 들면, 그림 6.91과 같은 경우 읽음값은 $\frac{2.5+2.2}{2}=2.35$ 눈금으로 한다. 이와 같이 기포의 양쪽 끝단을 모두 읽어 그 평균값을 취하는 이유는 기포의 크기가 온도에 따라 변화하기 때문에, 기포의 한쪽만을 기준으로 하여 눈금을 읽으면 기포의 크기에 따른 오차가 발생할 수 있기 때문이다.

기포가 편위된 위치의 읽음값으로부터 수준기 양단의 높이차를 구하기 위해서는 수준기의 감도와 길이를 고려하여야 한다. 즉, 감도 0.02 mm/m, 길이 200 mm인 수준기의 경우, 기포가 1눈금 이동할 때 수준기 양단의 높이차 x는 다음과 같은 비례관계로부터 $x=0.004$ mm= 4μm가 된다.

$$1000\text{ mm} : 0.02\text{ mm} = 200\text{ mm} : x$$

이 수준기에서 기포가 2눈금 이동했을 때는 수준기 양단의 높이차 $x=8\mu$m가 되고, 3눈금 이동했을 때에는 높이 차 $x=12\mu$m가 되는 것이다.

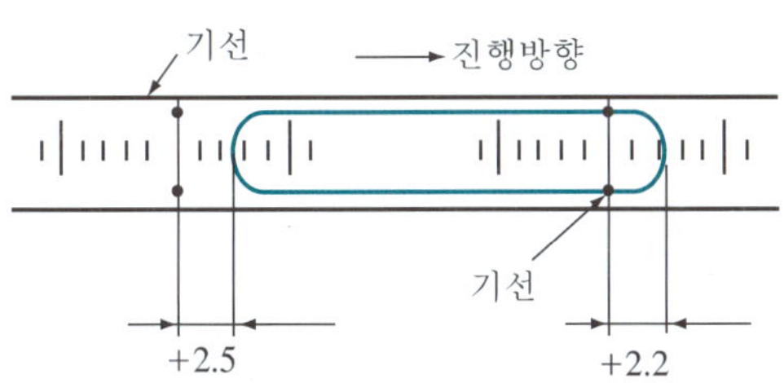

그림 6.91 수준기의 기포와 눈금

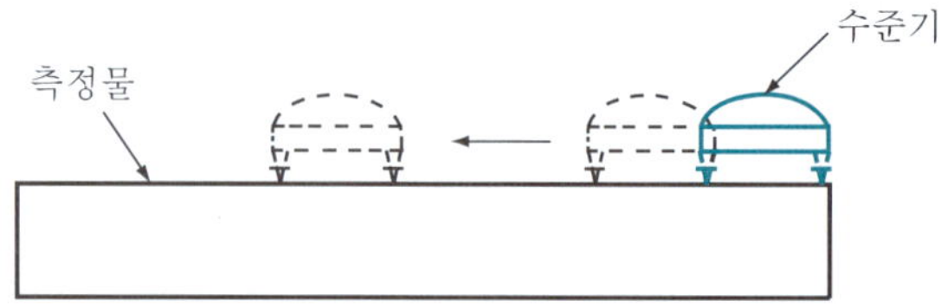

그림 6.92 수준기에 의한 진직도 측정

수준기를 사용하여 진직도를 측정하는 방법은 다음과 같다.

우선 그림 6.92와 같이 측정물 위에서 수준기를 순차적으로 이동시켜 가며, 각각의 위치에서의 기포가 편위된 눈금을 읽은 다음, 앞에서와 같은 방법으로 각각 수준기 양단의 높이차로 환산하고, 이를 차례로 누적하여 가면 각각의 위치에서의 높이를 얻을 수 있다.

이로부터 첫 번째 점과 끝점을 연결한 이상직선을 구한 다음, 각 점에서 이상직선(理想直線)으로부터 벗어난 높이를 구하고, 이들 중 최댓값과 최솟값의 차를 구하여 진직도로 한다.

즉, 그림 6.93과 같이 각각의 수준기의 위치가 $x_1, x_2, x_3 \cdots x_n$ 일 때의 기포가 편위된 눈금을 읽어 앞에서와 같은 방법으로 수준기 양단의 높이차 $\Delta z_1, \Delta z_2, \Delta z_3 \cdots \Delta z_i \cdots \Delta z_n$을 구하였다고 하자.

이로부터 각각의 위치에서 측정선 x 로부터의 높이는 다음과 같이 수준기 양단의 높이차를 누적하여 구할 수 있다.

위치 x_1에서의 높이 $z_1 = \Delta z_1$

위치 x_1에서의 높이 $z_2 = \Delta z_1 + \Delta z_2$

위치 x_3에서의 높이 $z_3 = \Delta z_1 + z_2 + \Delta z_3$

$\cdots$

$\cdots$

위치 x_i 에서의 높이 $z_i = \Delta z_1 + \Delta z_2 + \Delta z_3 \cdots + \Delta z_i$

$\cdots$

$\cdots$

위치 x_n에서의 높이 $z_n = \Delta z_1 + \Delta z_2 + \Delta z_3 \cdots + \Delta z_i \cdots + \Delta z_n = \sum_{i=1}^{n} \Delta z_i$

이와 같이 각 위치에서의 높이를 구하여 $x - z$ 좌표상에 도시하면 그림 6.85의 곡선과 같이 된다.

이때 진직도는 첫 번째 점과 끝점을 연결한 이상직선(아주 곧은 직선)인 X축으로부터 벗어난 정도(程度)로 그림 6.93에서의 높이 h 에 해당한다.

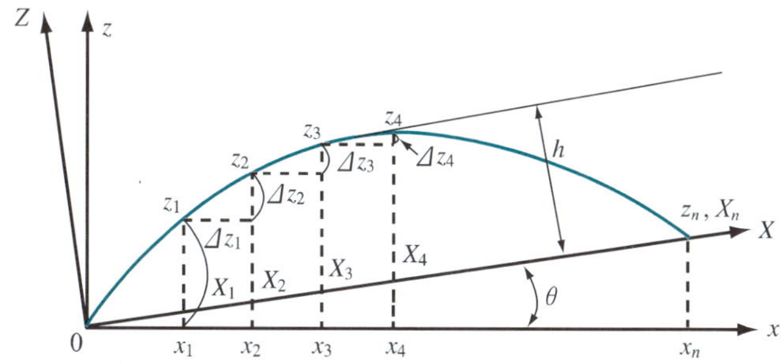

그림 6.93 수준기의 각 위치(x)에서의 높이(z)

여기서 거리 h는 이상직선인 축 X에 수직방향으로 X축으로부터 곡선의 최댓점까지의 거리이지, x축에 수직인 방향의 X축으로부터 곡선의 최댓점까지의 거리와는 다르다고 생각될 것이다. 그러나 측정선 x에 대한 이상직선 X의 기울기 θ가 매우 작다고 하면 이 기울기에 의한 거리의 차는 무시할 수 있다(실제로 수준기 등은 감도가 매우 높은 측정기이므로, 이와 같은 기울기는 무시할 수 있을 정도로 작다고 봐도 무방하다).

따라서 거리 h는 $z_4 - X_4$가 되는데 이를 구하기 위해서는, 먼저 각 위치에서의 측정선 x로부터 이상직선 X까지의 높이(이를 보정치라고 함)를 구해봐야 한다. 이는 $\Delta\ 0x_n X_n$과 $\Delta\ 0x_1 X_1$ 등의 삼각형의 비례법칙을 이용하여 다음과 같이 구할 수 있다.

$$\text{위치 } x_1\text{에서 위치 } X_1\text{까지의 높이} = \frac{z_n}{x_n} \times x_1$$

$$\text{위치 } x_2\text{에서 위치 } X_2\text{까지의 높이} = \frac{z_n}{x_n} \times x_2$$

$$\text{위치 } x_3\text{에서 위치 } X_3\text{까지의 높이} = \frac{z_n}{x_n} \times x_3$$

$$\cdots$$

$$\cdots$$

$$\text{위치 } x_i\text{에서 위치 } X_i\text{까지의 높이} = \frac{z_n}{x_n} \times x_i$$

따라서 이상직선 X축으로부터 각 점의 높이는, 다음과 같이 측정선 x축으로부터 각 점의 높이 $z_1,\ z_2,\ z_3 \cdots$(이를 누적값이라고 함)에서 이상직선 X까지의 높이(보정값)를 감하여 구할 수 있다. 즉,

$$z_1 - (\text{위치 } x_1\text{에서 위치 } X_1\text{까지의 높이}) = z_1 - \frac{z_n}{x_n} \times x_1$$

$$z_2 - (\text{위치 } x_2\text{에서 위치 } X_2\text{까지의 높이}) = z_2 - \frac{z_n}{x_n} \times x_2$$

$$z_3 - (\text{위치 } x_3\text{에서 위치 } X_4\text{까지의 높이}) = z_3 - \frac{z_n}{x_n} \times x_3$$

$$\cdots$$

$$\cdots$$

$$z_n - (\text{위치 } x_n\text{에서 위치 } X_n\text{까지의 높이}) = z_n - \frac{z_n}{x_n} \times x_n$$

이들 값 중 "최댓값 - 최솟값"이 진직도가 된다.

이와 같은 계산법을 이용하여 진직도를 측정한 경우의 예를 들면 표 6.3 및 그림 6.94와 같다. 여기서 사용된 수준기의 길이는 200 mm, 감도는 0.02 mm/m이다.

표 6.3 수준기에 의한 진직도 측정값의 정리

측정점	측정위치	읽음값(눈금수)		$\frac{1}{2}$(좌+우)	200 mm에 대한 높이차(μm)	누적치	보정치	누적치 -보정치
		좌	우					
0	0	0	0	0	0	0	0	0
1	0~200	1.5	1.3	1.4	5.6	5.6	4.8	0.8
2	200~400	2.0	1.0	1.5	6.0	11.6	9.6	2.0
3	400~600	1.0	-1.2	-0.1	-0.4	11.2	14.4	-3.2
4	600~800	1.8	1.6	1.7	6.8	18.0	19.2	-1.2
5	800~1000	1.4	1.6	1.5	6.0	24.0	24.0	0

진직도 = 최댓값 - 최솟값 = 2.0 - (- 3.2) = 5.2 μm

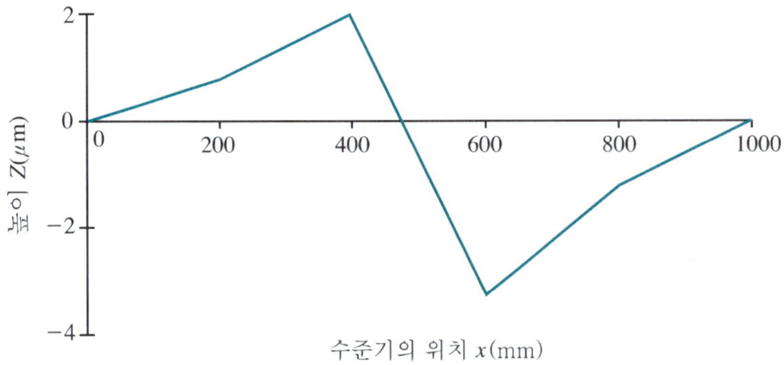

그림 6.94 표 6.3의 결과 도시

6.16.4 오토콜리미터에 의한 진직도의 측정

그림 6.95와 같이 반사경을 측정물 위에 올려놓고, 반사경을 측정방향으로 순차적으로 이동시켜가면서 각각의 위치에 있어서의 반사경의 기울기를 오토콜리미터로 읽은 후, 양단의 높이차로 환산하고, 수준기에서와 같이 각각의 위치에 있어서의 높이로부터 진직도를 구한다.

이때 반사경의 기울기로부터 반사경의 양단의 높이차를 구하는 방법은 다음과 같이 한다. 지지점 사이의 거리가 L인 반사경이 θ초만큼 기울어졌다고 하면, 1 rad=206,265초이므로 반사경 양단의 높이차 Δh는 다음 식과 같이 계산된다.

$$\Delta h = L\theta = L \times \frac{\theta}{206,265}$$

예를 들면, 지지점 사이의 거리 L=200 mm인 반사경이 7초만큼 기울어졌다고 하면 반사경 양단의 높이차 Δh는 다음과 같이 된다.

$$\Delta h = L\theta = L \times \frac{\theta}{206,265} = 200 \times \frac{7}{206,265} ≒ 0.007\text{mm} = 7\mu\text{m}$$

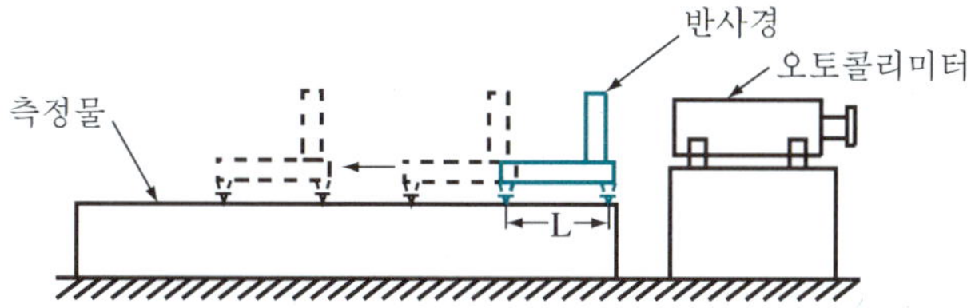

그림 6.95 오토콜리미터에 의한 진직도 측정

6.16.5 수준기 및 오토콜리미터에 의한 평면도의 측정

정반과 같은 큰 면의 평면도를 측정할 경우에는 그림 6.96(a)와 같이 열과 행으로 측정면을 나누고, 수준기 또는 오토콜리미터 등을 이용하여 각 측정선을 따라 진직도를 측정하듯이 각 점(a, b, c, … p)의 높이를 구한 다음, 각 점의 이상평면(3점을 포함하는 평면)으로부터의 편차로 환산하여 그 편차의 최댓값을 평면도로 한다.

예를 들면,

- 그림 6.96(a)와 같이 적어도 16개의 점이 생기도록 같은 간격의 측정선을 긋는다.
- a점을 기점으로 b, c, d, h, l, p점의 높이를 순차적으로 구한다.
- 다시 a점을 기점으로 e, i, m, n, o, p점의 높이를 구한다.

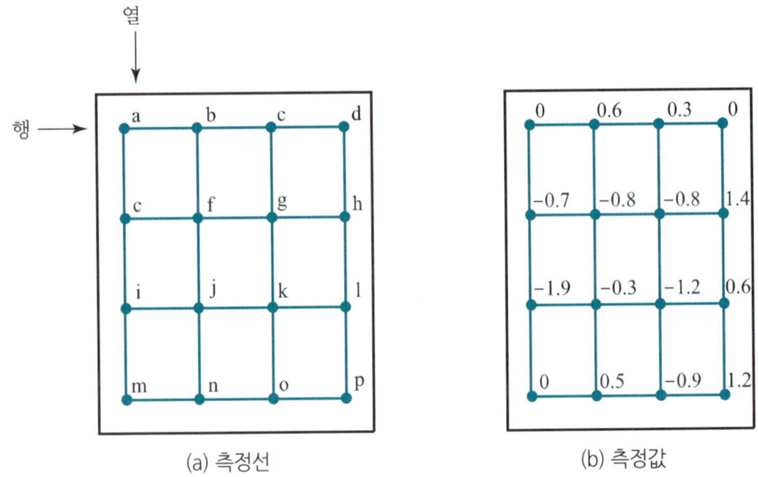

그림 6.96 수준기 및 오토콜리미터에 의한 평면도의 측정선 및 측정값

- 다음은 b, c(또는 e, i)점을 기점으로 각각 세로(또는 가로) 방향으로 측정하여 f, g, j, k 점의 높이를 구한다.
- 이들 각 점의 높이를 a, d, m점을 포함한 이상평면으로부터의 편차로 환산한다.
- 이상평면으로부터의 편차로 환산한 값 중 최댓값과 최솟값과의 차를 평면도로 한다. 즉, 이상평면인 a, d, m점을 0으로 하였을 때의 각 점의 높이를 구하여 그림 6.96(b)와 같이 되었다면 평면도 $F=1.4-(-1.9)=3.3\mu\text{m}$ 이다.

6.16.6 옵티칼 플랫 optical plat에 의한 평면도의 측정

옵티칼 플랫이란 그림 6.97(a)와 같이 그 한 면이 고정도(高精度)의 평면으로 가공된 유리 또는 수정으로 만든 원판으로, 빛의 간섭(干涉)현상을 이용하여 평면도를 측정하는 데 사용된다.

측정방법은 그림 6.90(b)와 같이 측정물 위에 옵티칼 플랫을 올려놓고, 간섭무늬가 3~4개 정도 이르도록 밀착시키면 그림 6.90(c)와 같이 굽은 간섭무늬가 나타나는데, 이때 주변의 폭을 제외한 간섭무늬 사이의 거리 a와 간섭무늬의 굽은량 b를 구한 후, 다음과 같은 식에 의해 평면도를 구한다.

$$\text{평면도 } F=\frac{b}{a}\times\frac{\lambda}{2}$$

이 식은 다음과 같이 유도된다.

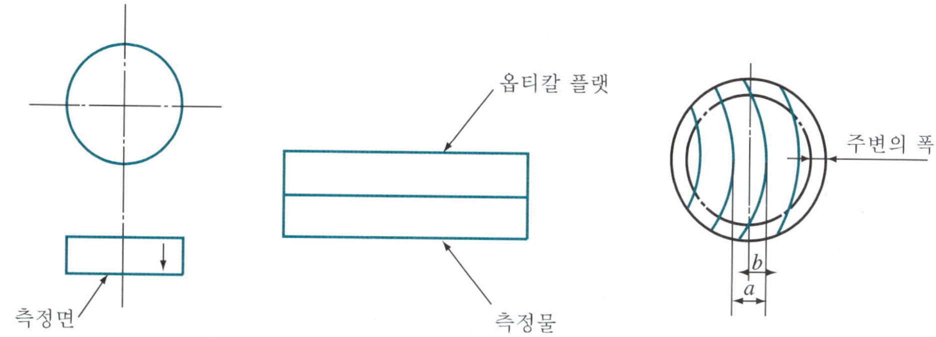

(a) 옵티칼 플랫 (b) 옵티칼 플랫을 이용한 평면도 측정 (c) 옵티칼 플랫에 나타난 간섭무늬

그림 6.97 옵티칼 플랫

그림 6.98과 같이 커다란 곡률 반경을 가진 반경 R의 볼록렌즈를 옵티칼 플랫 위에 얹어 놓고, 볼록렌즈 위를 빛으로 조명하면 볼록렌즈와 옵티칼 플랫의 접촉점을 중심으로 하여 똑같은 동심원의 간섭무늬가 나타나는데, 이를 뉴턴링(Newton Ring)이라고 한다. 이 뉴턴링은 렌즈와 옵티칼 플랫 사이의 틈새가 같은 곳을 따라 나타나는 것으로 그 원리는 다음과 같다.

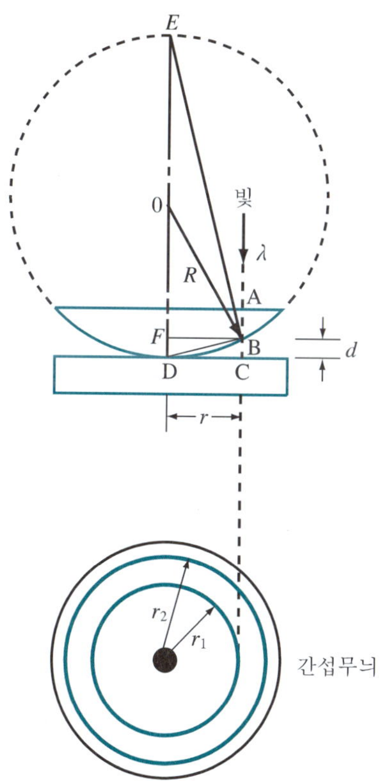

그림 6.98 뉴턴링의 발생원리

그림에서 점 A로 입사한 빛의 일부는 점 B에서 반사하고, 그 나머지는 옵티칼 플랫의 표면인 점 C에서 각각 반사하는데, 점 B에서 반사한 빛과 점 C에서 반사한 빛의 경로차에 의하여 틈새 d가 빛의 반파장인 $\frac{\lambda}{2}$의 정수배일 때 간섭무늬가 생긴다.

따라서 다음과 같은 식이 성립한다.

$$d = n \times \frac{\lambda}{2} \quad (n = 1, 2, 3 \ldots.) \tag{6.9}$$

한편 ΔBEF와 ΔBDF는 닮은 꼴이므로 다음과 같은 식이 성립한다.

$$\overline{\mathrm{FE}} : \overline{\mathrm{FB}} = \overline{\mathrm{FB}} : \overline{\mathrm{FD}}$$

$$\overline{\mathrm{FB}}^2 = \overline{\mathrm{FD}} \times \overline{\mathrm{FE}}$$

$$r^2 = d(2R - d) \tag{6.10}$$

여기서 $d \ll 2R$이므로 $2R - d$에서 d는 무시할 수 있다. 따라서 식 (6.10)은 다음과 같이 고쳐 쓸 수 있다.

$$r^2 = d \times 2R$$

$$d = \frac{r^2}{2R} \tag{6.11}$$

따라서 식 (6.11)을 식 (6.9)에 대입하면 다음과 같은 결과를 얻는다.

$$r = \sqrt{n\lambda R} \tag{6.12}$$

이 식으로부터 정수 n이 1, 2, 3 ...인 위치에서 동심원의 간섭무늬가 나타남을 알 수 있다.

이와 같은 무늬를 뉴턴링(Newton Ring)이라고 하며, 이 뉴턴링을 이용하여 이미 알고 있는 빛의 파장 λ와 뉴턴링의 반지름 r을 측정함으로써 렌즈의 곡률반경 R을 구할 수 있으며, 그 반대로 R과 r을 측정함으로써 빛의 파장 λ를 알 수도 있다.

다음 그림 6.99에서 측정하고자 하는 측정물(표준 옵티칼 플랫에 비해 정도가 떨어지는 옵티칼 플랫)의 곡률반경을 R, 면의 직경을 $2D$라 하자.

이제 표준 옵티칼 플랫과 측정물 사이의 틈새에 의해 형성되는 간섭무늬가 그림 6.99의 아래 그림과 같이 구부러져 나타난다고 하면, 이 간섭무늬는 앞에서 반경 R인 볼록렌즈에서 나타났던 간섭무늬인 원호의 일부가 된다. 이때 n번째 간섭무늬의 반경을 r_n, $n-1$번째의 간섭무늬의 반경을 r_{n-1}이라고 하면 간섭무늬 사이의 간격 a는 다음과 같은 식으로 나타낼 수 있다.

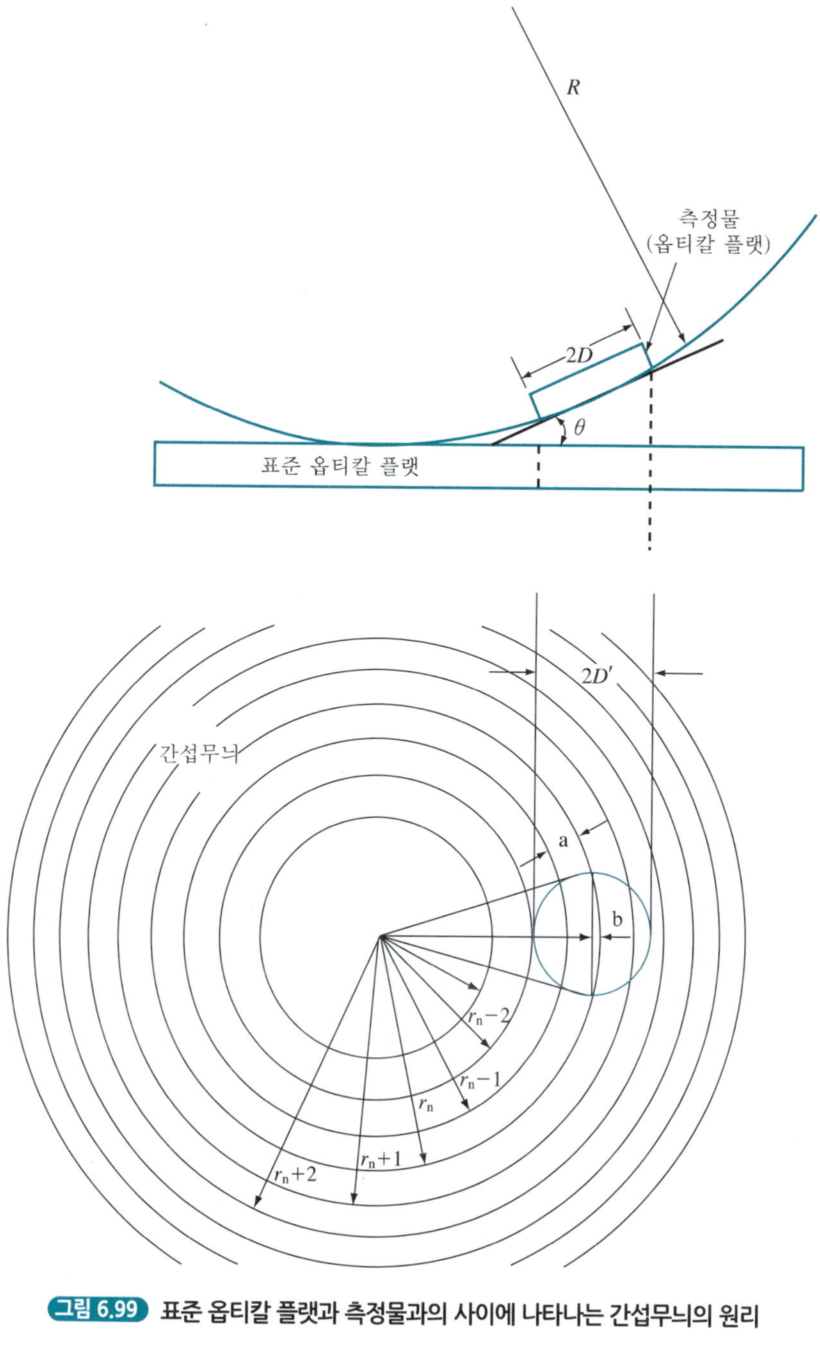

그림 6.99 표준 옵티칼 플랫과 측정물과의 사이에 나타나는 간섭무늬의 원리

$$
\begin{aligned}
a &= r_n - r_{n-1} \\
&= \sqrt{n\lambda R} - \sqrt{(n-1)\lambda R} \\
&= \sqrt{n\lambda R}\left\{1 - \sqrt{(1-\frac{1}{n})}\right\} \\
&\fallingdotseq \sqrt{n\lambda R}\left\{1 - (1 - \frac{1}{n} \times \frac{1}{2})\right\} \\
&= \sqrt{n\lambda R}\left(\frac{1}{2n}\right) \\
&= \sqrt{\frac{\lambda R}{4n}}
\end{aligned} \tag{6.13}
$$

이 식으로부터 다음과 같은 식을 얻을 수 있다.

$$R = \frac{4na^2}{\lambda} \tag{6.14}$$

한편 간섭무늬 사이의 간격이 구별할 수 있을 정도의 크기이면, 표준 옵티칼 플랫에 대한 측정물의 기울어진 각도 Θ는 10~20초 정도로 매우 작다는 것을 의미하기 때문에 $2D = 2D'$가 되어 다음과 같은 관계가 성립한다.

$$(r_n - b)^2 + D^2 = r_n^2$$

따라서

$$(2r_n - b)b = D^2 \tag{6.15}$$

그런데 $b \ll r_n$이므로 $2r_n - b$ 에서 b는 무시할 수 있다. 따라서 이 식은 다음과 같이 쓸 수 있다.

$$2r_n b \approx D^2 \tag{6.16}$$

한편 그림 6.100에서 보는 바와 같이 측정하고자 하는 옵티칼 플랫의 평면도 F 및 곡률반경 R, 면의 반경 D 사이에는 다음과 같은 관계식이 성립함을 알 수 있다.

$$R^2 = (R - F)^2 + D^2$$

따라서

$$(2R - F)F = D^2$$

여기서 $F \ll R$이므로 $2R - F$에서 F는 무시할 수 있다. 따라서 이 식은 다음과 같이 쓸 수 있다.

$$2RF \approx D^2 \tag{6.17}$$

이 식으로부터 평면도 F는 다음과 같이 된다.

$$F = \frac{D^2}{2R} \tag{6.18}$$

이 식에 식 (6.14)과 (6.16)을 대입하여 정리하면 다음과 같이 된다.

$$\begin{aligned} F &= \frac{2r_n b}{2\frac{4na^2}{\lambda}} = \frac{\lambda r_n b}{4na^2} = \frac{b}{a} \cdot \frac{\lambda}{2} \frac{r_n}{2na} \\ &= \frac{b}{a} \cdot \frac{\lambda}{2} \frac{r_n}{2n\sqrt{\frac{\lambda R}{4n}}} = \frac{b}{a} \cdot \frac{\lambda}{2} \frac{r_n}{\sqrt{n\lambda R}} \\ &= \frac{b}{a} \cdot \frac{\lambda}{2} \frac{r_n}{r_n} = \frac{b}{a} \cdot \frac{\lambda}{2} \end{aligned} \tag{6.19}$$

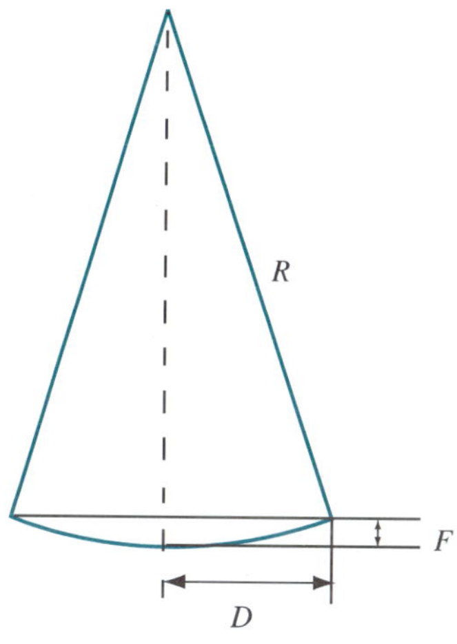

그림 6.100 평면도 F와 곡률 반경 R 사이의 관계

6.17 진원도 측정

진원도(眞圓度, roundness)란 "이상적(理想的)인 진원으로부터 벗어난 정도"를 의미하며, 그 크기는 원형부분을 두 개의 이상적인 동심원으로 끼웠을 때, 두 동심원 사이의 반경차가 최소가 되는 동심원의 반경차로 나타낸다.

6.17.1 진원도 측정법

진원도 측정법에는 다음과 같이 직경법(直徑法), 삼점법(三點法), 반경법(半徑法)이 있다.

(1) 직경법

마이크로미터나 실린더 게이지와 같은 2점 측정기로 직경을 측정하여, 그 직경의 최댓값과 최솟값의 차로서 진원도를 표시하는 방법이다.

예를 들면, 그림 6.101과 같이 측정물이 타원인 경우에, 마이크로미터로 직경 D_1과 D_2를 측정하여 진원도를 구하면 진원도$= D_1 - D_2$가 된다.

그런데 그림 6.102와 같은 등경변형원(等經變形圓)을 직경법으로 측정할 경우, 360° 어느 방향으로나 똑같은 직경($D = R + r$)이 얻어지게 되므로, 실제로는 진원이 아니나 진원으로 판정될 수 있는 단점이 있다.

즉, 등경변형원을 검출할 수 없는 단점이 있다.

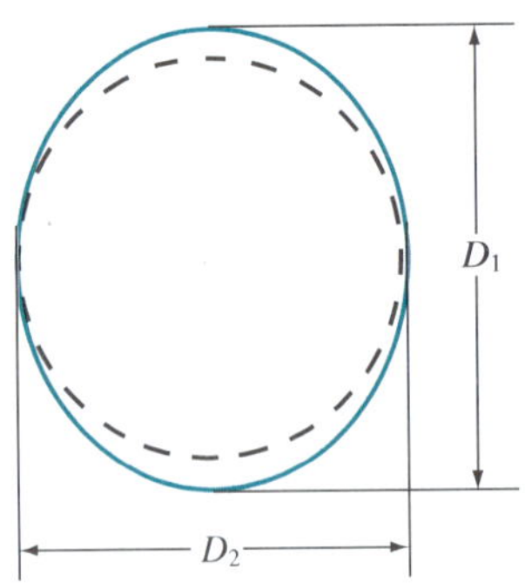

그림 6.101 타원형상의 측정물

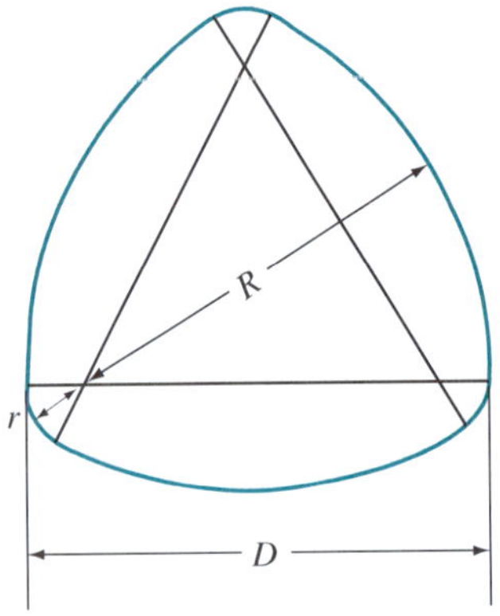

그림 6.102 등경변형원

(2) 삼점법

그림 6.103과 같이 V블록, 마승 게이지 또는 3각 게이지 등과 같이 측정물의 3곳에서 접촉하는 측정기를 사용하여 진원도를 측정하는 방법으로, 측정물을 1회전시켰을 때 측미기 읽음값의 최댓값과 최솟값의 차로 진원도를 표시하는 방법이다.

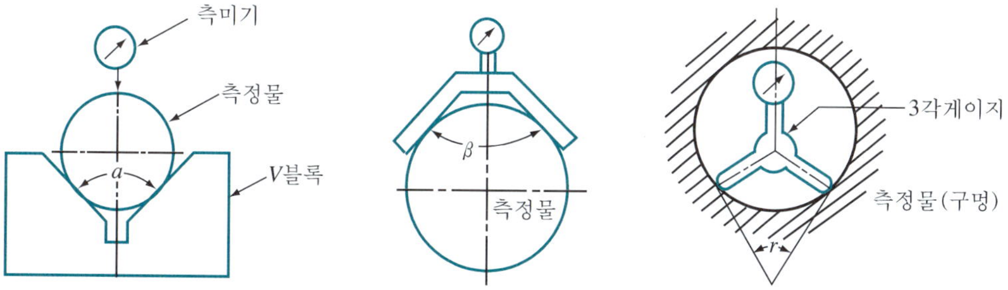

(a) V 블록과 측미기 이용　(b) 마승게이지 이용　(c) 3각 게이지 이용

그림 6.103 삼접법에 의한 진원도 측정

등경변형원은 요철의 수가 3개, 5개, 7개인 것 등 다양하다.

삼점법을 이용하여 진원도를 측정할 때에는, 이 등경변형원의 요철의 수에 따라 측정물과 접촉하는 게이지의 각도 α, β, γ를 변화시켜야만 정확한 진원도의 값을 구할 수 있다.

예를 들면, 그림 6.102와 같이 요철의 수가 3개인 등경변형원의 경우, V블록의 각도 α=60°로 해야만 진원도를 가장 정밀하게 검출할 수 있게 된다.

그러나 대개의 측정물 형상은 불규칙할 뿐만 아니라, 요철이 몇 개인가도 미리 파악할 수 없는 경우가 많으므로 정확한 진원도 측정법이라고는 할 수 없다.

(3) 반경법

이 방법은 측정물의 가상중심을 중심으로 측정물을 회전시키면서 반경방향의 흔들림을 측정하여, 그 최댓값과 최솟값의 차로 진원도를 표시하는 방법이다.

즉, 그림 6.104(a)와 같이 가상중심인 센터에 측정물을 지지하고, 반경방향에 측미기를 접촉시켜 측정물을 1회전시켰을 때, 측미기 읽음값의 최댓값과 최솟값의 차로 진원도를 표시한다.

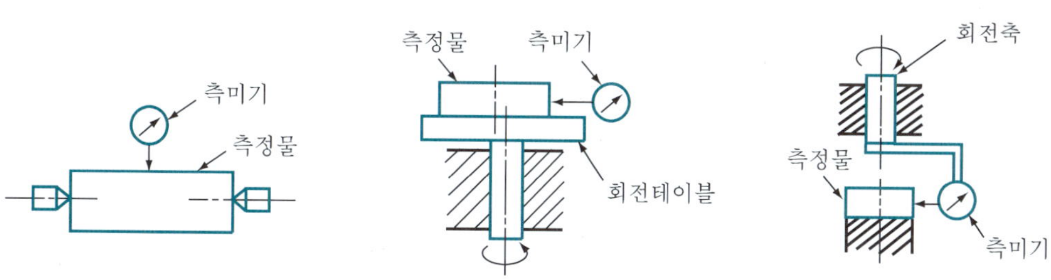

(a) 센터에 의한 지지　(b) 테이블 회전형 진원도 측정기　(c) 검출기 회전형 진원도 측정기

그림 6.104 반경법에 의한 진원도 측정

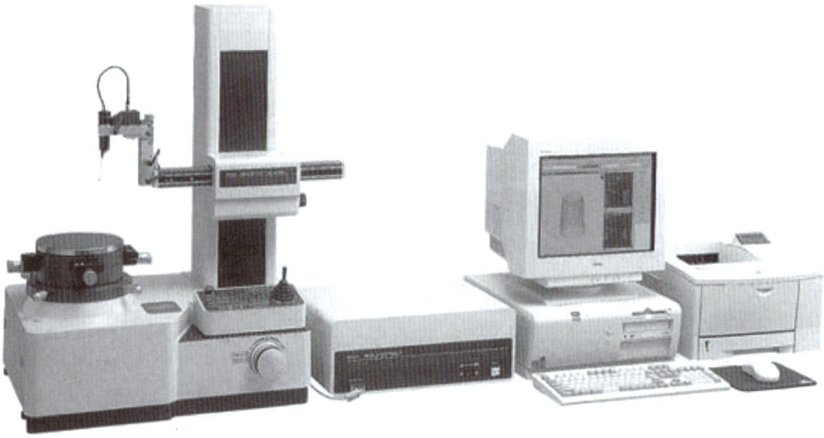

그림 6.105 진원도 측정기 사진(테이블 회전형 진원도 측정기)

그런데 이와 같은 센터에 의한 지지법은 센터구멍이 없는 측정물의 경우에는 측정할 수 없는 단점이 있다.

따라서 측정물을 테이블에 올려놓고 측정하는 방식을 채택한 진원도 측정기가 있는데, 이에는 그림 6.104(b) 및 (c)와 같은 테이블 회전형과 검출기 회전형의 2가지 방법이 있다.

그림 6.105는 테이블 회전형 진원도 측정기의 사진이다.

6.17.2 진원도 판정법

진원도 측정기로 진원도를 측정할 경우, 테이블 회전형을 예로 들면, 원형테이블의 중심위치에 측정물을 올려놓고 검출기를 그 측면에 접촉시켜, 테이블을 회전시키면서 측정물의 반경방향의 흔들림을 검출하여 확대 기록하게 된다.

이때 이와 같은 기록도형으로부터 진원도를 판정해야 하는데, 그 판정법에는 **최소자승 중심법, 최소 외접원중심법, 최대 내접원중심법, 최소 영역중심법** 등이 있다.

(1) 최소 자승중심법 least squares center method, LSC법

그림 6.106과 같이 기록지상의 중심 O를 중심으로 하는 기록도형을 그리고, 이 도형의 중심 O를 원점으로 하여 n등분한 다음, 기록도형과 등분선과의 교점 1, 2, 3 ⋯, n의 x 좌푯값(x_1, x_2, x_3, $\cdots$ x_n)과 y 좌푯값(y_1, y_2, y_3 $\cdots$ y_n)을 구한 후, 다음과 같은 식에 각각 대입하여 평균원(또는 "최소자승원"이라고도 함)의 중심 O′의 좌표 a, b와 평균원의 반경 R를 구한다.

$$a = \frac{2\sum x_i}{n},\ b = \frac{2\sum y_i}{n} \tag{6.20}$$

$$R = \frac{\sum r_i}{n} \tag{6.21}$$

이 식으로부터 구한 O′를 중심으로 하는 반경 R의 평균원을 그린 후, 기록도형에 내접(內接)하는 원과 외접(外接)하는 동심원(同心圓)을 각각 그림 6.107과 같이 그리고, 외접원과 내접원의 반경차($R_{max} - R_{min}$)로 진원도를 취하는 방법이다.

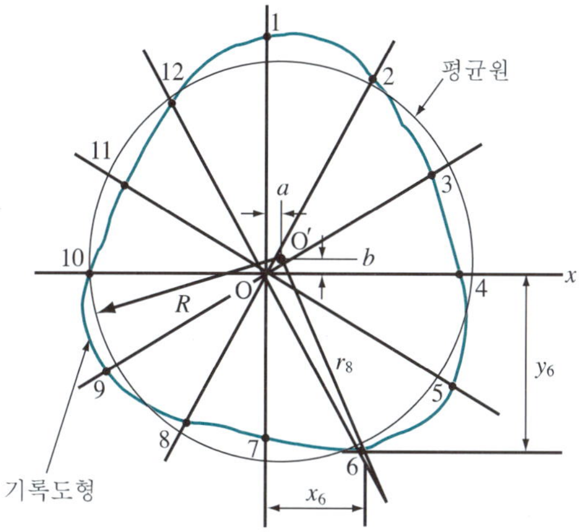

그림 6.106 평균원의 중심과 반경

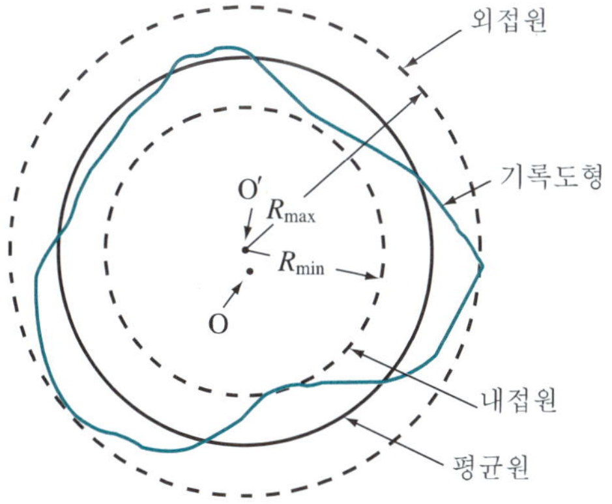

그림 6.107 최소 자승중심법에 의한 진원도

표 6.4 그림 6.109의 교점과 반경에 대한 데이터

교 점	x (mm)	y (mm)	r (mm)
1	0	+1.77	1.69
2	+0.83	+1.43	1.55
3	+1.28	+0.71	1.35
4	+1.50	0	1.42
5	+1.45	−0.84	1.64
6	+0.73	−1.31	1.54
7	+0	−1.25	1.33
8	−0.65	−1.10	1.40
9	−1.29	−0.74	1.61
10	−1.42	0	1.51
11	−1.14	+0.63	1.37
12	−0.75	+1.27	1.46
Σ	+0.54	+0.57	17.87

예를 들면, 그림 6.106과 같은 기록도형에서 각 점의 좌표(x, y)와 반경 r이 표 6.4와 같이 주어졌을 때 식 (6.20)과 (6.21)를 적용하여 평균원의 중심좌표 a, b와 반경 R을 구하면 다음과 같이 된다.

$$a = \frac{2\sum x_i}{n} = \frac{2 \times 0.54}{12} = 0.09\ \text{mm}$$

$$b = \frac{2\sum y_i}{n} = \frac{2 \times 0.57}{12} = 0.095\ \text{mm}$$

$$R = \frac{\sum r_i}{n} = \frac{17.87}{12} = 1.49\ \text{mm}$$

(2) 최대 내접원중심법 maximum inscribed circle center method, MIC법

그림 6.108과 같이 기록도형에 내접하는 최대의 내접원을 그린 다음, 이 내접원과 같은 중심을 가진 외접원을 그려 외접원과 내접원과의 반경차($R_{max} - R_{min}$)로부터 진원도의 크기를 결정하는 방법이다.

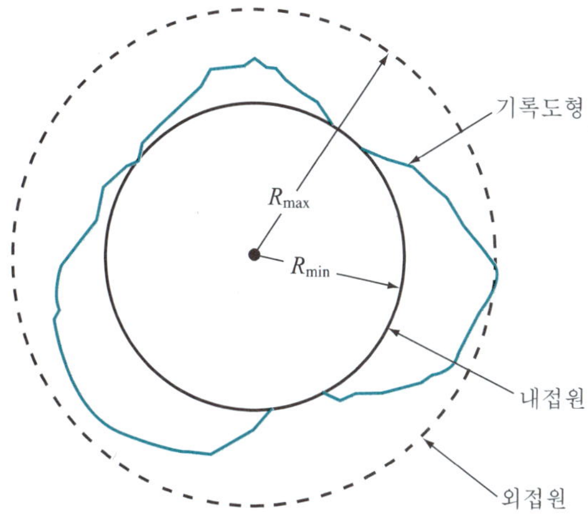

그림 6.108 내접원중심법에 의한 진원도

(3) 최소 외접원중심법 minimum circumscribed circle center method, MCC법

그림 6.109와 같이 기록도형에 외접하는 최소의 외접원을 그린 다음, 이 외접원과 같은 중심을 가진 내접원을 그린 후, 그 외접원과 내접원과의 반경차($R_{max} - R_{min}$)로부터 진원도의 크기를 결정하는 방법이다.

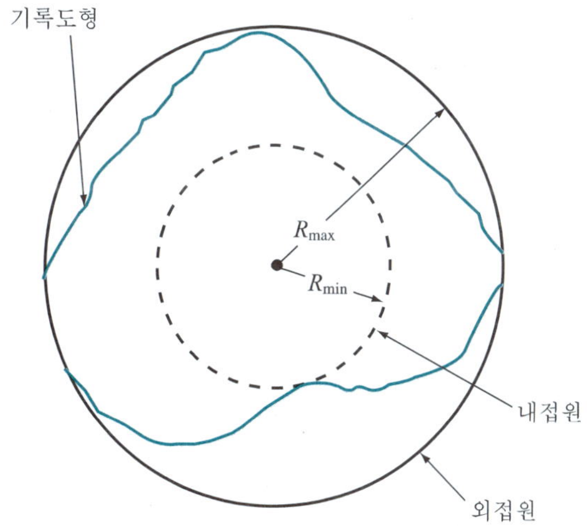

그림 6.109 외접원중심법에 의한 진원도

(4) 최소 영역중심법 minimum zone center method, MZC법

기록도형에 내접하고 외접하는 두 개의 동심원(同心圓)을 무수히 많이 그린 후 이 중에서 그 반경차가 최소가 되는 동심원을 찾아내어, 그 외접원과 내접원과의 반경차($R_{max} - R_{min}$)로부터 진원도의 크기를 결정하는 방법이다.

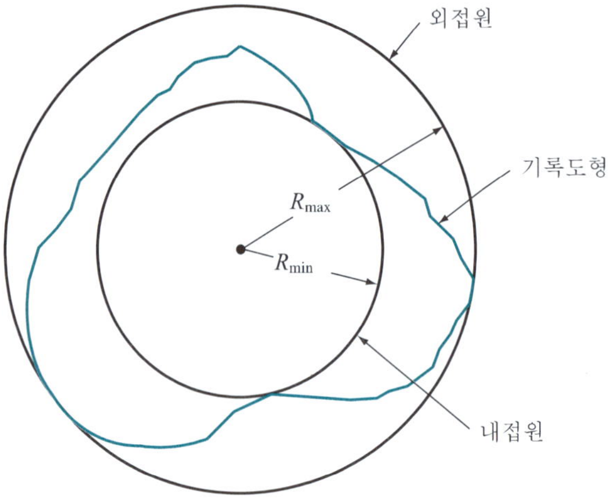

그림 6.110 최소 영역중심법에 의한 진원도

6.18 표면 거칠기 측정

6.18.1 표면 거칠기의 의의 및 표시법

표면 거칠기(表面 粗度, surface roughness)란 물체의 표면에 작은 간격으로 나타나는 요철(凹凸)로서, 손가락으로 표면을 쓰다듬을 때 "거칠다" 또는 "매끄럽다"라고 느낄 수 있는 정도의 것이다.

이 표면 거칠기의 정도를 표시하는 방법으로 최대높이 거칠기, 십점 평균거칠기, 중심선 평균거칠기 등 3가지 종류가 KS에 규정되어 있다.

(1) 최대높이 거칠기 maximum height of the profile, Rmax

그림 6.111과 같은 측정물의 단면 중 표면부분을 확대하여 도시한 단면곡선에서 기준길이 만

큼 채취한 부분의 평균선에 평행한 두 직선으로 끼웠을 때, 단면곡선의 세로배율의 방향으로 두 직선 간의 간격을 구하여 μm 단위로 나타낸 것을 최대높이 거칠기라 하고, R_{max}로 표시한다.

여기서 나오는 용어에 대하여 설명하면 다음과 같다.

- **단면곡선**(斷面曲線; unfiltered profile) : 측정면의 평균 표면에 수직인 평면으로 절단하였을 때, 그 자른면에서 나타나는 요철의 윤곽선을 말한다. 즉, 표면거칠기 측정기의 촉침이 측정 단면을 따라 이동하면서 그 단면의 확대도형을 얻은 곡선
- **기준길이**(basic length) : 표면 거칠기의 크기가 진직도 등 형상정도에 영향을 받지 않도록 하기 위하여, 거칠기 성분보다 긴 파장의 성분을 제거하기 위해 채취되는 길이이며, 중심선 평균거칠기에서의 컷오프(cut-off)값과 동일한 치수를 갖는다.

그림 6.112에서 길이 L_1, L_2, L_3는 각각 기준길이를 달리하여 도시한 것인데, 기준길이에 따라 평균선의 기울기가 달라지는 동시에 최대높이 거칠기의 값도 달라진다는 것을 알 수 있다.

- **평균선**(mean line): 단면곡선(profile) 또는 거칠기 곡선의 요철을 평균화한 선

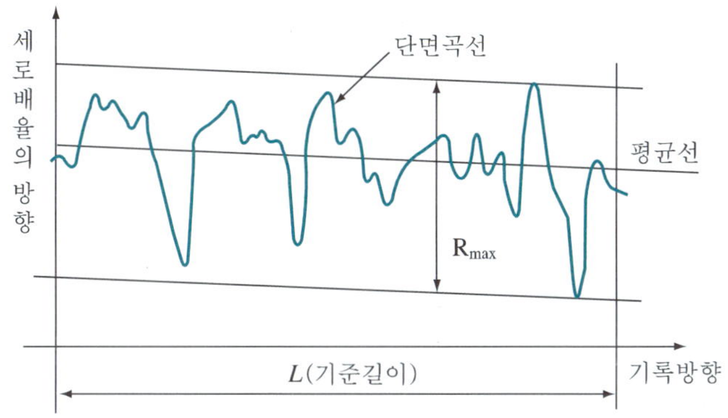

그림 6.111 단면곡선과 최대높이 거칠기

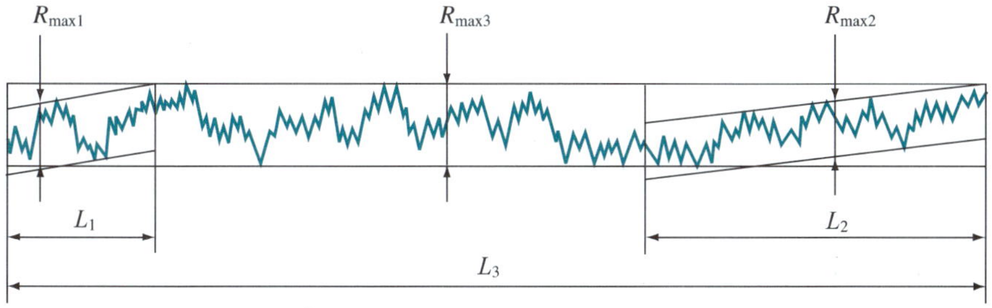

그림 6.112 단면곡선과 기준길이

(2) 10점 평균거칠기 ten point height, *Rz*

그림 6.113과 같은 단면곡선에서 기준길이만큼 채취한 부분의 평균선에 평행한 어느 직선에서, 세로배율의 방향으로 측정한 가장 높은 곳으로부터 5번째까지 봉우리의 높이의 평균값과 가장 깊은 곳으로부터 5번째까지의 골 깊이의 평균값과의 차이를 μm 단위로 나타낸 것을 10점 평균거칠기라 하고 R_z 로 표시한다.

즉, 그림에서 10점 평균거칠기 R_z 는 다음과 같은 식으로 된다.

$$R_z = \frac{(R_1 + R_3 + R_5 + R_7 + R_9) - (R_2 + R_4 + R_6 + R_8 + R_{10})}{5}$$

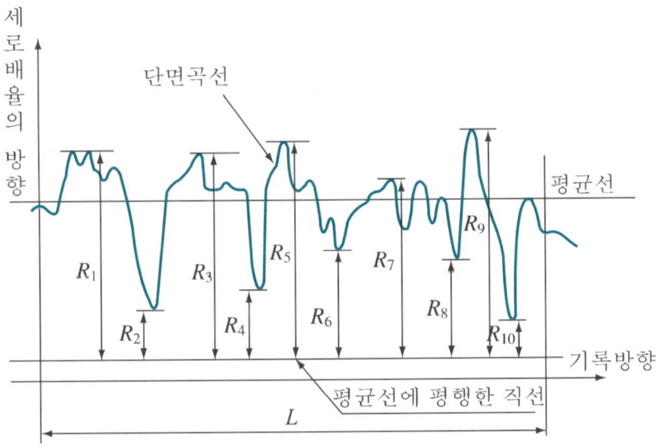

그림 6.113 단면곡선과 10점 평균거칠기(L : 기준길이)

(3) 중심선 평균거칠기 arithmetical mean deviation of the profile, *Ra*

중심선 평균거칠기란 그림 6.114와 같은 거칠기 곡선에서 그 중심선의 방향으로 측정길이 l 을 채취하고, 중심선을 x 축, 세로 방향을 y 축으로 하여 거칠기 곡선을 함수 $y = f(x)$로 표시하였을 때, 다음 식에 의해 구한 값을 μm 단위로 나타낸 것으로 R_a 로 표시한다.

$$R_a = \frac{1}{l}\int_0^l |f(x)| dx$$

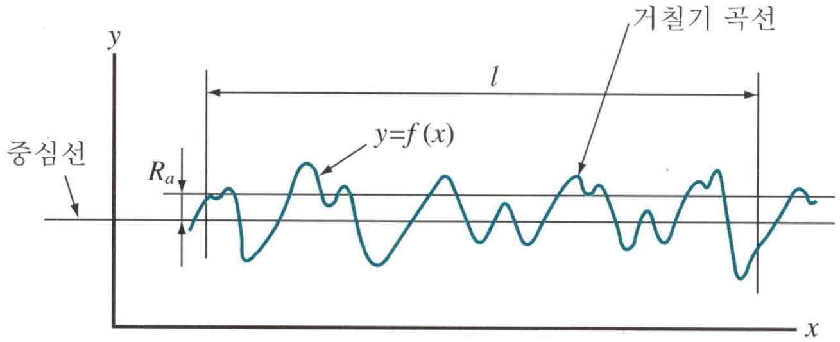

그림 6.114 거칠기 곡선과 중심선 평균거칠기

즉, **중심선 평균 거칠기**란 그림 6.115에서와 같이 중심선의 아래쪽에 있는 거칠기 곡선의 골 부분을 중심선 위로 끌어올려 이루어진 곡선과 중심선으로 포위된 면적을 측정 길이 l 로 나눈 것으로, 이는 중심선의 아래쪽에 있는 거칠기 곡선의 골 부분을 중심선 위로 끌어올려 이루어진 요철(凹凸)을 평탄하게 메워 직선으로 만들었을 때, 이 직선의 중심선으로부터의 높이에 해당됨을 알 수 있다.

여기서 나오는 용어에 대하여 설명하면 다음과 같다.

- **중심선**(中心線; centerline) : 평균선에 평행하며 거칠기 곡선으로 둘러싸인 상하 면적이 동일하게 되는 위치의 직선이다. 즉 거칠기 곡선에서 어느 선을 기준으로 하여 그 선의 위에 있는 거칠기 곡선의 산(山) 부분의 면적의 합과 선 아래쪽에 있는 골 부분의 면적의 합이 같아질 수 있는데, 이와 같은 선을 중심선이라 한다.
- **거칠기 곡선**(粗度 曲線; roughness profile) : 단면곡선에는 형상정도, 파상도 등 거칠기 성분보다 더욱 긴 파장의 성분을 내포하고 있다. 따라서 단면곡선으로부터 거칠기 성분보다 긴 파장의 성분(저주파 성분)을 제거하기 위하여 전기적인 필터를 통과시키는데, 이와 같은 필터를 통과시켜 얻은 거칠기 성분만의 곡선을 거칠기 곡선이라고 하며, 이때 이 긴 파장의 성분을 제거하는 한계의 파장이 컷오프(cut off)값이다.

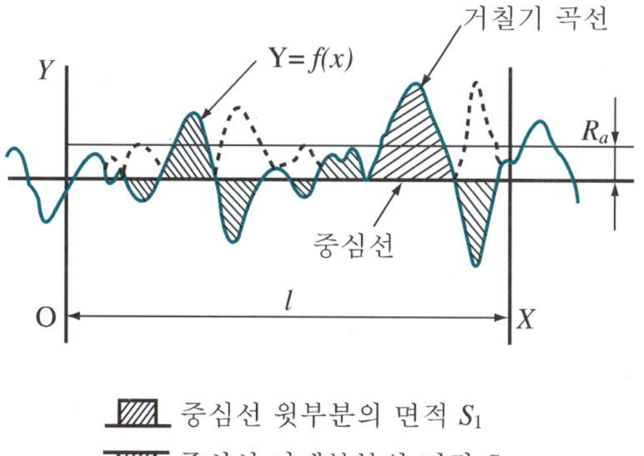

그림 6.115 중심선 평균거칠기 값의 크기에 대한 원리

6.18.2 표면거칠기 측정법

(1) 비교용 표준편과의 비교측정법

비교용 표준편(比較用 標準片)이란 얇은 블록의 표면에 인위적으로 적당한 크기의 거칠기를 형성시키고 그에 대한 거칠기의 값을 명기해 놓은 것으로, 표준편과 측정물의 표면상태를 시각, 촉각 등의 감각으로 비교하여 표면거칠기의 크기를 판단하는 방법이다.

예를 들어, 비교용 표준편에는 0.1S, 0.2S, 0.4S, 0.8S, 1.6S, 3.2S, 6.3S, 12.5S, 25S, 50S, 100S, 200S(여기서 S는 최대높이 거칠기를 의미함) 등 12개가 한 세트로 되어 있는데, 어떤 측정물의 촉감이 1.6S의 표준편보다 거칠고, 3.2S의 표준편보다 매끄럽다고 하면 이 측정물의 표면거칠기는 1.6S~3.2S의 범주에 있다는 것을 알 수 있다.

또한 표준편에는 검사용 표준편이 있는데, 이는 표면거칠기 측정기의 정도 검사나 확대배율의 교정을 할 때 사용된다.

(2) 촉침식 표면거칠기 측정기

촉침식 표면거칠기 측정기는 그림 6.116과 같이 끝이 뾰족한 촉침(觸針, stylus)을 측정물의 표면을 따라 이송시키고, 측정면에 존재하는 미세한 요철의 높낮이에 따라 촉침이 상하로 움직이도록 하여, 이 움직임을 전기적인 신호로 바꾸어 확대지시 및 기록하도록 한 것이다.

이때 검출 신호를 전기적인 필터에 통과시켜 거칠기 곡선과 파상도 곡선 등을 얻을 수 있으며, 표면 거칠기값 등이 지시 또는 기록된다.

촉침의 변위를 전기적인 신호로 변환시켜 주는 변환기에는 차동변압기식이 주로 많이 사용되고 있다.

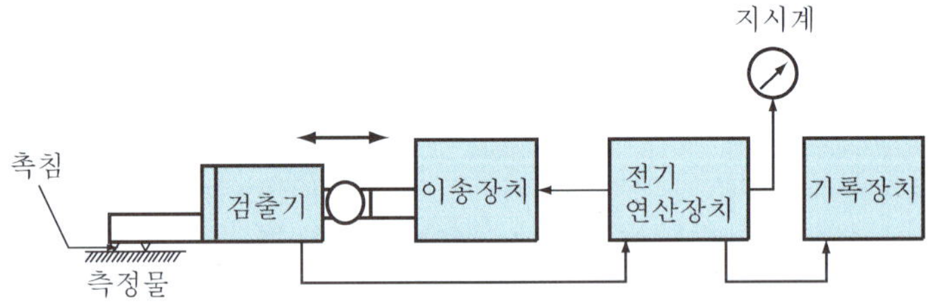

그림 6.116 촉침식 표면거칠기 측정기의 작동원리

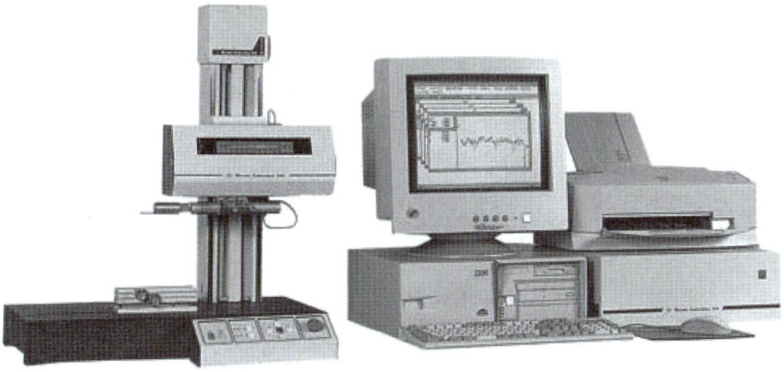

그림 6.117 촉침식 표면 거칠기 측정기

(3) 현미 간섭식 표면거칠기 측정법

그림 6.118(a)는 현미 간섭식(顯微干涉式) 표면거칠기 측정기의 구조를 간단히 도시한 것으로, 광원(光源)에서 나온 빛은 반투과경(半透過鏡)으로 가는데, 이 반투과경에서 빛의 일부는 반사되어 측정물 표면에 조사(照射)되고, 그 나머지 일부는 투과되어 표준반사면(標準反射面)에 조사된다.

측정물 표면에 입사한 빛은 측정물 표면에서 반사되어 반투과경 → 대물렌즈 → 접안렌즈를 거쳐 눈으로 들어가고, 표준반사면으로 간 빛도 반사되어 반투과경 → 대물렌즈 → 접안렌즈를 거쳐 눈으로 들어간다.

이때 측정물 표면에 요철(凹凸)이 있으면 요철의 산과 골부에서 반사된 빛의 반파장인 $\frac{\lambda}{2}$의 광로차를 만드는 곳에서 빛이 간섭(干涉)하여, 그림 6.118(b)와 같은 명암(明暗)의 무늬를 만든다. 그림 6.118(b)에서 사용한 빛의 파장을 λ라 하고, 간섭무늬 사이의 폭을 a, 간섭무늬의 굽은 양을 b라 하면 최대높이의 거칠기 $R_{\max}$는 다음 식과 같이 된다.

$$R_{\max} = \frac{b}{a} \times \frac{\lambda}{2}$$

이 방법에 의한 측정은 요철의 높이가 $1\mu m$ 이하의 매끈한 표면의 측정에 사용된다.

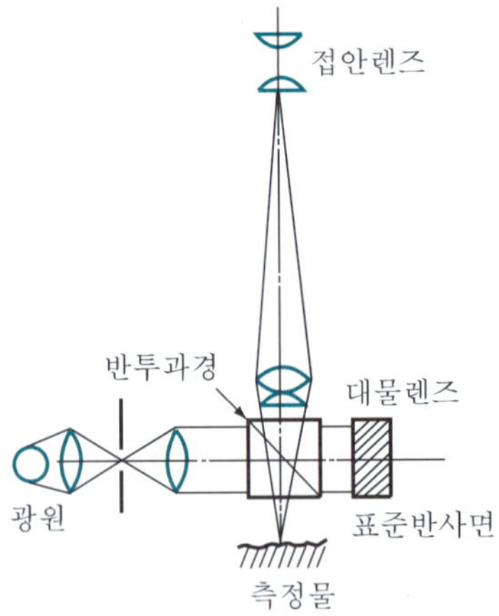

(a) 구조

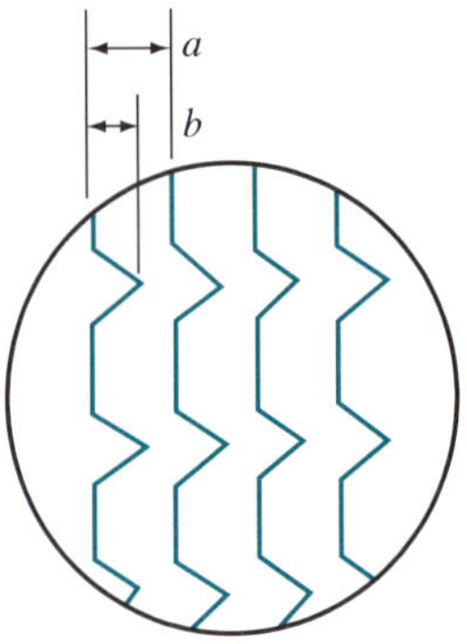

(b) 간섭무늬

그림 6.118 현미간섭식 표면거칠기 측정기의 원리

(4) 광절단식 표면거칠기 측정법

광절단식 표면거칠기 측정법의 원리는 그림 6.119(a)와 같다.

광원에서 나온 빛은 좁은 슬릿(slit)을 지나 투영렌즈를 거쳐 피측정물에 조사된다. 이때 슬릿(slit)은 좁고 길기 때문에, 빛은 하나의 면으로 투사되어 측정물 표면의 형상에 따라 그림 6.119(b)와 같이 가는 선의 무늬를 만들게 되며, 이를 대물렌즈로 확대하여 육안으로 관측한다.

측정물에 빛을 조사하는 각도 β는 보통 45°로 하는데, 이때 관측되는 요철의 높이는 빛의 기울기로 인하여 실제보다 $\sqrt{2}$ 배만큼 크게 된다.

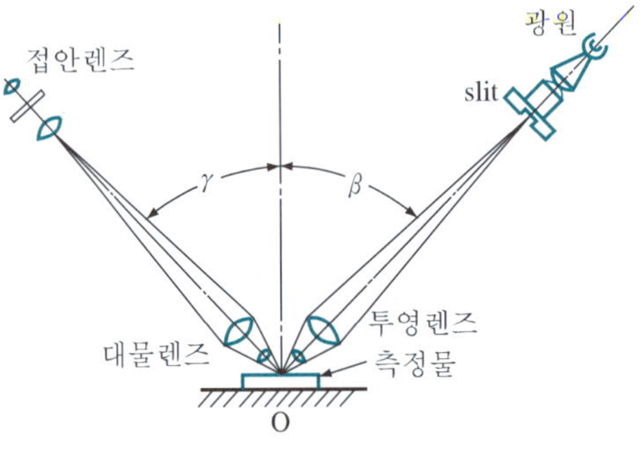

(a) 원리

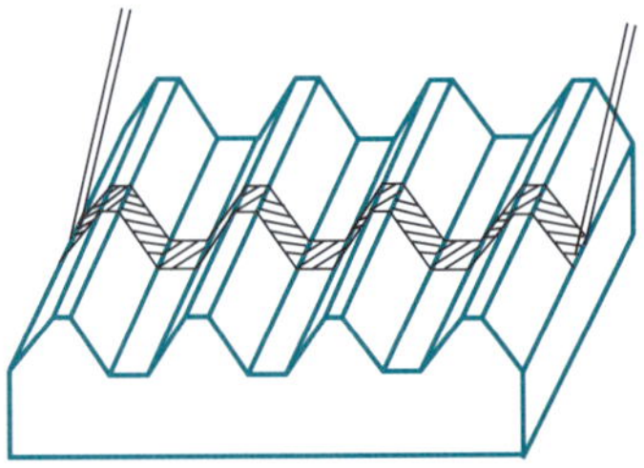
(b) 광절단 무늬

그림 6.119 광절단식 표면거칠기 측정법

6.19 3차원 측정기에 의한 좌표 측정

6.19.1 3차원 측정기의 구조 및 원리

3차원 측정기(coordinate measuring machine, CMM)는 그림 6.120과 같이 Z축 스핀들(spindle)에 장착되어 있는 프로브(probe)가 X, Y, Z축의 세 방향으로 움직이도록 하여, 프로브

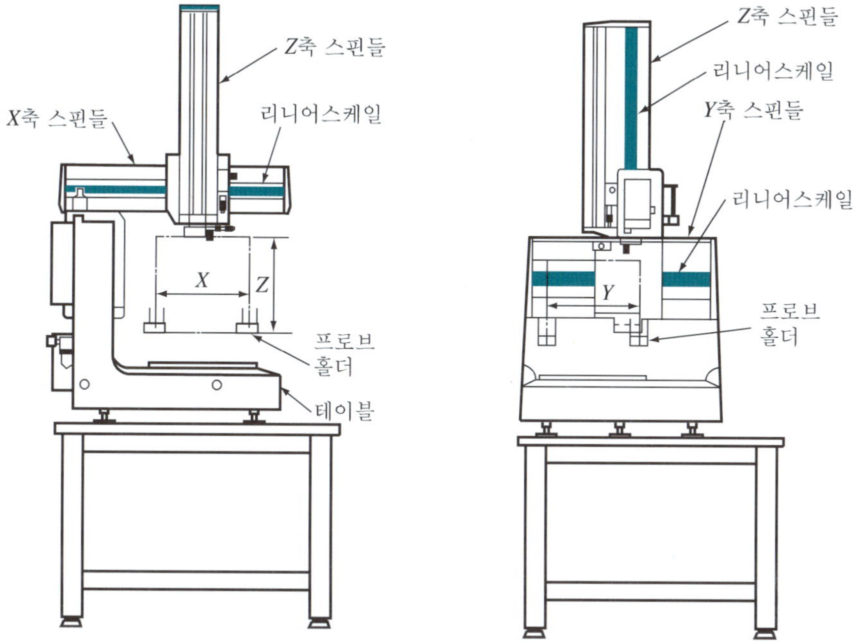

그림 6.120 3차원 측정기의 구조

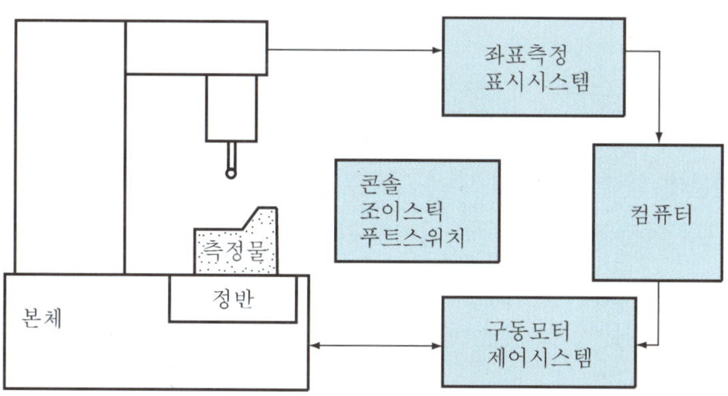

그림 6.121 3차원 측정기의 계통도

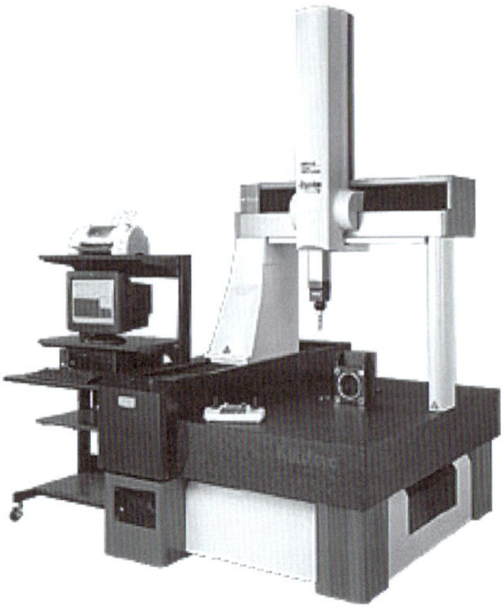

그림 6.122 3차원 측정기

가 움직인 거리를 각 축의 스핀들에 내장되어 있는 리니어 스케일 등으로 읽어 전기신호로 바꾼 다음 컴퓨터로 보내어, 측정물의 위치, 거리, 윤곽, 형상 등으로 데이터 처리를 하여 3차원 좌푯값으로 표시하도록 만든 측정기이다.

6.19.2 3차원 측정기에서의 검출기

3차원 측정기에 사용되는 검출기는 크게 접촉식 프로브와 비접촉식 프로브로 구분할 수 있는데, 여기서는 접촉식 프로브로 일반적으로 가장 많이 사용되고 있는 전방향성(全方向性) 접촉신호(接觸信號) 프로브(touch signal probe)만을 소개하기로 한다.

그림 6.123과 같은 전방향성 접촉신호 프로브는 측정자가 측정물에 접촉하는 순간에 신호가 발생하고, 이 신호가 발생하는 순간 각 축의 좌푯값을 데이터처리 시스템으로 입력하도록 되어 있다.

이 전방향성 접촉신호 프로브의 원리는 다음과 같다.

그림 6.123(a)에서와 같이 프로브 몸체에 고정된 수평 방향의 방사상(放射狀)으로 돌출된 3개의 핀이 V형 원통에 의해 지지되어 있는 구조로 되어 있는데, 각 핀은 스프링에 의해 V홈의 양쪽 경사면에 모두 여섯 접점으로 눌려 접촉되도록 되어 있고, 이 여섯 접점은 전기적으로 직렬로 연결되어 있다.

측정하는 사람이 측정물에 접촉하는 순간 6개의 접점 중 한 개의 접점이 떨어지게 되면 트리거(trigger)신호를 발생시킨다.

이 프로브는 한쪽 방향에 있어서의 반복 정밀도가 $1\mu m$ 이하로 높은 정밀도를 가지고 있다.

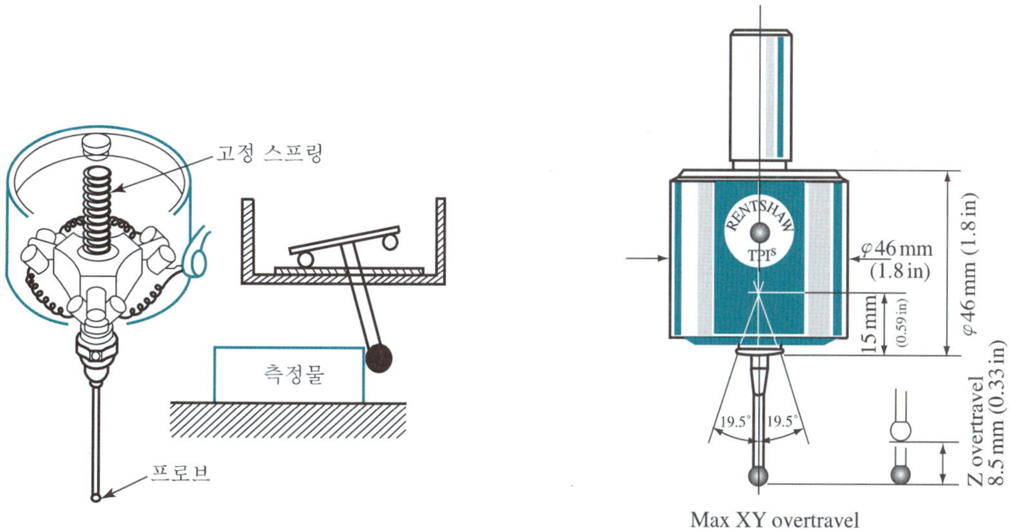

(a) 내부구조

(b) 외관

그림 6.123 전방향성 접촉신호 프로브

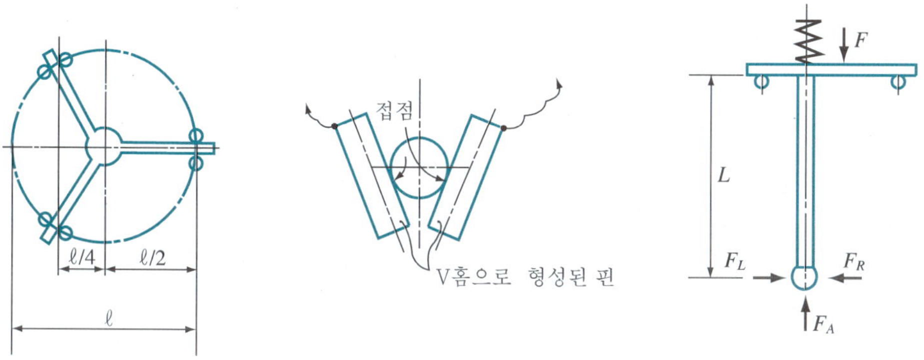

그림 6.124 전방향성 접촉신호 프로브의 원리

Chapter 07

시간의 계측

7.1 진자시계

진자(振子, pendulum)의 주기운동을 이용한 시계를 진자시계라 하며, 그 원리는 다음과 같다.

그림 7.1(a)와 같이 무게가 없는 실의 아래 끝에 추 1개를 매달아 수직면 내에서 진동시킬 수 있도록 한 구조로 되어 있는 것을 **단진자**(單振子)라 하며, 단진자에서 실의 길이를 ℓ, 중력 가속도를 g라 하면 단진자의 주기 T는 다음 식과 같이 된다.

$$T = 2\pi \sqrt{\frac{\ell}{g}} \tag{7.1}$$

식 (7.1)에서 실의 길이 ℓ이 일정하다고 하면 주기 T는 일정하다는 것을 알 수 있다.

따라서 이러한 단진자의 원리를 이용하여 다음과 같이 시간 측정에 이용하고 있다.

실제로 시계에 사용되는 진자는 그림 7.1(b)에서와 같이 단진자에서의 실 대신에 비교적 중량이 큰 봉을 사용하고 있기 때문에, 추와 봉의 질량이 함께 작용하는 **복진자**(複振子)의 형태로 되어 있으며, 복진자에서의 주기 T는 다음 식과 같이 된다.

$$T = 2\pi \sqrt{\frac{I}{W\ell}}$$

식에서 I는 진자의 지점(支點)에 대한 질량관성 모멘트, W는 진자의 무게, ℓ은 지점으로부터 진자의 무게중심까지의 거리이다.

이 복진자와 똑같은 주기를 가지는 단진자의 길이를 ℓ_e라고 하면 주기 T는 다음 식과 같이 된다.

$$T = 2\pi \sqrt{\frac{\ell_e}{g}}$$

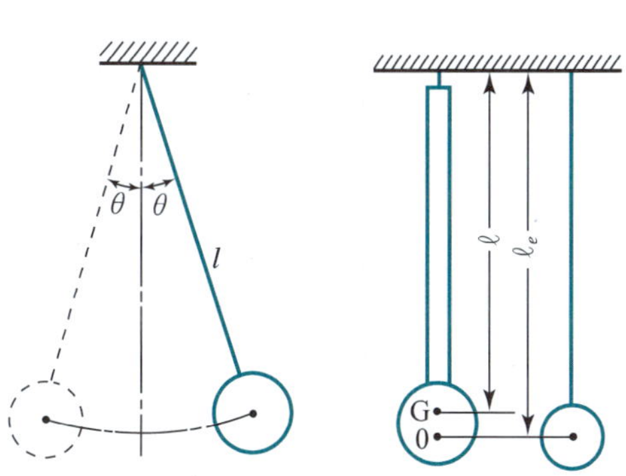

(a) 단진자 (b) 복진자

그림 7.1 단진자와 복진자

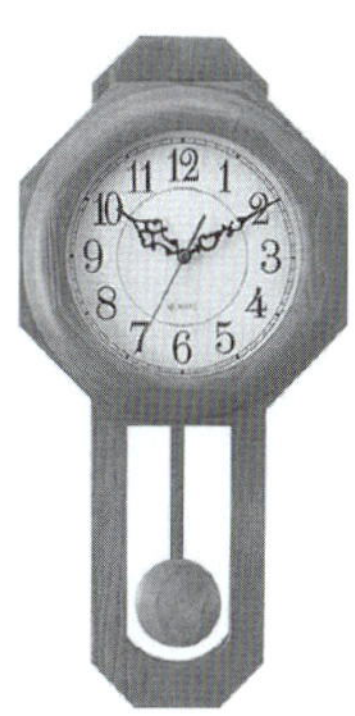

그림 7.2 벽걸이용 진자시계

여기서 $\ell_e = \dfrac{k^2 + \ell^2}{\ell}$ 으로 상당진자의 길이라고 하며, k는 질량에 대한 회전반경이다.

그림 7.3은 복진자를 이용한 진자시계의 구조이다.

영구자석이 붙어 있는 추 c가 진자 운동을 하게 되면 봉 e가 래칫 휠 f를 주기적으로 회전시켜 주게 되고, 이 래칫 휠의 중심축에 고정되어 있는 지침이 래칫 휠과 같이 회전하며 시간표시 눈금을 지시하도록 되어 있다.

그런데 진자는 공기저항이나 진자의 회전축에 작용하는 마찰력 등에 의하여 진자의 운동이 감쇠하므로, 태엽이나 전자석 등을 이용하여 에너지를 보충하여 주지 않으면 진자의 운동이 멈추게 된다.

따라서 그림의 g와 같은 전자석을 이용하여 진자의 운동주기에 동기(同期)하여 에너지를 보충하여 주어, 진자의 운동을 일정하게 유지하도록 한 것이 요즘 벽시계로 많이 사용되고 있는 진자시계이다.

그런데 이와 같은 진자시계는 온도에 의하여 진자의 길이가 변화하므로 이에 의하여 진자의 주기도 변동하게 된다.

따라서 조정나사 d로 진자의 길이를 조절하여 온도에 의한 오차를 보정할 수 있도록 하고 있다.

진자시계는 정도가 높은 것은 하루 $\dfrac{1}{100}$초 정도(程度)의 높은 정도(精度)를 갖는 것도 있으나, 원리상 중력을 복원력으로 하고 있으므로 진동이 없는 고정된 곳에서 밖에 사용할 수 없다는 단점이 있다.

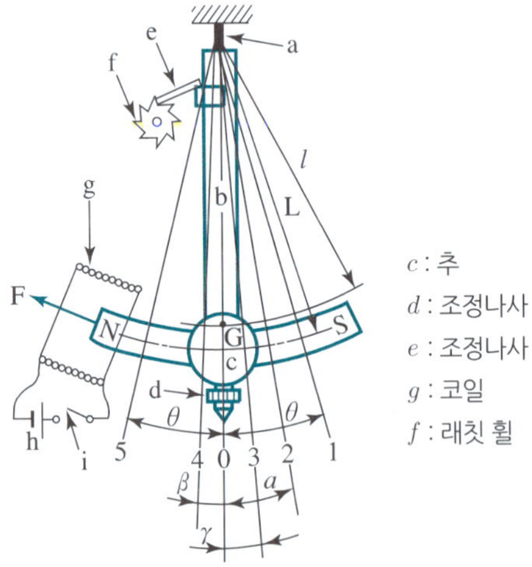

그림 7.3 진자시계의 구조

7.2 태엽시계 tempo watch

진자시계는 중력을 복원력으로 하므로 진동이 없는 고정된 장소에서 밖에 사용할 수 없으며, 그 크기를 작게 만들기도 어렵다. 따라서 소형이거나 휴대용의 시계에는 그림과 같은 균형바퀴(balance wheel)가 많이 이용되고 있다.

태엽시계는 헤어코일 스프링 모양을 가진 태엽의 복원력을 이용하여 균형바퀴를 일정한 주기로 진동시키고, 이때의 진동주기를 이용하여 시간을 측정하도록 되어 있으며, 그림 7.4와 같은 구조로 되어 있다.

그림에서와 같은 균형바퀴를 조금 회전시켰다 놓으면 **태엽**(balance spring)이 감겼다가 풀어지면서 균형바퀴가 진동한다. 이때 태엽의 스프링 상수를 K, 균형바퀴의 질량관성 모멘트를 I라 하면, 균형바퀴의 진동주기 T는 다음 식과 같이 된다.

$$T = 2\pi \sqrt{\frac{I}{K}}$$

이와 같은 원리를 이용한 시계에는 손목시계, 탁상시계, 크로노미터(chronometer) 등이 있다.

크로노미터란 여러 위치와 온도상태에서 테스트를 거쳐, 스위스 정부의 공식증명서를 받은 태엽시계로, 그 정도(精度)가 하루 ±0.1초 이내일 정도로 정도가 높다.

일반적으로 사용되는 휴대용 태엽시계는 크로노미터에 비하여 정도가 훨씬 떨어지며, 시판(市販)되고 있는 휴대용 태엽시계의 정도는 보통의 것이 하루 1분 내외, 고급제품이 20~30초 정도 된다.

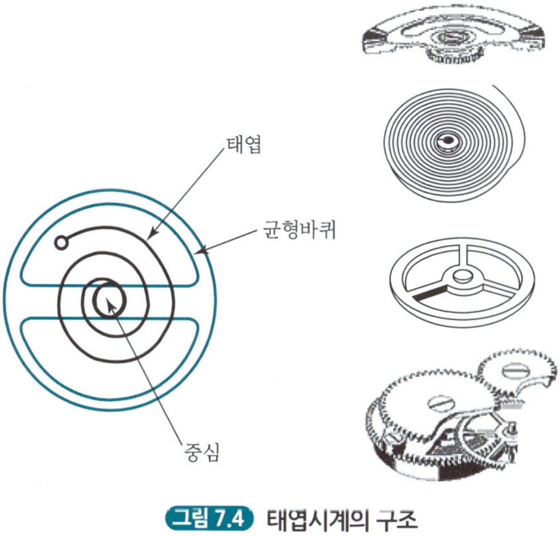

그림 7.4 태엽시계의 구조

그림 7.5 휴대용 태엽시계

7.3 수정시계 水晶時計, quartz clock

수정편을 그림 7.6과 같이 결정의 주축(그림의 z 축)에 수직한 단면으로 잘랐을 때, 6각형의 모서리를 2등분하는 방향을 x축, 이것에 직각인 방향을 y축이라 하며, x 축에 수직한 면으로 자른 판을 x－컷(cut)이라고 한다.

이와 같이 자른 x－컷 수정편의 양단에 전극을 설치하고, x축 방향으로 교류전압을 가하면, x축 방향으로 늘어났다 줄어들었다 하면서 수정편이 진동하게 된다(이와 같은 현상을 역압전 효과라고 한다).

또한 수정편의 고유진동수와 일치하는 주파수를 가진 교류전압을 수정편에 가하면, 수정편의 진동진폭이 최대로 커지게 되는데, 이를 공진 주파수라고 한다.

수정의 두께를 t, 음속을 C라 하면 수정편의 공진 주파수는 다음 식과 같이 된다.

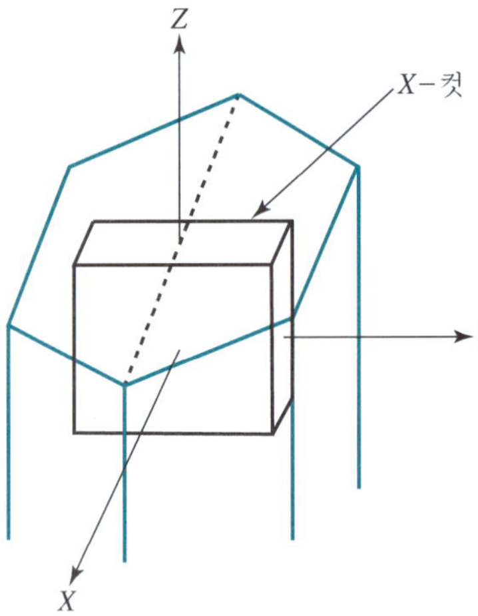

그림 7.6 수정편의 축

$$f = \frac{C}{2t}$$

이와 같은 수정편의 공진 주파수 f에 해당하는 주파수의 전압을 수정편에 가하면, 수정편이 진동하면서 압전효과에 의하여 수정편의 표면에 일정주파수(150 kHz)의 교류전압이 발생하게 된다.

이것을 분주기(分周器; 전기적인 감속기에 해당하는 것으로 주파수를 감소시키는 장치)로 60 Hz까지 내리고, 이 주파수에 동기(同期)하여 구동하는 스텝모터에 의하여 지침을 회전시키도록 되어 있다.

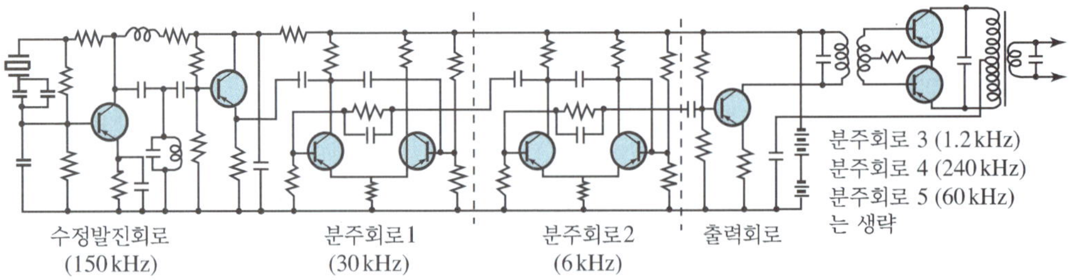

그림 7.7 수정시계의 회로

그림 7.8 손목용 아날로그 수정시계

그림 7.9 탁상용 디지털 수정시계

압전효과를 가진 여러 물질 중에서 특히 수정이 많이 사용되고 있는 이유는, 수정의 결정이 상당히 안정적이고, 경년(經年)변화가 적으며, 등시성(等時性)이 높은 정도(精度)로 보존되기 때문이다.

이 수정시계는 하루 ±0.001초 이내의 정도를 가지고 있어 표준시계로 많이 이용되고 있다.

한편 디지털 수정시계의 작동원리는 다음과 같다.

① 발진회로

수정진동자에서 32,786 Hz로 들어오는 진동을 전기적인 신호로 바꾸어 분주회로에 보내준다.

② 분주회로

발진회로에서 들어오는 신호를 기능 수행에 필요한 주파수로 바꾸어, 1초 간에 1 Hz인 전기적인 신호를 얻는 동시에, 알람(ALARM) 주파수 및 스톱워치(STOP WATCH) 신호를 얻게 된다.

③ 계수분배회로

1초 간에 1 Hz 단위로 분주된 전기적 신호를 1/60, 1/12, 1/2 등으로 나누어, 월, 일, 시간, 분, 초, 등으로 분배하는 기능을 수행한다.

④ 구동회로

계수분배회로에 들어오는 전기적인 신호를 구동회로에서 3 V 또는 1.5 V로 증폭시켜 액정(LCD) 표시판에 보내준다(액정시간 표시).

7.4 원자시계 atomic clok

시간의 단위인 초(秒)는 "바닥상태[基底狀態]에 있는 세슘원자가 2개의 초미세구조 사이에서 전이(轉移)할 때의 복사 또는 흡수하는 전자기에너지 주기의 9,192,631,770배"라고 정의되어 있다. 이것을 실현하는 장치가 **세슘원자시계**로 국제원자시(國際原子時) 설정의 기준이 되고 있다.

세슘원자가 오븐에서 증발하면 두 개의 가장 낮은 에너지 상태로 되는데, 그것을 자석으로 분류하여 그중 한 에너지등급을 가진 세슘원자만을 전자파공명기 안에 들어가도록 한다.

이 전자파공명기 안에서는 세슘원자가 어떤 주파수를 가진 전자장에 의하여 조사(照射)되어 에너지의 상태가 변경된다.

이 전자파 공명기를 떠난 세슘원자 중 에너지 상태가 변경된 원자만을 골라 검출기로 검출하는데, 이때 어떤 특정한 주파수에서 그 검출된 양이 많아지게 된다.

이때의 주파수를 카운트하여 시간을 측정한다.

즉, 이때의 전자파주기의 9,192,631,770배를 1초로 한다.

그림 7.10은 이와 같은 원리로 만들어진 원자시계로 그 작동 원리는 다음과 같다.

우선 세슘(caesium, Cs)원자 빛이 오븐(oven)의 오리피스(orifice)로부터 방출되어 편광기(polarizer)라고 하는 첫 번째 자석을 통과하는데, 이 자석은 에너지 상태 E_2인 원자만이 전자파 공명기(共鳴器, microwave resonator) 안에 들어가도록 편향(偏向)시킨다.

공명기 안의 양단에서는, 원자가 수정발진기(Quarts Oscillator)에 의하여 생성된 주파수 f_P 로 진동하는 전자장(電磁場)에 의하여 조사(照査)된다.

이때 전자장의 주파수가 세슘원자의 고유진동수와 같다면 원자는 E_1 상태의 에너지로 변화되어 분석기(analyser)라고 하는 분석자석(analysing magnet)으로 간다.

분석자석에서는 이 원자들을 이온화 검출기(ionization detector)로 가도록 편향시켜 주는데 이온화 검출기에서 검출된 신호 l_P는 주파수 f_P 의 함수로 원자공명선(atomic resonance line)이라고 한다.

이 원자공명선 l_P에는 주파수 f_P 와 전이(轉移)주파수 f_0가 동일한지 아닌지를 나타내 주는 정보를 내포하고 있으며, 50~500 Hz 사이의 주파수 대역을 가지고 있다.

원자 공명선의 주파수 대역은 공명기 내의 길이 L 을 따라 이동한 원자의 비행시간 T에 의하여 결정된다.

다음에 원자공명선 l_P는 주파수 조정기(frequency control)에서 수정진동자를 진동시키기 위한 조정신호 U_P로 변환되어 수정발진기를 진동시킨다.

수정진동자는 목적한 대로 표준주파수 f_n (항상 5 MHz)을 발생시킨다(예를 들면, 짧은 전기펄스(electric pulse)가 표준주파수 f_n 의 500만 주기(週期)로 생성된다면 연속된 펄스 사이의 간격은 1초가 된다).

이 표준주파수 f_n에 수정계수 k 를 곱하여 다시 진동수 f_P 로 전자장을 진동시키는데 세슘원자시계에서는 $k \times 5$ MHz=9192.631770 MHz이다.

원자시계에 세슘이 이용되는 가장 큰 이유 중의 하나는 세슘이 자연상태로 존재하는 유일하고 안전한 동위원소라는 점이고, 둘째는 100℃ 이하의 낮은 오븐(oven) 온도에서도 강력한 원자 빛(atom beam)을 낼 정도의 충분한 증기압을 공급한다는 것이다.

영국의 국립물리연구소에 있는 세슘 원자시계는 정밀도가 1/300,000,000,000,000이며, 오차는 1,000년에 1초 정도 밖에 안된다고 한다.

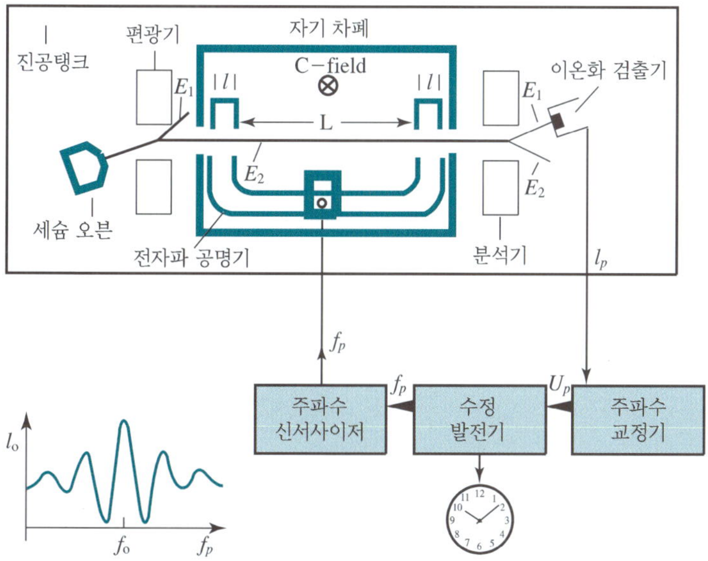

그림 7.10 세슘 원자시계의 계통도

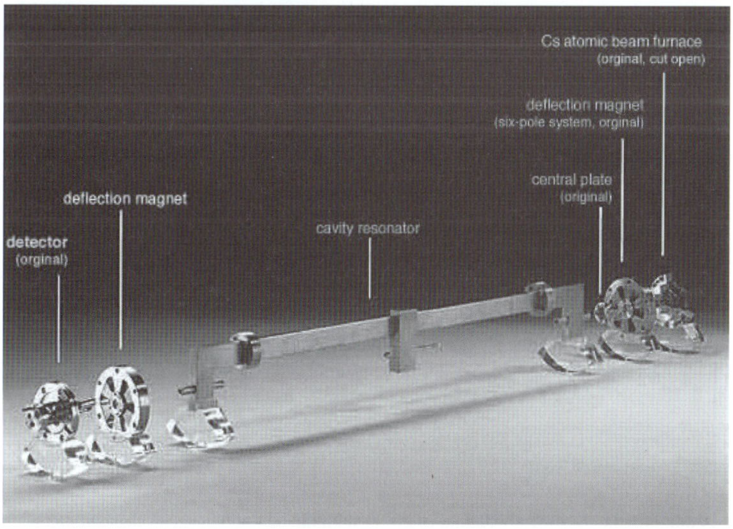

그림 7.11 세슘 원자시계

7.5 자동권 발전시계 AGS

자동권 발전시계(AGS)는 손목을 움직일 때의 운동에너지를 전기에너지로 바꾸어, 전지교환 없이 영구히 작동하도록 하게 만든 수정시계이다. 그 자동발전시스템(Automatic Generating System)의 원리는 자전거 램프용 발전기의 원리와 같은 것으로 그 원리는 다음과 같다.

- 손목을 움직이면 자동추가 회전한다.
- 자동추의 회전은 기어열의 증속(增速)배열에 의하여 회전이 증속되어 회전자에 전달된다.
- 회전자가 회전하면 고정자인 코일을 교차하는 자속이 변화된다.
- 자속이 변화되면 전자유도에 따라 코일에 교류전압이 발생한다.
- 교류전압은 정류회로에 의해 정류되고 2차 전지에 충전된다.

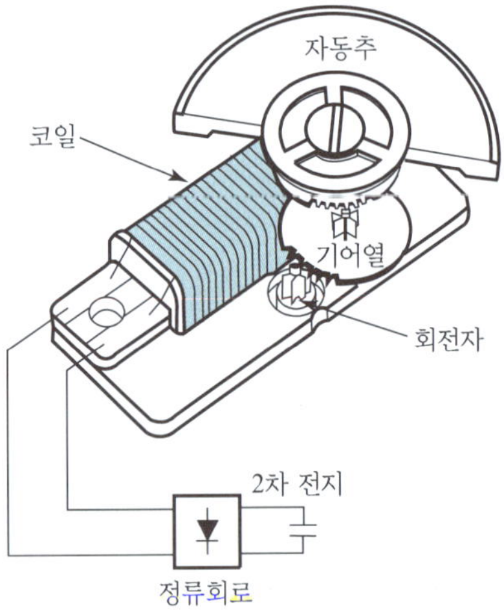

그림 7.12 자동발전시스템의 기본원리

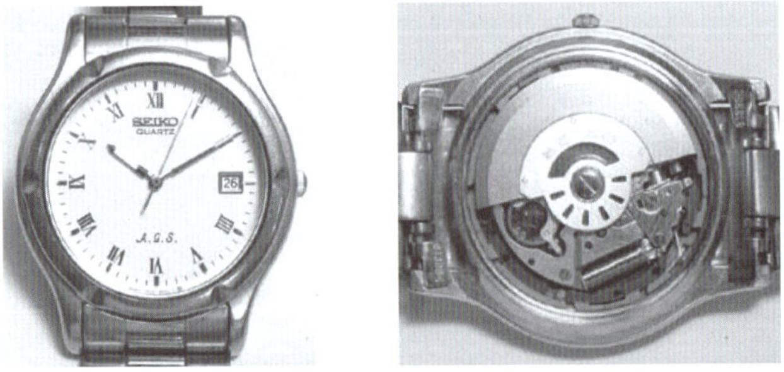

그림 7.13 자동권 발전시계의 앞면과 뒷면

Chapter 08

질량 및 중량의 계측

8.1 질량 및 중량의 단위와 표준

국제 단위계에서 질량의 기본단위는 kg으로 정해져 있는데, "질량 1 kg은 국제 킬로그램원기의 질량과 같다"라고 정의하고 있다.

중량의 단위 **중량** kg(kgf)은 "질량 1 kg의 물체에 9.80665 m/s^2의 가속도를 주는 힘"으로 정의된다.

중량은 물체가 위치하는 장소에 따라 다르므로 중량의 원기는 만들 수 없다.

또한 질량은 직접 계측할 수 없으므로, 중량을 측정하여 질량을 알아내는 방법을 사용한다.

8.2 천칭 天秤

그림 8.1과 같이 중앙에 지점을 가진 지렛대의 양단에 측정물과 분동을 올려놓고, 이들의 질량 차에 의하여 기울어지는 지렛대의 기울기로부터 질량을 측정하는 측정기를 **천칭**(balance scale)이라고 한다.

그림 8.1과 같은 천칭에서 측정물의 질량이 M kg, 분동의 질량이 M_1 kg일 때, 지렛대가 평형 상태에 있다고 하면, 지점을 중심으로 양단에 작용하는 모멘트가 같다는 것을 의미하므로 다음 식이 성립한다.

$$M_1 gl = Mgl$$

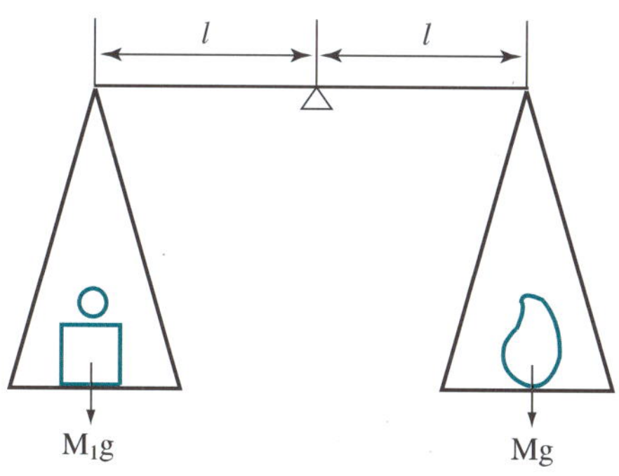

그림 8.1 천칭의 원리

따라서

$$M_1 = M$$

이 되어 측정물의 질량은 분동의 질량과 같음을 알 수 있다.

식에서 g는 중력가속도이고, l은 지점으로부터 측정물 또는 분동까지의 거리이다.

분동은 질량단위로 표시되어 있으므로 직접 측정물의 질량을 구할 수 있다. 천칭은 저울 중에서 가장 정밀도가 좋은데, 상업용은 $\frac{1}{2,000}$ 이상, 학술용은 $\frac{1}{100,000,000}$까지이며, 측정범위는 최대 600 kg이다.

실제로 질량을 측정하기 위하여 양쪽 접시 위에 측정물과 분동을 각각 차례로 올려놓을 때, 천칭의 지점에서의 마찰이 극히 작아서 지렛대가 평형에 이를 때까지 많은 시간이 소요된다. 따라서 움직이고 있는 지침의 최대 흔들림 위치, 즉 회귀점으로부터 정지점을 추정하는 방법을 사용하고 있는데, 그 방법은 다음과 같다.

그림 8.2에서 연속 5회의 회귀점의 읽음치를 n_1, n_2, n_3, n_4, n_5라 하면, 정지점 n은 다음과 같은 식에 의하여 구한다.

$$n = \frac{1}{2}\left\{\frac{1}{3}(n_1 + n_3 + n_5) + \frac{1}{2}(n_2 + n_4)\right\}$$

또한 연속 3회의 회귀점의 읽음값을 n_1, n_2, n_3라고 하면, 정지점 n은 다음 식으로부터 구할 수 있다.

$$n = \frac{1}{2}\left\{\frac{1}{2}(n_1 + n_3) + n_2\right\}$$

한편 분동의 개수에는 제한이 있으므로, 천칭을 사용하여 질량을 측정할 때 분동을 측정물과 완전히 평형상태에 도달하도록 조합하는 것은 불가능하다. 따라서 측정물을 측정하기 이전에 어느 일정한 하중을 사용하여 부가하중에 대한 지침의 변위량의 비, 즉 감도를 구해 놓은 다음 천칭의 양쪽 접시 위에 각각 분동과 측정물을 올려 놓았을 때, 지침이 0점으로부터 치우친 양을 질량으로 환산하고, 이를 분동의 질량에 가감하여 측정물의 질량을 구하는 방법을 사용한다.

천칭을 이용하여 질량을 측정할 때에는 다음과 같은 치환법과 이중 칭량법이 많이 사용되고 있다.

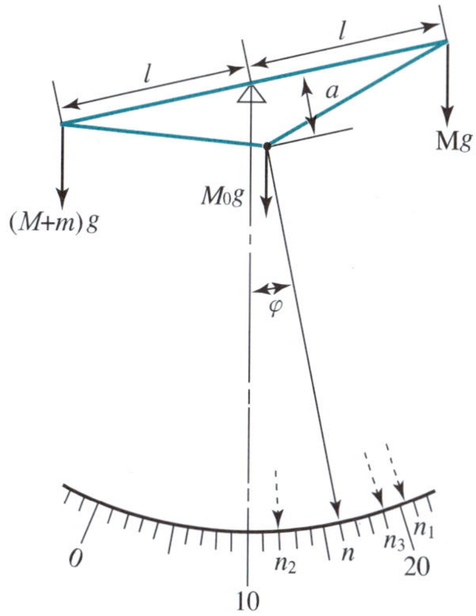

그림 8.2 천칭의 눈금 읽기

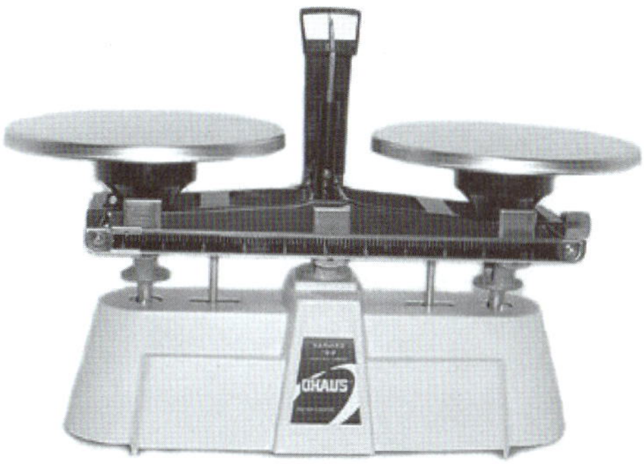

그림 8.3 천칭의 실제 모양

8.2.1 치환법 置換法

천칭의 한쪽 접시에는 평형추를 올려놓고, 상대편 접시에는 측정물과 분동을 교대로 올려놓아 측정물과 분동의 질량차를 구하여 측정물의 질량을 구하는 방법으로, 그 순서는 다음과 같다.

① 질량이 M인 측정물을 한쪽 접시에 올려놓고, 다른 한편의 접시에 질량 M_c의 평형추를 올려놓아 지침이 지시하는 눈금 x_1을 읽는다. 이때 평형추는 조분동(粗分銅)이라고도 하는데, 그 질량을 알 수 없는 분동이라도 상관없다.

② 접시로부터 측정물을 내려놓고 바로 그 접시에 분동 M_n을 올려놓아 지침이 지시하는 눈금 x_2를 읽는다.

③ 분동 M_n에 질량이 작은 분동 ΔM을 가하여 지침이 지시하는 눈금 x_3를 읽는다.

④ 분동 M_n과 ΔM을 내려놓고 다시 바로 그 접시에 측정물 M을 올려놓아 지침이 지시하는 눈금 $x_2{}'$을 읽는다.

즉, ①번의 측정을 반복한다.

이와 같이 측정한 결과를 이용하여 다음과 같은 식에 의하여 천칭의 감도 E를 구한다.

$$E = \frac{x_3 - x_2}{\Delta M}$$

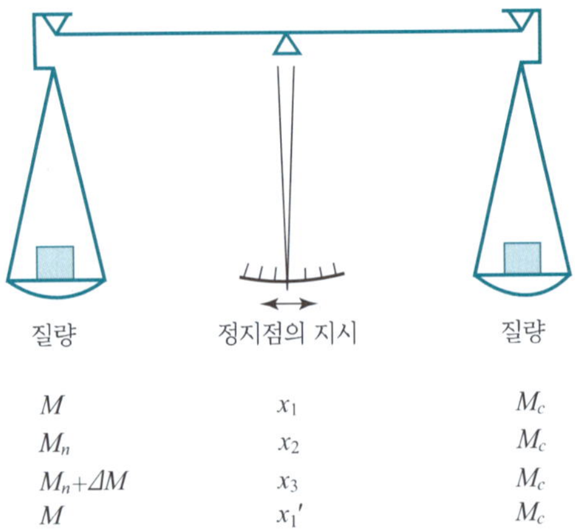

그림 8.4 치환법

마지막으로 측정물의 질량 M은 다음 식을 이용하여 구한다.

$$M = M_n \pm \left\{ x_2 - \frac{1}{2}(x_1 + x_1') \right\} \frac{1}{E}$$

8.2.2 2중 칭량법 二重 秤量法

2중 칭량법은 가우스(Gauss)법이라고도 하며, 그림 8.5와 같이 좌우의 접시에 분동을 서로 바꾸어 놓고 2회 측정하는 방법으로, 그 순서는 다음과 같다.

① 먼저 측정물 M을 좌측 접시에 놓고, 분동 M_1을 우측 접시에 올려놓은 다음, 대략적으로 보아 평형이 되면 지침의 정지점 x_1을 읽는다.

이때 양측의 접시에 아무 것도 올려놓지 않았을 때의 지침의 정지점을 x_0라 하면, 지점 양단에서의 평형식은 다음 식과 같이 된다.

$$M_1 = M - \frac{x_1 - x_0}{E} \tag{8.1}$$

② 측정물 M을 우측 접시로 옮기고, 좌측 접시에는 또 다른 분동 M_2를 올려 놓아 대략적으로 평형되었을 때 지침의 정지점 x_2를 읽는다.

이때의 평형식은 다음 식과 같이 된다.

$$M_2 = M + \frac{x_2 - x_0}{E} \tag{8.2}$$

따라서 식 (8.1)과 (8.2)로부터 측정물의 질량 M에 대한 식을 얻을 수 있으며, 이 식에 의하여 측정물의 질량 M을 구한다.

$$M = \frac{1}{2}\left(M_1 + M_2 + \frac{x_1 - x_2}{E}\right) \tag{8.3}$$

이와 같은 방법으로 측정하면 접시에 아무 것도 올려놓지 않았을 때의 지침의 편위량(즉, 0점의 불일치)에 관계없이 측정물의 질량을 정확히 측정할 수 있다.

또한 감도 E는 다음과 같이 구한다.

① 치환법에서와 같이 먼저 측정물을 한쪽 접시에 올려놓고, 다른 한쪽 접시에는 분동 M_1을 올려놓은 다음 지침의 정지점 x_1을 읽는다.

② 분동 M_1을 내려놓고 그 자리에 분동 M_2를 올려놓은 다음 지침의 정지점 x_2를 읽는다.

③ 다음 식에 의하여 천칭의 감도 E를 구한다.

$$E = \frac{x_2 - x_1}{M_2 - M_1} \tag{8.4}$$

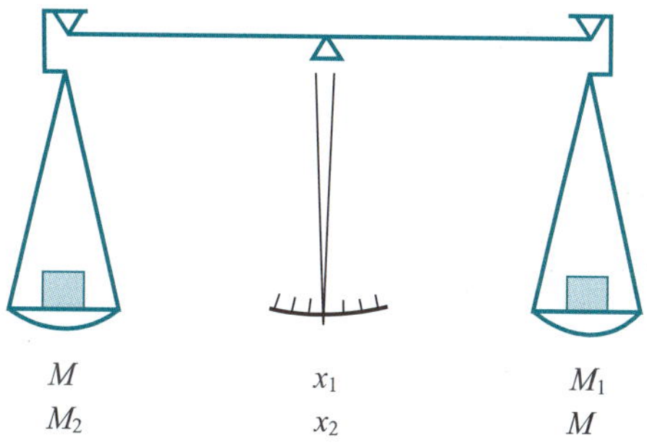

그림 8.5 2중 칭량법에 의한 질량의 측정

8.3 대저울 臺秤

대저울(platform scale)이란 지렛대를 조합한 기구를 사용하여, 중추보다 훨씬 무거운 측정물과 중추(重錘)를 서로 평형시켜 측정물의 중량을 측정하는 저울로, 재물대(載物臺, platform) 위의 어느 곳에 측정물을 올려놓아도 오차가 발생하지 않도록 하기 위하여, 그림 8.6과 같이 복잡한 구조로 되어 있는데, 그 원리는 다음과 같다.

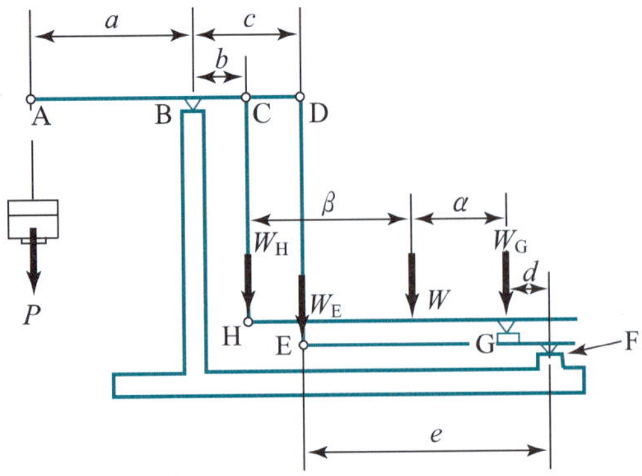

그림 8.6 대저울

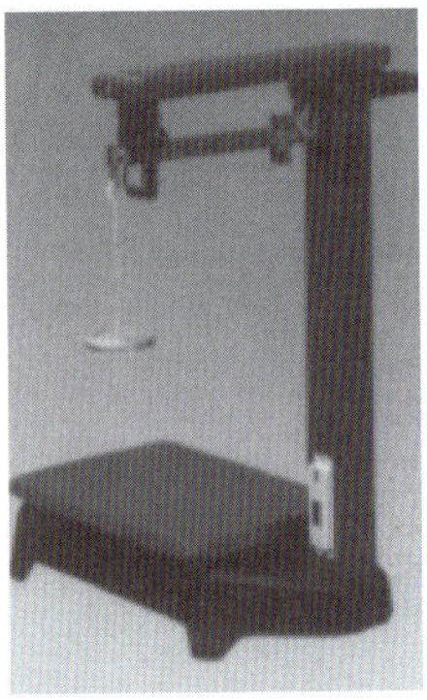

그림 8.7 대저울(판수동저울)

그림 8.6과 같은 대저울에서, 중량 W인 측정물이 지점 G로부터 α만큼의 거리로 떨어져 있다고 하자. 이때 측정물의 중량 W와 중추의 중량 P가 서로 평형상태에 있다고 하면, 재물대에 작용하는 힘의 합 $\Sigma F = 0$이어야 하므로 다음 식이 성립한다.

$$\Sigma F = W + W_H + W_G = 0 \tag{8.5}$$

여기서 W_H와 W_G는 측정물의 중량 W에 의하여 지점 H와 G에 각각 작용하는 힘이다. 또한 G점에 대한 모멘트의 합도 0이 되어야 하므로 다음 식이 성립한다.

$$\Sigma M_G = W\alpha + W_H(\alpha + \beta) = 0 \tag{8.6}$$

식 (8.6)로부터 다음과 같은 식을 얻을 수 있다.

$$W_H = -\frac{W}{\alpha + \beta}\alpha \tag{8.7}$$

식 (8.7)을 식 (8.5)에 대입하면 다음과 같은 관계식을 얻을 수 있다.

$$W_G = -\frac{W}{\alpha + \beta}\beta \tag{8.8}$$

또한 F점에 대한 모멘트의 합도 0이어야 하므로 다음 식이 성립한다.

$$\Sigma M_F = W_E e + W_G d = 0 \tag{8.9}$$

이 식으로부터 다음과 같은 관계식을 얻을 수 있다.

$$W_E = -W_G\frac{d}{e} \tag{8.10}$$

한편 B점에 대한 모멘트의 합도 0이어야 하므로 다음 식이 성립한다.

$$\sum M_B = Pa + W_H b + W_E c = 0 \tag{8.11}$$

식 (8.10)을 식 (8.11)에 대입하여 중추의 중량 P에 대한 식을 구하면 다음과 같다.

$$P = -\frac{c}{a}\left(W_H\frac{b}{c} + W_G\frac{d}{e}\right) \tag{8.12}$$

여기서 $\frac{b}{c} = \frac{d}{e}$가 되도록 레버의 길이를 조정하면 식 (8.12)은 다음과 같이 간단하게 된다.

$$P = -\frac{b}{a}(W_H + W_G) \tag{8.13}$$

식 (8.5)에서 $W_H + W_G = -W$이므로, 이것을 식 (8.13)에 대입하면

$$P = \frac{b}{a}W \tag{8.14}$$

즉,

$$W = \frac{a}{b}P \tag{8.15}$$

따라서 식 (8.15)에서 보는 바와 같이 측정물의 중량 W는 레버의 길이 a, b와 중추의 중량 P에만 의존하고, 측정물의 위치 α, β와는 관계없음을 알 수 있다.

또한 여기서 $\frac{a}{b}$는 측정물의 배율을 나타낸다.

8.4 진자저울

진자(振子)저울(pendulum scale)이란 그림 8.8과 같이 원호 캠을 사용한 저울로, 아암(arm) 끝에 달린 진자(pendulum)의 중량과 원호 캠의 접선방향으로 매달린 측정물의 중량을 서로 평형시켜 측정물의 중량을 구하는 방식을 사용한 저울이다.

그림 8.8에서 진자의 중량을 P, 측정물의 중량을 W, 캠의 회전중심으로부터 진자의 중심까지의 거리를 R_p라고 할 때, 측정물의 중량 W에 의하여 아암이 각 θ만큼 회전하여 평형상태가 되었다고 하면, 다음과 같은 관계식이 성립한다.

$$WR = PR_p \sin\theta$$

따라서 측정물의 중량 W는 다음과 같이 된다.

$$W = P\frac{R_p}{R}\sin\theta$$

그런데 이 식에서 측정물의 중량 W가 각도 θ에 비례하지 않고 $\sin\theta$에 비례하므로, 원호캠의 원주눈금을 등간격으로 할 수 없다. 따라서 중량 W가 각도 θ에 비례하도록 하기 위해서 원호캠의 원호형상을 수정하여 제작하고 있다.

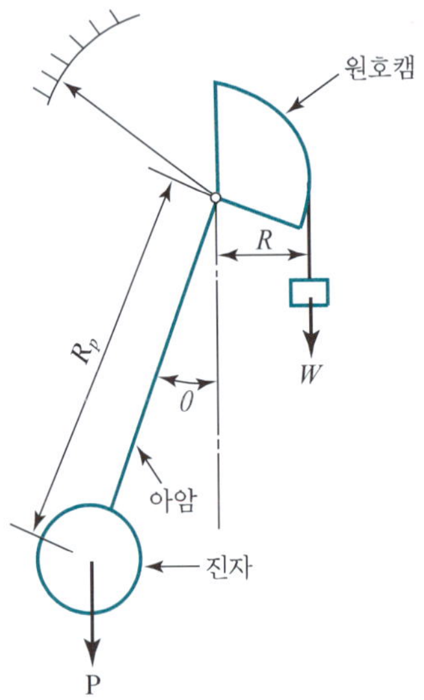

그림 8.8 진자저울

그림 8.9 진자저울의 실제 모습

Chapter 09

힘의 계측

9.1 힘의 정의

힘이란 “질량 m의 물체에 작용하여 가속도 a를 생기게 하는 그 무엇”을 말하며, 힘 F는 다음과 같은 식으로 나타낼 수 있다.

$$F = ma$$

국제 단위계에서는 질량 1 kg의 물체에 작용하여 1 m/S^{2}의 가속도를 주는 힘을 1 N으로 정의하고 있다.

즉, 1 N=1 kg · m/S^2

9.2 코일 스프링에 의한 힘의 계측

스프링에 힘을 가하면 그 힘에 비례하여 스프링이 변형되는 원리를 이용하여 힘을 측정할 수 있다.

그림 9.1과 같은 코일 스프링의 끝에 힘 F가 작용하여 x만큼의 변위가 생겼다고 하면 이들 사이에는 다음과 같은 식이 성립한다.

$$F = kx$$

식에서 k는 비례상수로 스프링 상수라 한다.

횡 탄성계수가 G이고 직경이 d인 선재(線材)로, 평균직경이 D 및 감은수 n인 코일스프링을 만들었을 때, 스프링 상수 k는 다음 식으로 된다.

$$k = \frac{Gd^4}{8nD^3}$$

또한 그림 9.2와 같이 스프링 상수 k_1 및 k_2인 스프링을 직렬 또는 병렬로 연결했을 때, 총체적인 스프링 상수 k는 각각 다음 식과 같이 된다.

직렬의 경우 $k = \dfrac{1}{\dfrac{1}{k_1} + \dfrac{1}{k_2}}$

병렬의 경우 $k = k_1 + k_2$

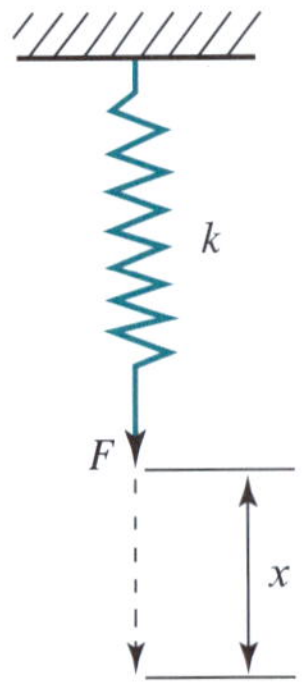

그림 9.1 스프링의 변위

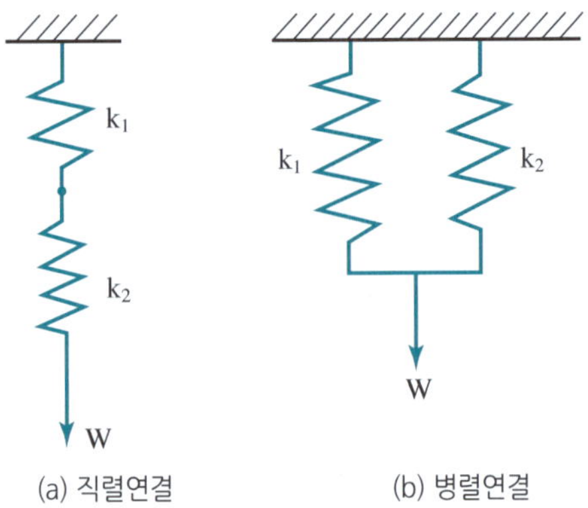

그림 9.2 스프링의 연결

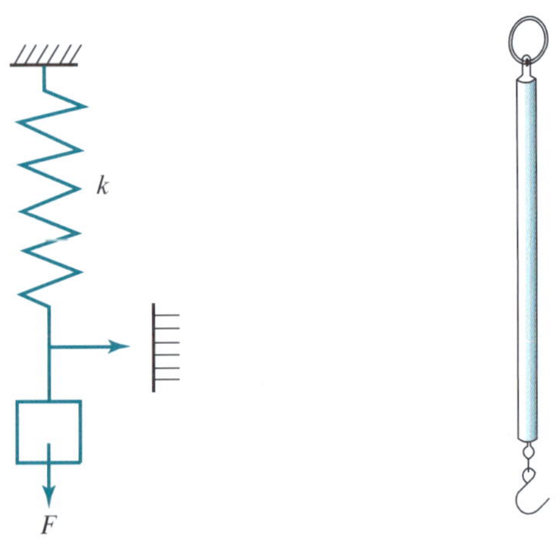

그림 9.3 스프링 저울

9.3 링형 탄성 하중 검정기에 의한 힘의 계측

그림 9.4와 같이 탄성체로 만든 원환의 직경방향으로 힘 W가 작용하면, 힘 W에 비례하여 원환의 직경방향으로 변형이 생기는 원리를 이용하여 힘을 측정하는 장치를 **링형 탄성 하중 검정기**(proving ring)라고 한다.

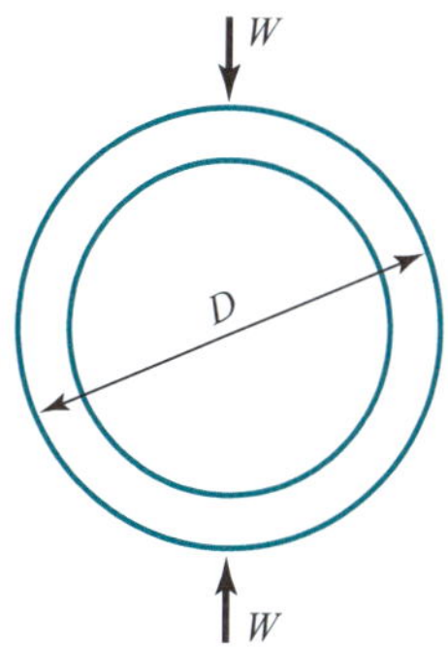

그림 9.4 링형 탄성 하중 검정기의 원리

그림 9.5 링형 탄성 하중 검정기

링형 탄성 하중 검정기는 링의 직경 D에 비하여 두께가 얇은 원환을 사용하며, 이때 스프링 상수 k는 다음 식으로 된다.

$$k = \frac{16}{\frac{\pi}{2} - \frac{4}{\pi}} \left(\frac{EI}{D^3}\right)$$

이때 링의 직경방향의 변형량을 δ라고 하면 힘 $F = k\delta$가 된다.

식에서 I는 링 단면의 단면2차 모멘트, E는 링 재료의 종탄성계수이다.

9.4 로드셀

로드셀(load cell)이란 탄성체의 변형량을 전기저항의 변화로 변환시켜 힘을 측정하는 것으로, 그 원리는 다음과 같다.

그림 9.6(a)는 인장 또는 압축하중을 측정하기 위한 로드셀로 원통 주위에 4개의 스트레인게이지가 접착되어 있고, 이 스트레인 게이지들이 그림 9.6(b)와 같은 브릿지 회로로 연결되어 있다.

여기서 원통의 축 방향으로 힘 W가 작용할 때, 출력 전압 V_0는 다음 식과 같이 하중 W에 비례하므로 출력 전압으로부터 하중을 구할 수 있게 됨을 알 수 있다.

$$V_0 = \frac{K_s(1+\nu)V_i}{2EA}W$$

식에서 사용된 각 변수는 다음과 같다.

K_s : 스트레인 게이지의 게이지율

ν : 탄성체의 푸아송비

E : 탄성체의 종탄성계수

A : 탄성체의 단면적

V_i : 입력전압

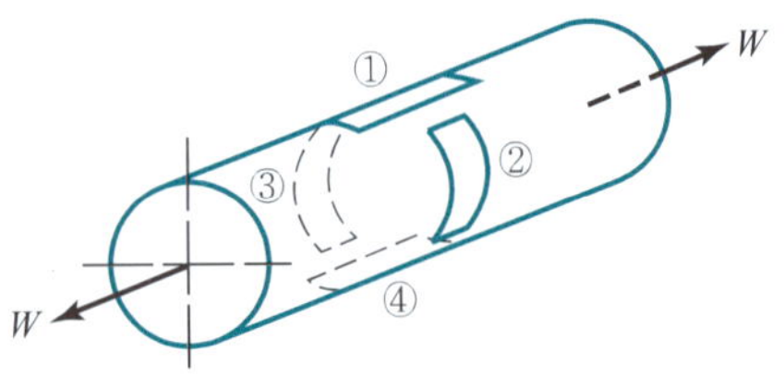

(a) 로드셀

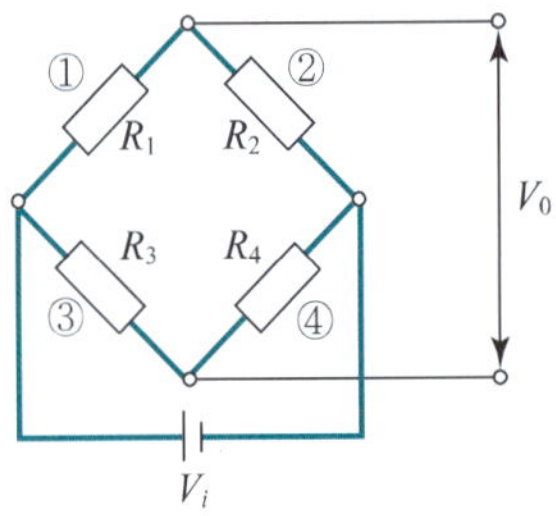

(b) 휘스톤 브릿지 회로

그림 9.6 로드셀과 브릿지 회로

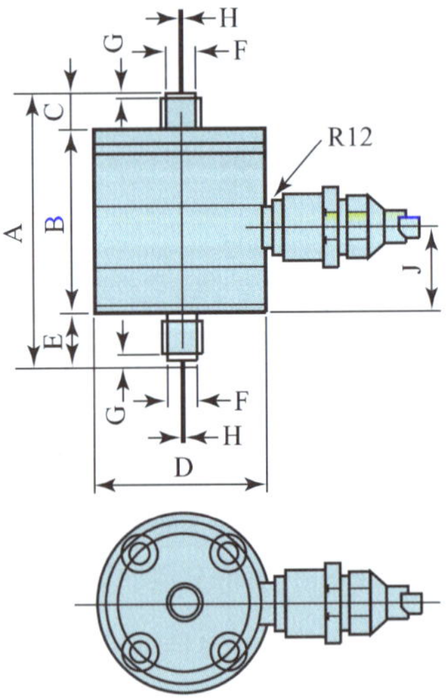

그림 9.7 로드셀(인장 하중용)의 실제 모습

Chapter 10

회전속도의 계측

10.1 카운터형 회전계

회전수가 100 rpm 이하일 때에는 스톱워치를 사용하여, 어떤 한정된 시간 동안에 회전된 회전수를 세어, 회전수를 계측할 수도 있다. 그러나 회전수가 높을 때에는 이와 같이 목측(目測)으로는 셀 수 없으므로, 회전수를 지시하는 어떤 카운터를 사용해야 한다. 이와 같은 목적으로 만든 것에 하슬러 회전계가 있다.

하슬러(Hasler) 회전계는 스톱워치와 카운터를 일체로 하여 만든 것으로, 회전계의 측정자를 회전체에 접촉시키면 측정자가 스톱워치에 의하여 3초 동안만 회전하고, 3초간의 회전수를 1분간의 회전수(rpm)로 환산하여 지시하도록 되어 있다.

즉, 그림 10.1의 하슬러 회전계에서 누름단추 B를 눌렀다 놓으면, 선형기어 C를 회전시켜 휠 E가 회전함과 동시에 스프링 K가 늘어나게 된다. 이 스프링의 복원력은 휠 E, 앵커 L, 태엽 W로 이루어진 스톱워치 기구를 구동시키는 동시에, 휠 E의 축과 같은 축에 고정된 캠 D에 회전을 주게 되며, 캠의 외주에는 레버 P의 선단과 접촉하고 있어서, 3초 동안만 레버 P의 선단과 래칫 휠 R과의 맞물림을 단절하게 되어 있다. 피측정물의 축으로부터 전달되어 온 회전은 마찰차 T에 전달되고, 마찰차와 접촉되어 있는 래칫 휠 R을 회전시키게 된다.

래칫 휠 R에는 지침 S가 달려 있어 피측정물의 회전수에 비례하여 회전하게 된다. 또한 캠 D는 스톱워치기구에 의하여 3초 후에 다시 레버 P를 작동시켜, 래칫 휠 R의 회전을 멈추게 하기 때문에 3초간만의 회전수가 자동적으로 계측되게 된다.

이 회전계는 소형으로 가벼우며 눈금 읽기가 간편하므로 휴대용으로 널리 사용되고 있다. 측정 정도는 ±0.5%이다.

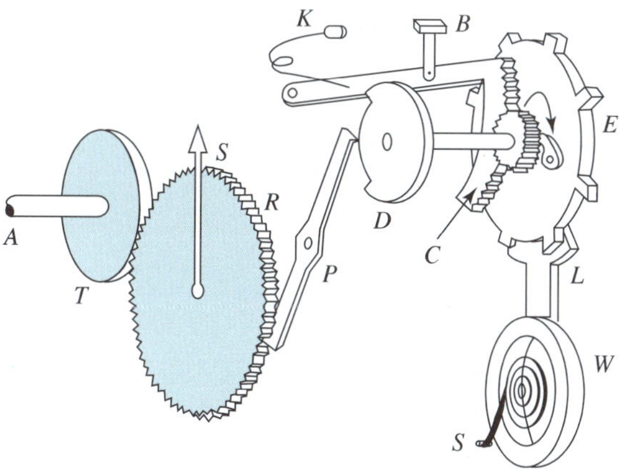

그림 10.1 하슬러 회선계의 구조

10.2 원심력식 회전계

10.2.1 기계식 회전계

기계식 회전계에는 원심추식 타코미터(tachometer)가 있다.

이 회전계는 어떤 질량을 가진 물질을 실의 끝에 매달고 회전시키면, 물질의 원심력이 회전속도에 따라 달라지는 원리를 이용한 것이다.

즉, 그림 10.2에서 측정물 R은 회전계의 기어 S와 접촉하고 있는데, 측정물의 회전수가 커지면 커질수록 추 W의 원심력이 점점 더 커지게 되고, 이 원심력은 스프링을 더욱 압축시키는 방향으로 변위를 일으키므로, 이 스프링의 변위를 선형기어로 확대하여 회전수를 지시하도록 하고 있다.

참고로 질량 m인 추 W가 각속도 ω로 회전할 때 추에 작용하는 원심력은 다음 식으로 된다.

$$F = mr\omega^2$$

이 회전계의 정도는 1~2%이다.

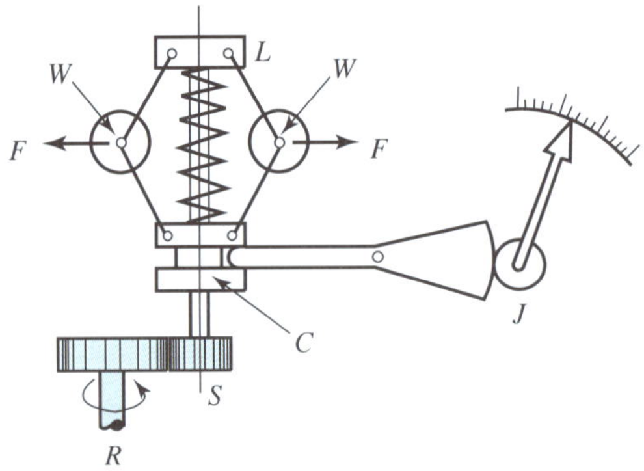

그림 10.2 원심추식 타코미터의 구조

10.2.2 액체 원심식 회전계

액체 원심식 회전계란 액체가 들어 있는 용기를 회전시킬 때, 용기의 회전수에 따라 액면의 중심부가 저하하는 현상을 이용하여 회전수를 계측하는 계측기를 말한다.

그림 10.3과 같이 원통형의 유리 용기 안에 글리세린이나 수은 등의 액체를 넣어, 중심 축을 중심으로 하여 회전시키면 액면은 가장자리로 갈수록 높아지며, 포물선 면을 형성한다.

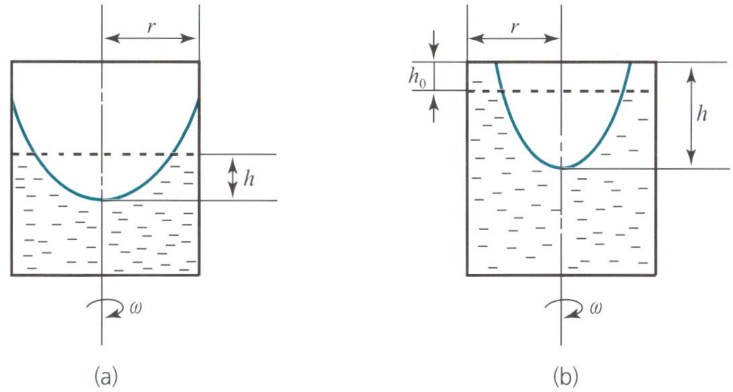

그림 10.3 액체 원심식 회전계

이때 용기가 회전하지 않았을 때의 액면으로부터, 회전할 때의 액면의 중심부까지의 깊이 h를 측정하여 다음 식에 의하여 축의 회전수 N을 구한다.

$$N = \frac{60}{\pi r}\sqrt{gh} \quad \text{(rpm)}$$

그런데 용기의 회전이 빠를 경우에는 액체가 밖으로 튀어나갈 수 있으므로, 액체가 튀어나가지 않도록 그림 10.3(b)와 같이 뚜껑을 사용한다.

정지 시에 용기의 뚜껑으로부터 액면까지의 깊이를 h_0, 회전 시에 뚜껑으로부터 액면 중심부까지의 깊이를 h라 하면, 축의 1분간의 회전수 N은 다음 식으로 된다.

$$N = \frac{30h}{\pi r}\sqrt{\frac{g}{h_0}} \quad \text{(rpm)}$$

10.3 전기식 회전계

10.3.1 용량식 회전계

용량식 회전계는 정전 용량변화를 이용하여 회전수를 측정하는 것으로, 그림 10.4와 같이 피측정물의 축에 연결된 캠 K의 회전에 의하여 붙었다 떨어졌다하는 접촉자 L이 좌측 접점에 접촉하면, 직류 전원 E에 의하여 콘덴서 C에 충전되고, 접촉자 L이 우측 접점에 접촉하면, 콘덴서 C에 충전되었던 전기가 방전되면서 전류계 A에 그 전류가 지시된다.

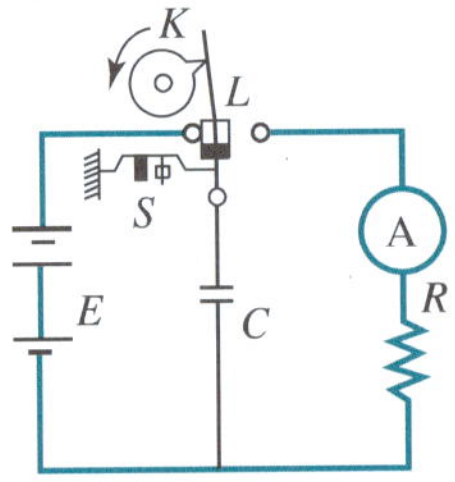

그림 10.4 전기 용량식 회전계의 회로도

그림 10.5 전기용량식 회전계

이때 캠 축의 회전수가 빨라지면 콘덴서 C의 충 방전 횟수가 많아지고, 그에 비례하여 전류계에 흐르는 전류의 값도 커지게 된다.

따라서 전류계에 회전수에 해당하는 눈금을 새겨 놓으면, 이 전류계로부터 회전수를 읽을 수 있다.

10.3.2 발전식 회전계

발전식 회전계는 발전기의 원리를 이용한 회전계로, 그림 10.6과 같이 코일을 자계(磁界) 내에서 회전시키면 코일에는 회전속도에 비례하여 유기전압이 발생하는 원리를 이용하여 회전속도를 계측한다.

즉, 발전기의 회전자를 측정하고자 하는 회전축에 직접 연결하면, 발전기에서 회전속도에 비례하는 기전력이 발생하므로 기전력을 전압계로 측정하여 회전속도를 구할 수 있게 된다.

그림 10.6에서 전기자의 코일을 끊는 전 자속(全磁束)을 Φ, 코일의 감은수를 n, 매분 회전수를 N, 비례상수를 k라 하면 코일에 발생하는 유기전압 E는 다음 식과 같이 된다.

$$E = k\Phi nN$$

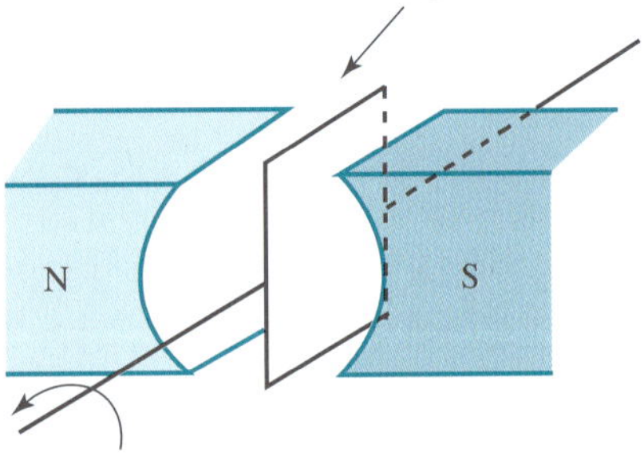

그림 10.6 발전식 회전계

10.4 스트로보스코프

회전체나 진동체의 운동과 같이 반복 운동하고 있는 어느 물질에 간헐적으로 점멸(漸滅)하는 빛을 비추고, 그 점멸하는 빛의 반복횟수를 점차 늘려가면 어느 순간 운동체가 마치 정지하고 있는 것 같이 보일 수 있다. 이때 점멸하는 빛의 반복횟수로부터 회전체의 회전수를 평가하는 원리를 이용한 회전계를 스트로보스코프(stroboscope)라고 한다.

이와 같은 스트로보스코프를 사용하면 측정기를 회전체에 접촉시키지 않고도 회전속도를 측정할 수 있으며, 소출력, 고속 회전하는 회전체의 회전속도 측정도 가능하다.

10.4.1 간헐 조명식 스트로보스코프

그림 10.7과 같이 m 개의 표선을 등간격으로 매긴 원판이 n rpm으로 회전할 때, 간헐조명을 비추고 그 점멸횟수를 점차 늘려가면 어느 순간 표선이 정지한 것처럼 보인다. 이때의 간헐조명의 점멸횟수를 n_s라고 하면 이들 사이에 다음과 같은 식이 성립한다.

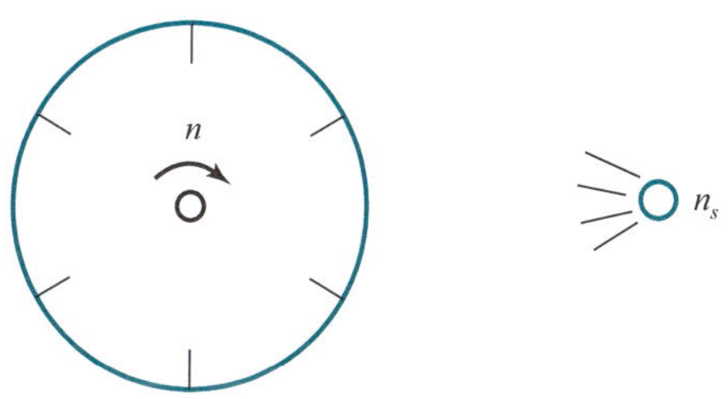

그림 10.7 간헐 조명식 스트로보스코프

그림 10.8 간헐조명식 스트로보스코프

$$mn = kn_s$$

$$즉,\ n = k\frac{n_s}{m}$$

식에서 $k=1, 2, 3, \cdots$으로 $k=1$일 때 상이 가장 선명하게 보이고, k의 숫자가 커질수록 점점 더 희미하게 보이게 된다.

따라서 측정물의 회전수를 측정할 때에는 표선이 그려진 원판을 측정물에 접착시키고, 측정물이 회전할 때 스트로보스코프로 간헐조명을 비추어 가장 선명하게 보일 때의 간헐조명수로부터 측정물의 회전수를 구한다.

10.4.2 좁은 틈새 원판식 스트로보스코프

그림 10.9와 같이 m개의 표선을 가진 회전체가 n rpm으로 회전할 때, m'개의 등간격으로 난 구멍을 가진 원판을 변속모터를 사용하여 회전시키고, 그 회전속도를 점차 늘려가면서 구멍을 통하여 표선을 보면 어느 순간 표선이 정지한 것처럼 보이게 된다. 이때의 변속모터의 회전수를 n_s rpm이라고 하면 다음과 같은 식이 성립한다.

$$mn = km'n_s$$

$$즉,\ n = k\ \frac{m'}{m}n_s$$

식에서 $k=1, 2, 3, \cdots$으로 $k=1$일 때 상이 가장 선명하게 보이고, k의 숫자가 커질수록 점점 더 희미하게 보인다.

이와 같은 원리에 의하여 표선이 가장 선명하게 보일 때인 변속모터의 회전수 n_s로부터 측정물의 회전수를 구한다.

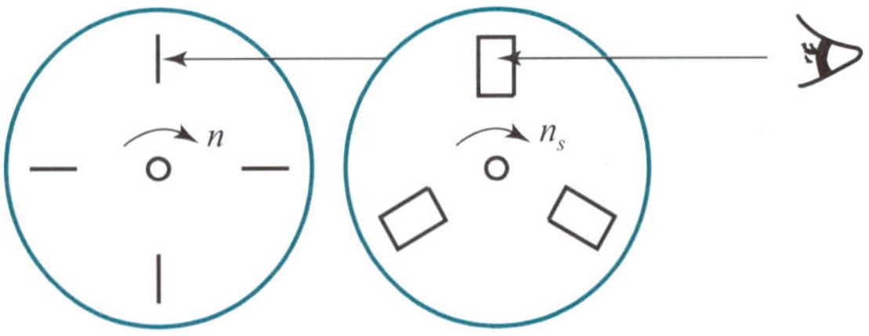

그림 10.9 좁은 틈새 원판식 스트로보스코프의 원리

Chapter 11

동력의 계측

11.1 동력의 의의

동력(動力)이란 “단위 시간 동안 수행한 일의 양”으로 일률 또는 공률(工率)이라고도 하며, 특히 전기분야에서는 전력(電力)이라고도 한다.

기계에서 동력은 회전하는 축에 의하여 전달되는데, 비틀림 모멘트(torque) T(kgf·cm)와 회전수 N(rpm)으로 회전하며, 에너지를 전달하는 축의 동력 H는 다음 식으로 된다.

$$H = \frac{TN}{71620} \text{ (PS)}$$

식에서 동력의 단위는 PS로 마력(馬力)이라 하며, 1 PS = 75 kgf·m이다(※ PS는 라틴어 Pferde Starke의 약자임).

식에서 보는 바와 같이, 동력을 전달하는 축의 동력을 구하기 위해서는 축에 작용하는 비틀림 모멘트 T와 축의 회전수 N을 측정해야 한다는 것을 알 수 있다.

동력계는 원동기와 작업기의 관계에 따라 흡수 동력계, 반동 동력계, 전달 동력계로 구분된다. 흡수 동력계는 원동기를 제동하여 열 또는 전기로 변환시켜 에너지를 흡수하는 형식으로 작업기인 원동기에서 비틀림 모멘트를 측정한다. 반동 동력계는 작업기를 구동할 때의 반동 비틀림 모멘트를 원동기 쪽에서 측정한다. 또한 전달 동력계는 원동기와 작업기를 연결한 중간 전달축의 비틀림을 측정하여, 비틀림 모멘트를 측정하는 것으로 작업 중에 측정가능하다는 장점이 있다.

11.2 흡수 동력계

흡수 동력계(absorption dynamometer)란 동력을 측정할 때 에너지를 흡수하여 동력을 측정하는 동력계로, 이에는 마찰 동력계, 수 동력계, 공기 동력계, 전기 동력계 등이 있다.

11.2.1 마찰 동력계

마찰 동력계 중에서 대표적인 것이 다음에 소개할 프로니 동력계(Prony dynamometer)로, 기계적인 마찰을 일으키며 동력을 열로 변환시켜 동력을 측정한다.

즉, 그림 11.1과 같이 측정물인 원동기 축에 연결된 바퀴를 나무 브레이크로 조이고, 브레이크의 다른 한쪽에는 긴 아암을 달아서, 이 아암의 끝단에 작용하는 하중 P를 대저울 등으로 측정

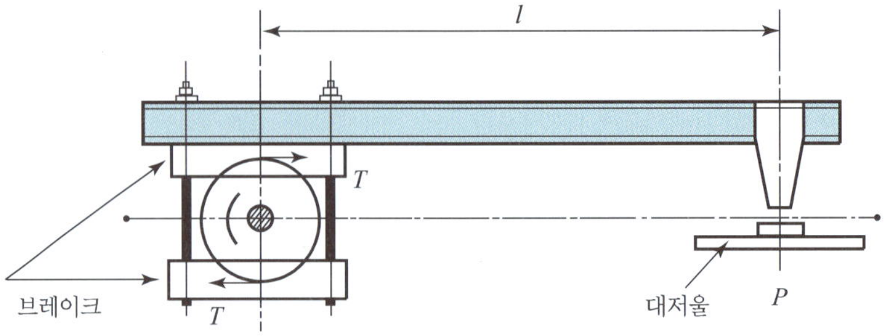

그림 11.1 프로니 동력계

하여 다음 식에 의하여 축의 비틀림 모멘트 T를 구한다.

$$T = Pl \quad (\text{kgf} \cdot \text{m})$$

식에서 l은 아암의 길이이다.

이때 축이 N(rpm)의 회전수로 회전한다고 하면 다음 식에 의하여 축의 전달동력을 구할 수 있게 된다.

$$H = \frac{TN}{71620} \quad (\text{PS})$$

이때 흡수에너지의 조정은 브레이크 조임의 강약에 의하여 행한다.

11.2.2 수 동력계

수 동력계는 물을 넣은 케이싱(casing) 내에서 회전체를 회전시킬 때 발생하는 유체저항에 의하여 동력을 흡수하는 방법을 이용한 동력계로, 그 대표적인 것에 융커스형 동력계(Junkers dynamometer)가 있다.

융커스형 동력계는 그림 11.2와 같이 회전드럼 및 회전드럼과 동축으로 자유 지지된 케이싱으로 되어 있는데, 회전드럼의 외주와 케이싱의 내면에는 휘젓이용 막대가 여러 개 부착되어 있다.

측정물인 원동기축에 연결된 회전드럼이 회전하면 회전드럼의 외주에 있는 휘젓이용 막대가 케이싱 내면의 휘젓이용 막대 사이를 비켜나가면서 회전하고, 이때 발생하는 유체의 저항에 의하여 회전드럼의 비틀림 모멘트가 케이싱에 전달되어 케이싱을 회전시키게 된다. 이때 케이싱에 연결된 아암 선단의 힘 P를 저울로 측정하여 다음 식으로부터 비틀림 모멘트 T를 구할 수 있다.

$$T = Pl$$

식에서 l은 아암의 길이이다.

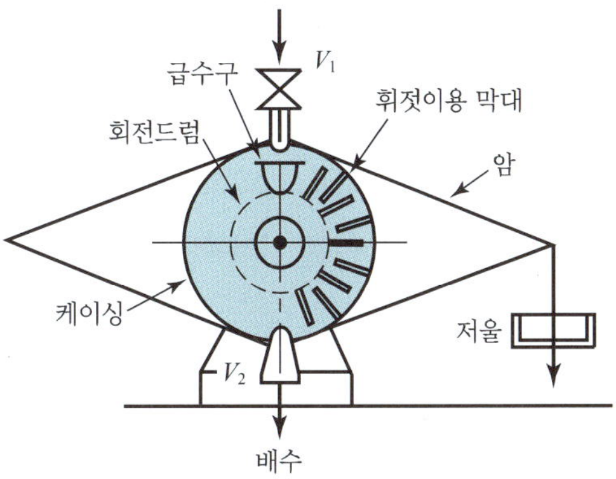

그림 11.2 융커스형 수 동력계

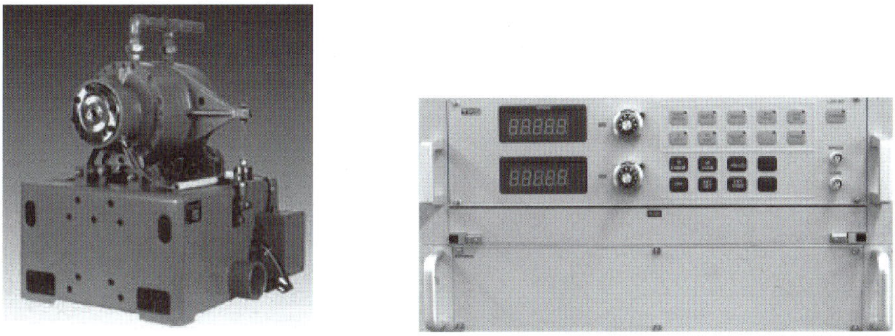

그림 11.3 융커스형 수 동력계 및 콘트롤러

융커스형 동력계에서 흡수에너지의 조정은 밸브를 이용하여 케이싱 내의 유량을 조절하여 행한다. 이 수 동력계에서 흡수되는 동력은 케이싱 내의 물의 교반에 사용되므로 수온이 상승하게 된다. 따라서 수온이 변동하면 물의 동특성이 변동하여 오차의 원인이 될 수 있으므로, 밸브로 유량을 조절하여 물의 출구온도를 55～60℃ 정도로 제어한다.

11.2.3 공기 동력계

공기 동력계는 팬을 회전시킬 때 발생하는 공기와의 마찰력에 의하여 동력을 흡수시켜 동력을 측정하는 것이다.

일반적으로 그림 11.4와 같이 팬(fan) 또는 프로펠러(propeller)를 사용하여 동력을 흡수시키고, 이때 발생하는 원동기 자체의 케이싱 반력을 측정하여 수 동력계에서와 같은 방법으로 동력을 구한다.

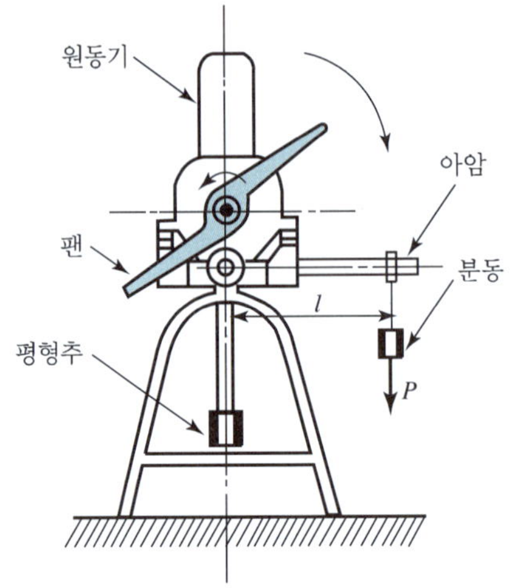

그림 11.4 공기 동력계

이때 아암의 길이를 l이라 하고 분동의 중량을 P라 할 때 비틀림 모멘트 T는 다음과 같은 식으로 된다.

$$T = Pl$$

이 공기 동력계는 항공기 엔진 등의 동력측정에 많이 사용되고 있다.

11.2.4 전기 동력계 electric dynamometer

(1) 발전기형

이 발전기형에는 두 가지 타입이 있는데, 그중 하나는 동력을 측정하고자 하는 원동기에 발전기를 직결시켜 원동기의 회전력을 발전기로 받아, 원동기의 기계적 동력을 전기적 에너지로 변환시켜 동력을 측정하는 방법이다.

이때 발전기 내의 저항 등을 통과할 때 열로 바뀌어 소비하고 나오는 전류와 전압을 측정하고, 전력 W=전류I×전압V의 관계식으로부터 발전기의 출력을 구한 후, 다음 식과 같이 발전기의 효율을 고려하여 원동기의 동력을 구한다.

$$\text{원동기의 출력} = \text{발전기의 입력} = \frac{\text{발전기의 출력}}{\text{발전기의 효율}}$$

또 하나의 방법은 그림 11.5와 같이 동력을 측정하고자 하는 원동기에 발전기를 직결시키고, 원동기의 회전력을 발전기로 받아 원동기의 기계적 동력을 전기적인 에너지로 변환할 때, 발전기의 고정자와 한 몸체로 된 케이싱을 가볍게 회전하도록 하여, 케이싱이 회전자와 함께 회전하려

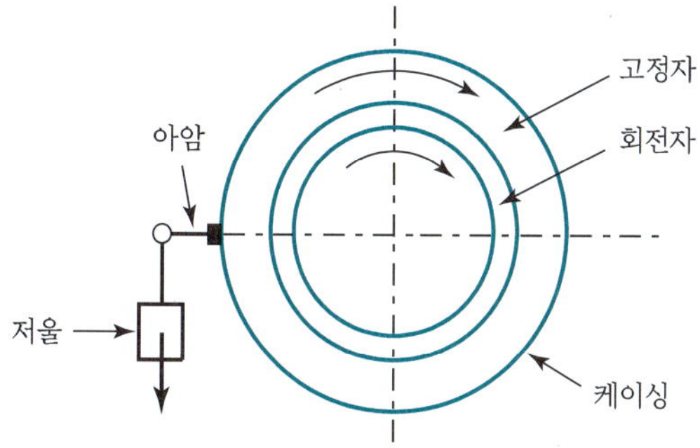

그림 11.5 발전기형 전기 동력계

그림 11.6 발전기형 전기 동력계

할 때 케이싱에 연결한 아암을 저울로 지지하고 하중을 측정하여 동력으로 환산하는 방법이다.

(2) 와전류형 eddy current type, 渦電流形

그림 11.7에서와 같이 알루미늄 또는 구리 등의 도체로 만들어진 원판을 자계중에서 회전시키면 원판에 맴돌이 전류가 발생하며, 전자석에 제동력이 생겨 전자석도 원판을 따라 회전하려고 하는 토크가 작용한다. 이때 영구자석이 설치된 아암의 한끝에서 대저울로 제동력 W를 측정하여 동력을 구한다.

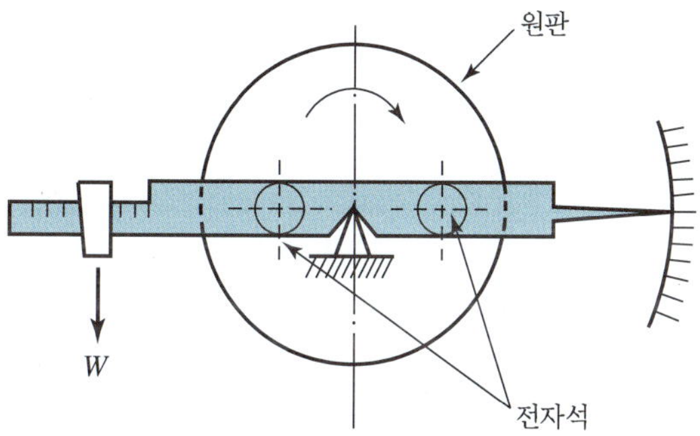

그림 11.7 와전류형 동력계

그림 11.8 와전류형 동력계

■ 와전류에 의한 제동작용의 원리

그림 11.9(a)와 같이 자기력선을 도선이 가로지르면 전류가 발생한다.

이 도선 대신에 금속평판이 놓여 있다고 하면 이때에도 도선에서와 같이 전류가 흐를 것이다. 이때 발생한 전류의 방향은 플레밍의 오른손 법칙에 의하여 그림의 I 방향이 된다. 이와 반대로 전류가 자기력선을 가로질러 그림의 I 방향으로 흐르면 플레밍의 왼손법칙에 의하여 금속판의 운동방향과 반대방향으로 힘이 작용한다. 즉, 금속판에 제동력을 주게 되는 것이다.

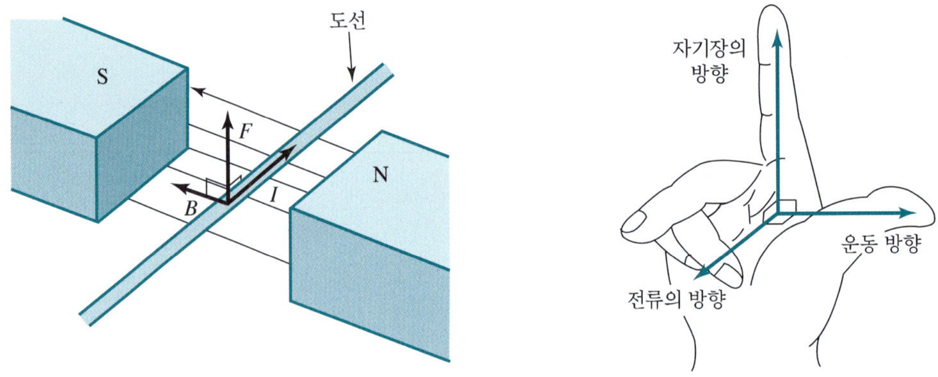

(a) 전류가 자기장에서 받는 힘

(b) 플레밍의 오른손 법칙

그림 11.9 와전류에 의한 제동작용의 원리

이와 같은 현상은 관점을 달리하여 설명할 수 있다.

즉, 자기력선이 관통하고 있는 곳에서 금속판이 움직이면 그 앞부분을 통과하는 자기력선이 감소된다.

이때 전자기유도 현상의 원리상, 자기력선이 줄어들지 않게 하는 방향으로 자기력선이 금속판으로부터 나와 주어야 하기 때문에 금속판에 시계방향으로 맴돌이 전류가 생긴다.

금속판에서 자기력선이 통과하는 뒷부분에서는 이와 반대가 되므로 시계 반대방향의 맴돌이 전류가 생기게 된다.

어느 쪽이든 소용돌이 모양의 전류가 발생하므로 이를 **와전류**(渦電流)라 한다(이와 같은 원리를 이용한 것에 가정에서 사용되는 적산전력계가 있다.).

- 플레밍의 오른손 법칙 : 자계 내에서 도체를 움직였을 때 발생된 전류의 방향을 알고자 할 때 사용되며, 그림 11.9(b)와 같이 오른손의 엄지와 검지, 중지를 서로 직각방향으로 했을 때 엄지는 도선의 운동방향, 검지는 자기장의 방향(N극에서 S극 방향), 중지는 전류의 방향을 가르킨다. 이 법칙은 발전기의 원리에 적용되고 있다.
- 플레밍의 왼손 법칙 : 자계 내에서 직각방향으로 전류를 흘렸을 때 도체에 작용하는 힘의 방향을 알고자 할 때 사용되며, 왼손의 엄지와 검지, 중지를 서로 직각방향으로 했을 때, 엄지는 도선에 미치는 힘의 방향, 검지는 자기장의 방향(N극에서 S극 방향), 중지는 전류의 방향을 가르킨다.

11.3 반동 동력계

반동 동력계로는 전동기를 많이 이용하고 있으며, 전동기 자체가 받는 토크 반력을 계측함으로써, 측정물의 동력을 알아내는 방법을 이용한 것이다.

즉, 측정물과 전동기축을 연결한 후 전동기의 고정자를 가볍게 회전할 수 있도록 해 두고, 측정물을 회전시키면, 그 반동으로써 전동기의 고정자는 반대쪽으로 역회전하려고 한다. 이때 고정자에 연결한 아암의 회전력을 저울로 받아 반동 토크를 구하는 방법이다.

11.4 전달 동력계 transmission dynamometer

11.4.1 전달 동력계의 원리

전달 동력계는 원동기와 작업기를 연결하고 있는 전동축의 비틀림 각 등을 측정하여 동력을 측정하는 원리를 가진 동력계이다.

그림 11.10과 같이 한쪽이 고정된 축의 자유단에 비틀림 모멘트(torque, torsional moment) T가 작용할 때 축은 탄성에 의해 비틀어지는데 이때 비틀림 각 θ는 다음 식과 같이 된다.

$$\theta = \frac{Tl}{GI_P} \text{ (rad)} \tag{11.1}$$

식에서 I_P는 축 단면의 극 단면 2차 모멘트, G는 축 재료의 횡 탄성계수이다.

직경 d인 축의 경우 극 단면 2차 모멘트 $I_P = \frac{\pi d^4}{32}$이므로 식 (11.1)을 직경 d에 대한 식으로 나타내면 다음 식과 같이 된다.

$$\theta = \frac{32\,Tl}{\pi G d^4} \text{ (rad)} \tag{11.2}$$

이를 다시 비틀림 모멘트 T에 대한 식으로 고쳐 쓰면

$$T = \frac{\pi G d^4}{32 l}\theta \tag{11.3}$$

가 된다. 또한 내경 d_1, 외경 d_2인 중공축(中空軸)의 경우 극단면 2차 모멘트 I_P는

$$I_P = \frac{\pi(d_2^4 - d_1^4)}{32} \tag{11.4}$$

이므로 식 (11.1)은 다음 식과 같이 된다.

$$\theta = \frac{32Tl}{\pi G(d_2{}^4 - d_1{}^4)} \text{ (rad)} \tag{11.5}$$

이 식을 비틀림 모멘트 T에 대한 식으로 다시 고쳐 쓰면

$$T = \frac{\pi G(d_2^4 - d_1^4)}{32l}\theta \tag{11.6}$$

가 된다.

식 (11.3)과 (11.6)에서 d, d_1, d_2, l, G 등은 상수이므로 전동축의 비틀림 각 θ만 측정하면 전동축의 비틀림 모멘트 T를 구할 수 있음을 알 수 있다.

이와 같이 하여 축의 비틀림 모멘트 T kg-cm을 구하고, 축의 회전수가 N rpm이라 할 때 다음 식에 의하여 동력 H를 구할 수 있다.

$$H = \frac{TN}{71,620} \text{ (ps)}$$

이와 같은 형식의 동력계를 **비틀림 동력계**(torsion dynamometer)라고 한다.

또한 이 동력계는 동력을 측정하기 위한 목적뿐만 아니라, 단순히 비틀림 모멘트(torque)만의 측정에도 사용되므로 **토크계**(torque meter)라고도 한다.

원동기에서 나오는 동력을 동력계 내부에서 흡수하여 동력을 측정하는 방식인 흡수 동력계에서는 쓸데없는 에너지가 소비될 뿐만 아니라, 동력이 대단히 큰 경우에는 에너지의 흡수 자체도 어려워질 뿐만 아니라, 축이 회전하고 있을 때엔 동력의 변동을 자세하게 검출하는 것도 곤란한 경우가 많다는 단점이 있다.

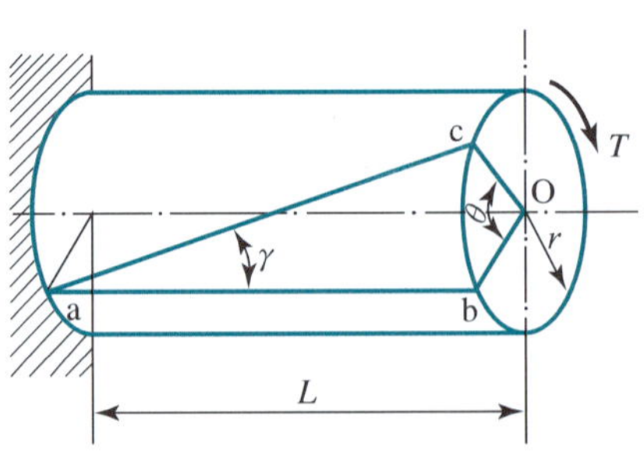

그림 11.10 자유단에 비틀림 모멘트가 작용하는 원통

이에 비하여 전달 동력계는 동력측정 시 손실되는 에너지가 거의 없으며, 축의 회전 시에 나타나는 미소한 동력의 변동까지도 검출할 수 있는 장점이 있다.

11.4.2 광학식 전달 동력계

광학식 전달 동력계는 전동축의 비틀림 각도를 광학적인 방법으로 측정하여 동력을 구하는 방식을 이용한 동력계이다.

비틀림 각도를 광학적으로 측정하는 방법에는 여러 가지가 있으나, 여기서는 다음과 같은 암슬러(amsler) 비틀림 동력계를 예로 들어 설명하기로 한다.

암슬러 비틀림 동력계는 그림 11.11과 같이, 비틀림축의 일단에 슬리브(sleeve)를 설치하고 여기에 원판 D_1, D_2가 고정되어 있으며, 타단에는 원판 D_3가 고정되어 있다. 전동축에 의한 동력 전달 시 회전력에 의하여 비틀림축이 비틀어지면, 원판 D_3 및 D_2 사이에 상대적인 각 변위가 생기는데, 이때 두 매의 원판 D_3 및 D_2 사이의 상대적인 각 변위를 구함으로써 기선길이 L 사이의 비틀림 각을 측정한다.

이와 같은 비틀림 각을 측정하기 위해 원판 D_3에는 투명한 판에 눈금이 새겨진 창이 나 있고, 원판 D_2에는 표선을 그은 원형의 창이 있으며, 원판 D_1에도 원형의 창이 나있다.

동력전달 시 비틀림축이 비틀어지면 기선길이 L 사이의 비틀림 각이 D_2와 D_3 사이의 눈금 편위량으로 나타나는데, 동력측정 시 축은 회전하고 있으므로 원판 D_1, D_2, D_3도 회전하게 되어 눈금을 읽기 어렵다.

따라서 스트로보식 광원(간헐식 조명)을 사용하여 조명하고, 원판이 정지한 것처럼 보이게 하여 눈금을 읽는 방식을 사용하고 있다.

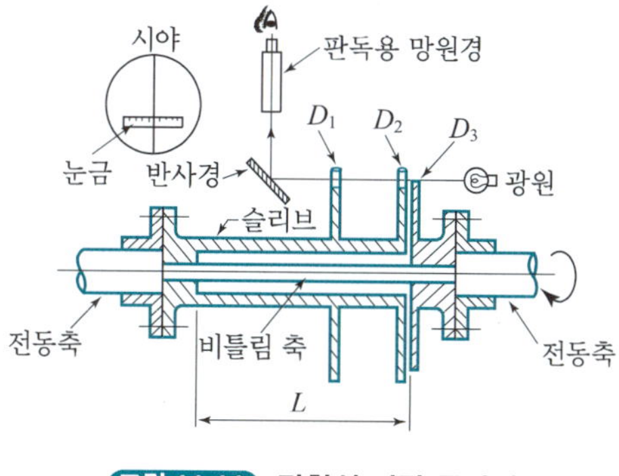

그림 11.11 광학식 전달 동력계

11.4.3 전기식 전달 동력계

전기식 전달 동력계는 전동축의 비틀림량을 전기적인 방법으로 검출하여 확대 지시하는 방법을 사용한 것으로, 그 대표적인 것에 스트레인 게이지(strain gauge)식 동력계가 있다.

스트레인 게이지식 동력계는 전동축의 표면에 스트레인 게이지를 부착하고 그 축에 작용하는 비틀림 모멘트를 측정하는 것으로, 정도가 높고 안정성이 있으므로 가장 널리 이용되고 있다.

그림 11.12는 스트레인 게이지식 동력계의 원리도로 전동축에 4개의 스트레인 게이지 R_1, R_2, R_3, R_4를 축방향과 45° 방향으로 접착시키고 서로 브릿지 회로로 연결되어 있다.

또한 축이 회전하고 있을 때에도 전기가 스트레인 게이지로 입출력될 수 있도록 하기 위하여 측정 회로부의 접속을 그림과 같은 슬립링(slip ring)을 이용하였다.

축에 비틀림 모멘트가 작용하면 4개의 스트레인 게이지에서는 모두 같은 크기의 변형률(strain)이 발생하는데, 이때 입력전압을 E_i, 스트레인 게이지의 게이지율을 F라 하면 변형률 ε에 대한 출력전압 변화량 ΔE_o는 다음 식과 같이 된다.

$$\Delta E_o = F\varepsilon E_i$$

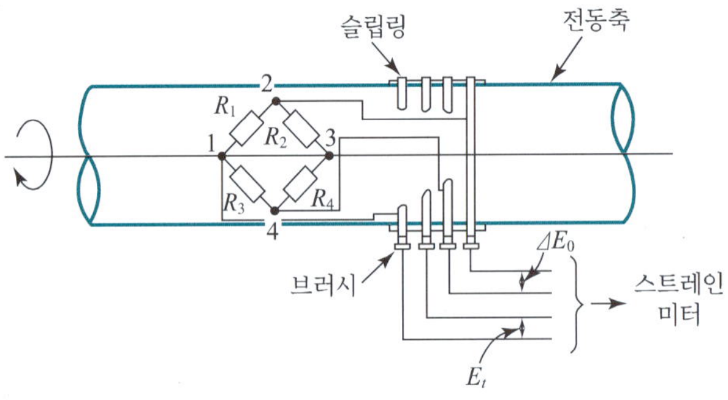

그림 11.12 전기식 전달 동력계(스트레인 게이지식)

Chapter 12

압력의 계측

12.1 압력의 단위

액체나 기체를 통틀어 유체(流體)라 하며 "유체에 의하여 어떠한 면에 수직으로 작용하는 단위 면적당의 힘"을 압력(pressure)이라 한다.

압력의 단위에는 다음과 같은 것들이 있다.

12.1.1 국제 단위계

국제 단위계(SI 단위계)에서 압력의 단위는 Pa로 1 Pa은 "1 m^2의 면적에 1 N의 힘이 작용하는 압력"을 말한다.

$$1\ \text{Pa} = 1\ \text{N/m}^2 = 10^{-5}\ \text{bar} = 9.869 \times 10^{-6}\ \text{atm} = 1.020 \times 10^{-5}\ \text{kgf/cm}^2$$
$$= 7.501 \times 10^{-3}\ \text{mmHg}$$

12.1.2 공학 단위계 MKS 단위계

공학 단위계에서 압력의 단위로 kgf/cm^2를 사용한다. 이것은 'at'이라고도 표시하며, 공업기압 또는 기압(氣壓)이라고 한다(at: atmospheric pressure의 약자).

$$1\ \text{kgf/cm}^2 = 1\ \text{at} = 9.80665 \times 10^5\ \text{dyne/cm}^2 = 9.80665 \times 10^4\ \text{pa}$$
$$= 735.6\ \text{mmHg} = 10\ \text{mAq}$$

여기서 mAq는 수주(水柱)의 높이를 m로 표시한 압력의 단위이다.

12.1.3 절대 단위계 또는 물리 단위계 CGS 단위계

물리 단위계에서 압력의 단위는 bar를 사용하며 1 bar는 "1 cm^2의 면적에 10^6 dyne의 힘이 작용하는 압력"을 말한다.

$$1\ \text{bar} = 10^6\ \text{dyne/cm}^2 = 10^{-3}\ \text{mbar} = 750.1\ \text{mmHg} = 10^5\ \text{N/m}^2$$

이 밖에 대기압을 기준으로 하여 대기압의 배수로 압력을 표시하는 방법도 있다.

이때 대기압은 장소와 시간에 따라 변화하므로 다음과 같은 표준기압(standard atmospheric pressure)을 정하여 사용한다.

즉, 1표준기압이란 “중력 가속도가 표준상태($g = 9.80665$ m/s^2)일 때 밀도 $\rho = 13.5951$ g/cm^{3}의 수은주가 760 mm의 높이를 나타내는 압력”을 말하며 1 atm으로 표시한다.

$$1 \text{ atm} = 760 \text{ mmHg} = 1.0332 \text{ kgf/cm}^2 = 10.332 \text{ mAq} = 1.01325 \times 10^5 \text{ Pa}$$

보통 압력계(pressure gauge)는 대기압을 기준으로 하여 압력의 높고 낮음을 측정하는 데 사용되는 것으로, 이때 압력계에서 지시한 압력을 게이지 압력(gauge pressure)이라고 한다.

게이지 압력은 압력의 단위 끝에 g를 붙여 표시한다. 즉, atg 또는 kgf/cm^{2}g와 같이 나타낸다.

게이지 압력에 대하여 절대진공을 기준으로 하는 압력을 절대압력(absolute pressure)이라 하며, 단위 끝에 a나 abs를 붙여 쓴다. 즉, ata 또는 kgf/cm^2 abs와 같이 한다.

또한 진공(眞空: 대기압 이하의 압력상태)을 취급하는 분야에서는 torr라는 단위를 사용하기도 하는데, 1 torr = 1/760 atm이다.

12.2 액주형 압력계 manometer

액주형 압력계는 압력계 중 가장 역사가 오래된 것으로, 정밀도가 높아 공업용 압력계의 교정 등에도 사용된다.

압력계의 액주로 사용되는 액체로는 수은이 많이 사용되고 있으나 압력 범위에 따라서는 물, 기름 등도 사용되고 있다.

액주형 압력계에는 다음과 같은 것들이 있다.

12.2.1 U자관 압력계 U tube manometer

수은 등의 액체를 넣은 U자관의 각 입구를 통하여 서로 압력이 다른 유체를 흘려 보내면 U자관 속의 액체는 그 압력 차이만큼 높이차가 생기게 된다. 이때 그 액체의 높이차로부터 압력을 구하는 방법이다.

즉, 그림 12.1(a)와 같은 U자관에 비중량 γ인 수은 등의 봉입액을 넣고, 양 입구로부터 각각 그 압력이 p_1 및 p_2인 유체를 유입시키면 봉입액은 그림과 같이 높이차가 생긴다.

이때 이 높이차 h로부터 다음 식과 같이 양 입구 사이의 유체의 압력차 $p_1 - p_2$를 구할 수 있다.

$$p_1 - p_2 = \gamma h - \gamma' h = (\gamma - \gamma')h$$

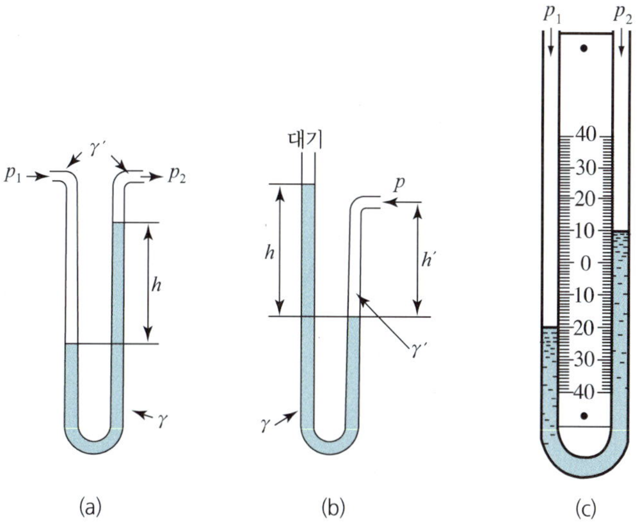

그림 12.1 U자관 압력계

만약 U자관의 한쪽 입구를 그림 12.1(b)와 같이 대기에 개방하면 유체의 게이지압을 측정할 수 있다. 즉, 그림 12.1(b)에서 U자관의 한쪽 입구에 대기를 유입시키고, 다른 한쪽 입구로부터 비중량 γ'인 유체를 유입시켰을 때 봉입액 면의 높이차가 h 이었다면, 이 유체의 게이지압 p는 다음 식으로부터 구할 수 있다.

$$p = \gamma h - \gamma' h'$$

그림 12.1(c)는 액주의 위치를 읽을 수 있도록 하기 위하여 표준자가 장착된 U자관 압력계이다.

12.2.2 단관 單管 압력계 well type manometer

그림 12.2와 같이 U자관 모양으로 생긴 관의 한쪽 단면적을 크게 하여 액조(液槽)로 만들고, 이와 다른 쪽에 있는 가는 관(단관) 속의 액면의 높이를 측정함으로써 압력을 구할 수 있도록 만든 것이 단관 압력계이다.

그림 12.2에서 액조의 단면적을 A_1, 단관의 단면적을 A_2라 하고, 액조 및 단관의 액면에 각각 압력 p_1 및 p_2가 작용하여, 액조 내의 액면이 h_1만큼 감소하는 동시에 단관 내의 액면은 h_2만큼 증가하였다면, 이들 사이에는 힘의 평형에 의하여 다음 관계식이 성립한다.

$$p_1 + \gamma'(h_1 + h_2) = p_2 + \gamma(h_1 + h_2)$$

따라서

$$p_1 - p_2 = \gamma(h_1 + h_2) - \gamma'(h_1 + h_2) = (\gamma - \gamma')(h_1 + h_2) = (\gamma - \gamma')h \tag{12.1}$$

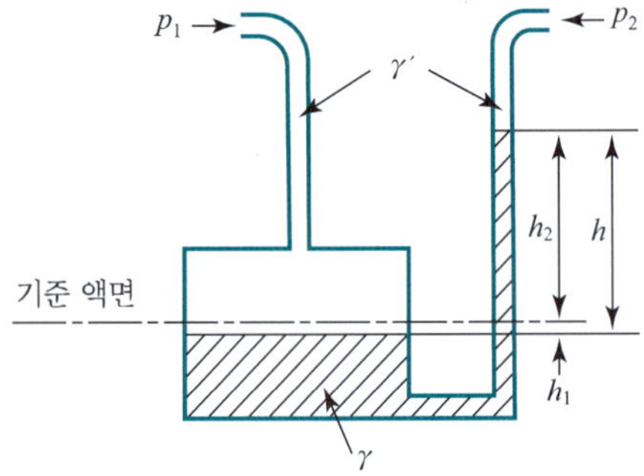

그림 12.2 단관 압력계

식에서 h는 액조의 액면과 단관의 액면 사이의 높이차이고 γ 및 γ'은 봉입액 및 유입 유체의 비중량이다.

또한 두 유체의 체적변화가 같다고 하면

$$A_1 h_1 = A_2 h_2$$

의 관계가 성립하여

$$h_1 = h_2 \frac{A_2}{A_1} \tag{12.2}$$

이므로 이 관계식을 식 (12.1)에 대입하면 다음과 같이 된다.

$$p_1 - p_2 = (\gamma - \gamma')(h_2 \frac{A_2}{A_1} + h_2) = (\gamma - \gamma')(\frac{A_2}{A_1} + 1)h_2 \tag{12.3}$$

여기서 A_1에 비하여 A_2를 훨씬 작게 하여 $\frac{A_2}{A_1} \approx 0$이 되도록 하면, 식 (12.3)은 다음과 같이 된다.

$$p_1 - p_2 = (\gamma - \gamma')h_2 \tag{12.4}$$

이 식에 의하면 액조의 단면적이 단관의 단면적보다 훨씬 클 때에는, 단관의 액면 높이 h_2만 측정하면 압력차 $P_1 - P_2$를 알아낼 수 있음을 알 수 있다.

12.3 피스톤형 압력계 또는 분동식 압력계 piston type manometer or dead weight gages

피스톤형 압력계는 그림 12.3(a)와 같이 피스톤 위에 중추(重推)를 올려놓고, 중추의 중량과 유체의 압력이 서로 평형이 되어 정지할 때까지 중추의 크기를 조절하고, 피스톤이 정지했을 때 중추의 중량을 W라 하면 다음과 같은 식에 의하여 유체의 압력 p를 구하는 것이다.

$$p = \frac{W}{A} \tag{12.5}$$

식 (12.5)에서 A는 피스톤의 단면적이다.

그림 12.4는 피스톤형 압력계를 이용하여 부르돈관식 압력계 등의 압력계를 교정하기 위해 만들어진 분동식 표준압력계로, 램과 실린더, 유조 및 가압 펌프로 구성되어 있다.

우선 가압 펌프의 손잡이 H를 돌려서 피스톤 K를 밀어붙여 유체의 압력을 높인다.

이때 램 L의 중량과 분동 U의 중량을 합한 중량을 W라 하고 램의 단면적을 A라 할 때, 유체의 압력은 식 (12.5)로부터 구할 수 있다.

따라서 그림 12.4와 같이 교정할 압력계를 설치하고, 유체의 실제 압력과 압력계에서의 지싯값을 비교하여 압력계를 교정한다.

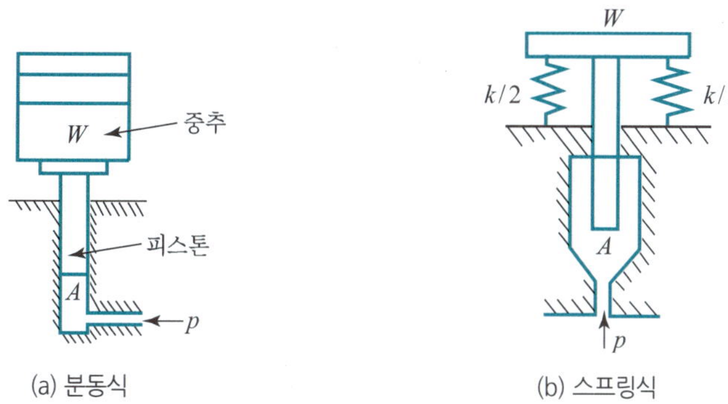

그림 12.3 피스톤형 압력계

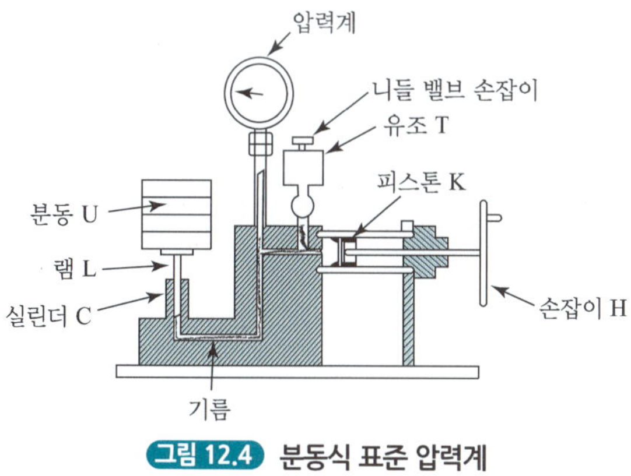

그림 12.4 분동식 표준 압력계

12.4 탄성 압력계

고무, 판재 등 탄성체에 압력을 가하면 압력의 크기에 비례하여 탄성체의 변형량이 증가하는 원리를 이용한 압력계를 **탄성 압력계**라 하며, 이에는 **부르돈관 압력계**, **벨로우즈 압력계**, **다이어프램 압력계** 등이 있다.

12.4.1 부르돈관 압력계 bourdon tube presssure gauge

타원 형상의 단면으로 된 관을 그림 12.5와 같이 구부리고 한쪽 끝단을 유체가 유입할 수 있도록 개방하고, 다른 한쪽 끝단은 들어온 유체가 유출되지 않도록 막혀 있는 관을 **부르돈관**이라 한다. 이와 같은 부르돈관에 유체가 유입되어 압력이 발생하면, 그 압력의 크기에 따라 굽은 관의 곡률 반경이 변화하는데, 이와 같은 현상을 이용하여 압력을 측정하는 압력계를 **부르돈관 압력계**라 한다.

즉, 그림 12.5와 같은 부르돈관의 한쪽 끝단을 통하여 유체를 유입시키면, 그 유체의 압력에 따라 관의 곡률 반경이 변화하여 관의 자유단이 직선적으로 움직인다.

이때 자유단의 직선변위 s 는 다음과 같이 압력 p 에 비례한다.

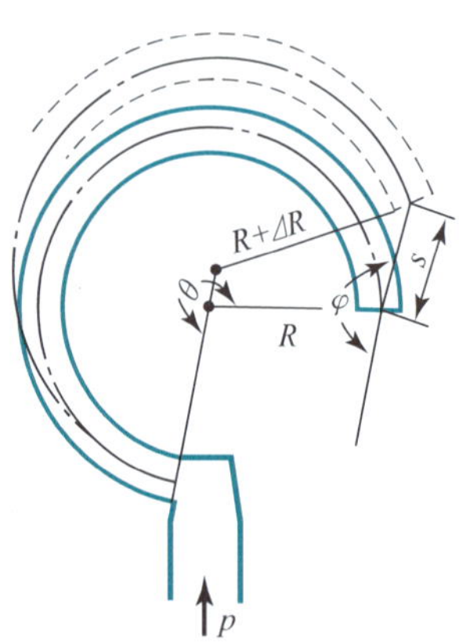

(a) 원리

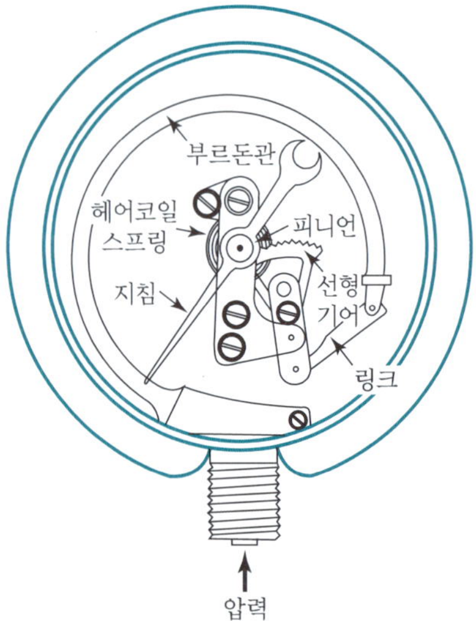

(b) 구조

그림 12.5 부르돈관 압력계

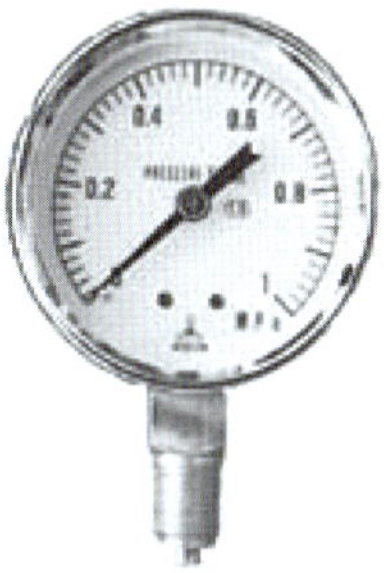

그림 12.6 부르돈관 압력계의 실제 모습

$$p = k_B s$$

여기서 k_B는 부르돈관의 곡률반경 R, 단면형상과 그 크기, 재료의 탄성계수, 자유단의 위치를 나타내는 각도 θ 등에 의하여 결정되는 상수이다.

부르돈관 압력계의 사용 가능 압력은 200 MPa 이하이다.

12.4.2 벨로우즈 압력계 bellows type pressure gauge

그림 12.7과 같이 살 두께부에 깊은 주름이 여러 개 나 있는 주머니를 벨로우즈라 하며, 이 벨로우즈의 내면에 압력을 가하면 그 압력의 크기에 비례하여 벨로우즈가 신축(伸縮)하게 되는데, 이러한 원리를 이용하여 압력을 측정할 수 있도록 한 것을 **벨로우즈 압력계**라 한다.

그림 12.7과 같은 벨로우즈 압력계에서 벨로우즈의 스프링 상수를 k, 압력이 작용하는 유효 단면적을 A_e, 직선 변위를 s라 하면 힘의 평형에 의하여 다음과 같은 식이 성립한다.

$$pA_e = ks$$

이 식으로부터 압력 p는 다음과 같이 된다.

$$p = \frac{k}{A_e} s$$

여기서 k는 벨로우즈의 크기 및 두께, 산수, 재료의 탄성계수 등에 의하여 결정되는 상수이고, 유효 단면적 A_e는 벨로우즈의 중심축 방향에 집중 하중 W를 가했을 때에 생기는 변위가 압력 p를 작용시켰을 때의 변위가 같을 때의 단면적으로 $pA_e = W$, 즉 $A_e = \dfrac{W}{p}$로 정의된다.

또한 벨로우즈 압력계에서 벨로우즈 자체의 스프링 상수 k는 극히 낮은 압력의 범위 내에서만 일정하므로, 그 자체만으로는 높은 압력에서 사용할 수 없다. 따라서 보다 높은 압력에서도 스프링 상수를 일정하게 하기 위한 보조 방법으로서, 그림과 같이 스프링을 이용하는 수가 많다.

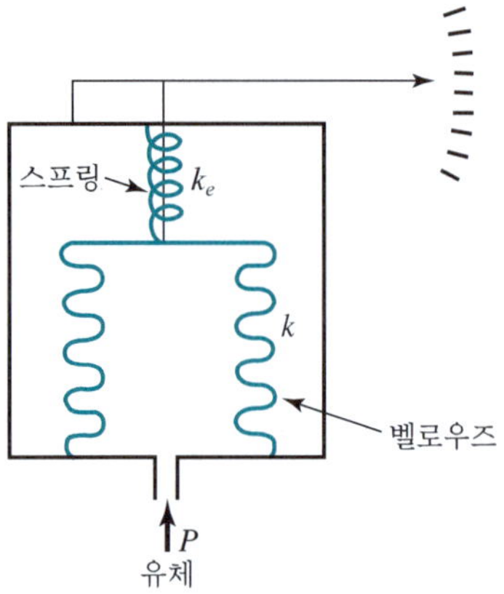

그림 12.7 벨로우즈 압력계

이때 스프링의 스프링 상수를 k_s라 하면, 힘의 평형원리에 의하여 다음과 같은 식이 성립한다.

$$pA_e = ks + k_e s = (k + k_e)s$$

이 식으로부터 압력 p를 구하면 다음과 같이 된다.

$$p = \frac{k + k_e}{A_e} s$$

이 벨로우즈 압력계의 사용 가능 압력은 1 MPa 이하이다.

12.4.3 다이어프램 압력계

얇은 판(薄板)의 가장자리를 고정하고 판의 한쪽 면에 압력을 작용시키면 그 압력차에 따라 판이 구부러지게 되는데, 이러한 원리를 이용하여 유체의 압력을 측정하는 것을 **다이어프램 압력계**(diaphragm gages)라 한다.

일반적으로 다이어프램 압력계에서는 다이어프램 자체의 굽힘 변형을 크게 하기 위하여 그림 12.8과 같이 동심의 파형으로 주름을 가진 판을 이용한다.

그림과 같은 다이어프램 압력계에서 압력차에 의해 나타난 다이어프램의 굽힘 변위는 연결봉(connecting rod), 선형기어를 거쳐 피니언으로 전달되어 지침을 회전시킨다.

이때 유효면적의 정의를 벨로우즈의 경우와 같도록 하면 벨로우즈에 있어서의 압력 p와 변위 s와의 관계식을 그대로 적용할 수 있다.

다이어프램의 재료로는 인청동, 스프링강 등의 금속재료가 일반적으로 사용되나, 압력이 낮은 경우에는 고무 등의 비금속재료도 사용된다.

다이어프램 압력계의 사용 가능 범위는 300 Pa 이상 3 MPa 이하이다.

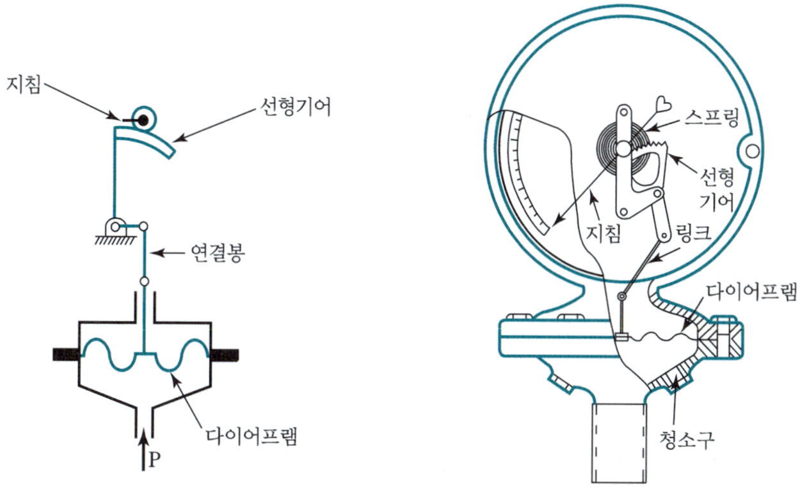

그림 12.8 다이어프램 압력계의 원리 및 구조

Chapter 13

유량의 계측

13.1 유량계측 이론

단면적 A 인 관속을 비압축성(非壓縮性)인 유체가 속도 v 로 흘러갈 때 유체의 유량(流量) Q 는 다음 식으로 된다.

$$Q = Av$$

식에서 보는 바와 같이 유체의 유량을 알기 위해서는 우선 유속을 측정해야 됨을 알 수 있다. 따라서 유량의 측정은 유속의 측정으로 귀결된다.

13.2 차압식 유량계 differential pressure flow meter

유체가 관속을 흐르다가 갑자기 좁은 관을 만나면 유체의 속도(流速)가 빨라지는 동시에 압력이 감소하는 현상이 생긴다.

차압식 유량계는 이와 같이 관로가 좁아졌을 때 유속이 압력의 감소와 연관되는 원리를 이용하여 유체의 유속을 측정하는 것으로, 그 교축부의 모양에 따라 **오리피스**, **노즐**, **벤츄리관** 등으로 구분된다.

차압식 유량계는 그 구조가 간단하고, 운동하는 부분이 없어 견고하고 내구성이 크며, 고온, 고압, 과부하에도 잘 견디며, 압력손실이 적은 장점이 있다.

또한 적당한 사용법을 사용하면 정도(精度)도 좋기 때문에 공업용으로 많이 사용되고 있다.

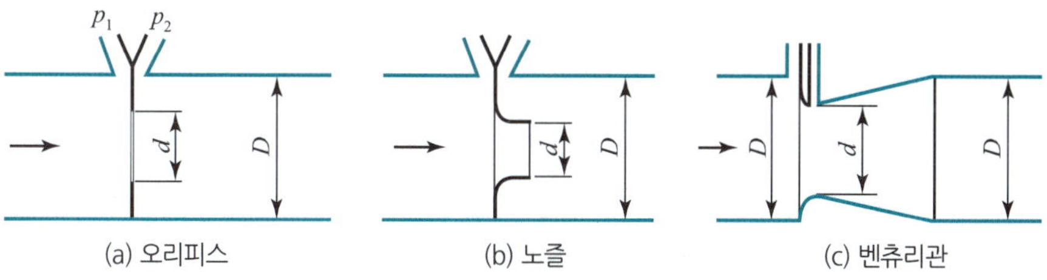

그림 13.1 차압식 유량계

13.2.1 오리피스 유량계 orifice flow meter

그림 13.2와 같이 관로의 중간에 좁은 구멍이 나 있는 판재를 붙인 것을 **오리피스 유량계**(orifice flow meter)라고 한다.

관내(官內)를 흐르는 유체가 오리피스와 같은 좁은 구멍을 통과하면, 유체의 속도가 빨라지는 동시에 압력이 낮아지게 되어 오리피스 전후에 압력차 $p_1 - p_2$가 생기게 된다. 이때 비압축성 유체의 경우 오리피스 전후의 압력차 $p_1 - p_2$와 유량 Q의 관계는 다음과 같다.

$$Q = \alpha A_0 \sqrt{\frac{2}{\rho}(p_1 - p_2)}$$

이를 유체의 중량으로 환산한 중량유량으로 나타내면, 중량유량 G는 다음 식과 같이 된다.

$$G = \gamma Q$$

식에서 A_0는 오리피스의 개구면적이고, p는 유체의 밀도, γ는 유체의 비중량이다. 또한 α는 유량 계수라고 하는 것으로, 이는 실제로 측정하여 구하든가 아니면 각종 오리피스에 대한 실험 데이터를 활용하여 구한다.

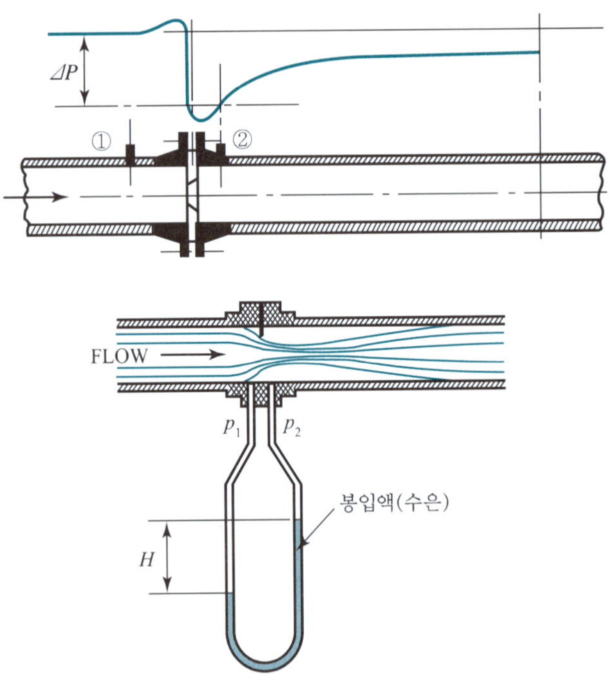

그림 13.2 오리피스 유량계 내에서의 압력분포 및 차압측정 원리

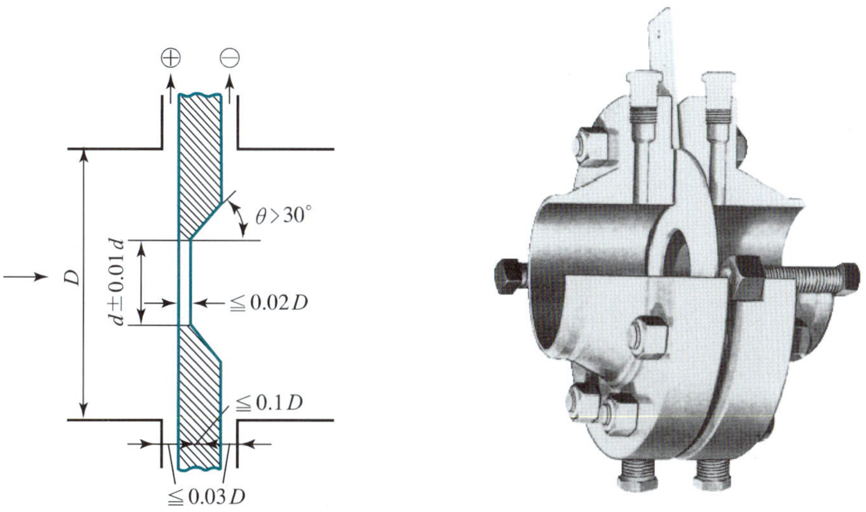

그림 13.3 오리피스 유량계의 내부구조

참고로 오리피스의 에지(edge)가 마모되면 유량측정 정도(精度)가 떨어지기 때문에, 오리피스의 재료로는 스테인리스강 또는 인청동과 같은 내마모성이 있는 재료를 사용한다.

또한 차압 $\Delta P = p_1 - p_2$의 측정은 그림 13.2와 같이 U자관 마노미터(manometer)를 이용하여 간단히 측정할 수 있다.

그림과 같은 U자관에서 봉입액의 높이차를 H, 유체의 밀도를 ρ, 봉입액의 밀도를 ρ'라 하면 차압($p_1 - p_2$)은 다음 식과 같이 된다.

$$p_1 - p_2 = (\rho' - \rho)gH$$

13.2.2 노즐형 유량계 nozzle flow meter

노즐형 유량계(nozzle flow meter)는 그림 13.4와 같이 교축(絞縮)부를 완만하게 하여 유체가 서서히 교축되도록 한 것으로, 오리피스보다 압력손실이 적고, 내구성이 좋으나 형상이 복잡한 것이 단점이다.

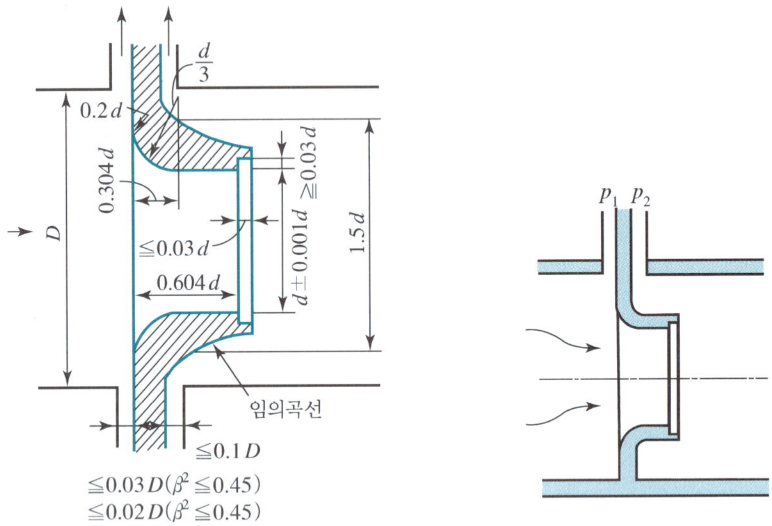

그림 13.4 노즐형 유량계의 원리 및 구조

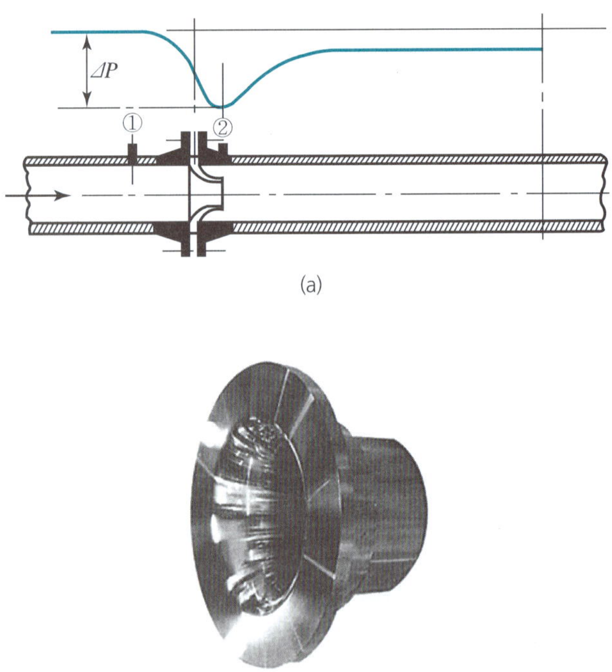

(a)

(b)

그림 13.5 노즐형 유량계에서의 압력분포(a) 및 노즐형 유량계의 실제 모양(b)

13.2.3 벤츄리 유량계 venturi flow meter

벤츄리 유량계(venturi flow meter)는 그림 13.6과 같이 교축부를 노즐보다 더욱 완만하게 한 것으로, 압력손실도 적으며, 정도(精度)도 좋다.

벤츄리 유량계에서 교축부의 면적을 A_0라 하면 유량 Q는 다음 식과 같이 된다.

$$Q = \alpha\, A_0 \sqrt{\frac{2(p_1 - p_2)}{\rho(1-m^2)}}$$

식에서 $m = \left(\dfrac{d}{D}\right)^2$으로 개구비(開口比)라고 한다.

이와 같은 벤츄리 유량계에서 관의 지름을 D, 교축부의 목 지름을 d라 하면, $d/D = 0.25 \sim 0.5$ 정도로 한다.

또한 유체가 유량계에 흘러들어 오기 전, 관이 직선을 유지해야 하는 길이(이를 직관부 길이라고 함)는 최소한 5D 이상으로 해야 한다.

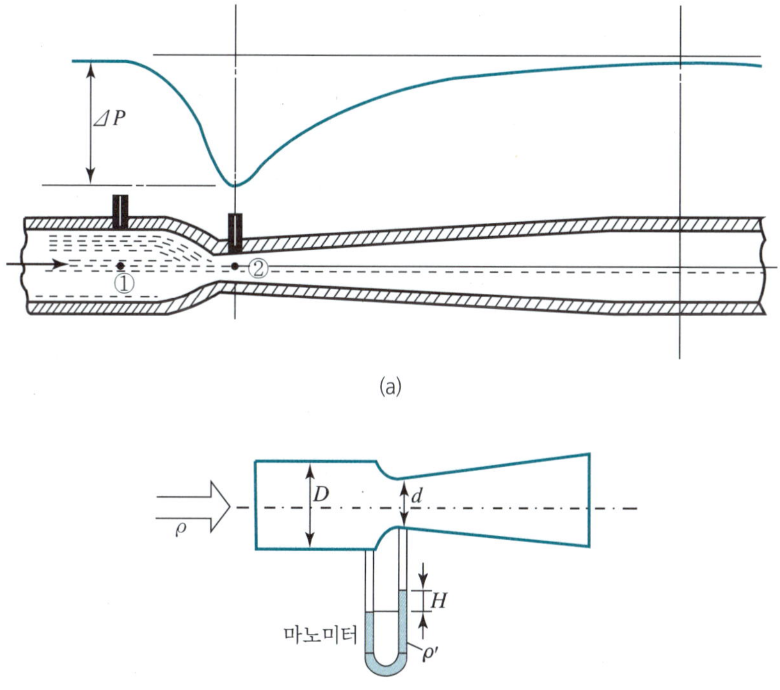

그림 13.6 벤츄리 유량계에서의 압력분포(a) 및 차압의 측정(b)

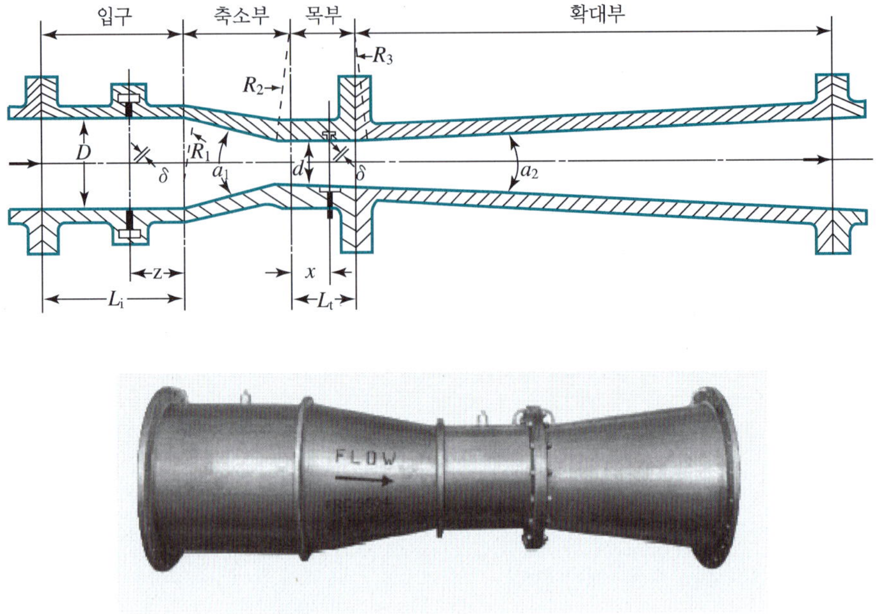

그림 13.7 벤츄리 유량계의 내부 및 외관

13.3 면적식 유량계 variable-area meter

관로의 교축부 전후의 압력차가 일정하게 유지되도록, 교축부의 면적을 변화시킴으로써 유량을 알아내는 방법을 이용한 유량계를 면적식 유량계라고 하며, 이에는 부자식(浮子式)과 피스톤식이 있다.

부자식은 부자, 피스톤식은 피스톤의 변위로부터 유량을 읽을 수 있도록 되어 있다.

13.3.1 부자식 유량계 rotameter

그림 13.8과 같이 부자(浮子, float)가 들어 있는 테이퍼관 내를 유체가 흐를 때, 유체의 유속이 빠를수록 부자는 점점 더 높은 위치로 올라가게 된다.

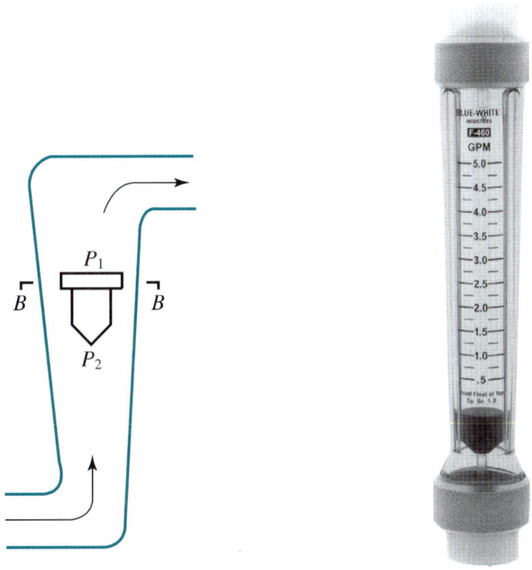

그림 13.8 부자식 유량계

부자가 정지하고 있는 위치에서의 테이퍼관 속의 단면적을 A 라 하면, 유량 Q는 다음 식과 같이 된다.

$$Q = \alpha(A-a)\sqrt{\frac{2}{\rho}\left(\frac{W_f}{a}\right)}$$

식에서 a는 부자의 단면적, W_f는 부자의 중량, ρ는 유체의 밀도, α는 유량계수이다.

13.3.2 피스톤식 유량계 piston type flowmeter

그림 13.9와 같이 유량에 따라 피스톤이 상하로 이동하며 실린더 벽의 유출구 면적을 증감시키는 원리를 이용하여 유량을 측정하는 계측기를 **피스톤식 유량계**라고 한다. 그림과 같은 피스톤식 유량계에서 피스톤의 단면적을 $a\,\mathrm{m}^2$, 피스톤이 유체 속에 있을 때의 중량을 W_f, 유출구 전후의 압력을 p_1 및 p_2라 하면, 다음과 같은 조건일 때 피스톤이 정지하게 된다.

$$p_1 - p_2 = \frac{W_f}{a}$$

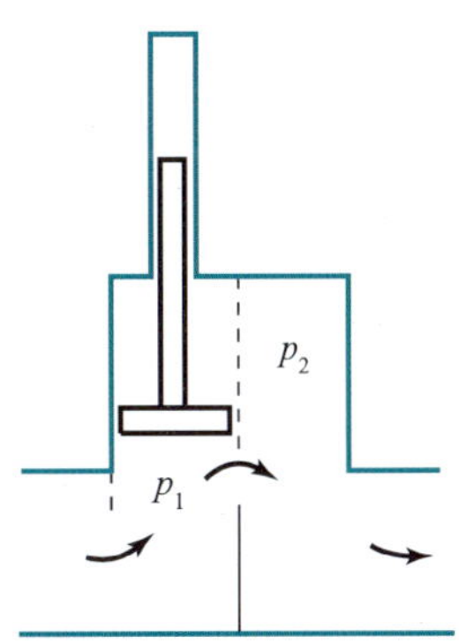

그림 13.9 피스톤식 면적 유량계

이때 유출구의 면적을 A, 유량계수를 α, 유체의 밀도를 ρ라 하면, 체적유량 Q는 다음 식과 같이 된다.

$$Q = \alpha A \sqrt{\frac{2}{\rho}\left(\frac{W_f}{a}\right)}$$

13.4 피토관 pitot tube

그림 13.10과 같이 직각으로 구부린 관을 피토관(pitot tube)이라 한다. 이 피토관의 입구를 유체의 흐름 방향과 대향하여 유체 속에 넣고, 피토관의 구멍을 통하여 유체를 유입시키면 피토관 속의 액주가 상승한다. 이때 피토관 속의 액주(液柱)로부터 유체의 속도를 알아낼 수 있다.

그림 13.10과 같이 유로에 설치한 피토관에서 비중량 γ, 압력 p, 유속 v인 유체가 피토관으로 유입되어 수면으로부터 Δh인 높이가 되었다면, 유체의 속도 v는 다음 식과 같이 된다.

$$v = c\sqrt{2g\Delta h}$$

이 식으로부터 수면으로부터의 높이 Δh를 측정함으로써 유속을 파악할 수 있음을 알 수 있다. 식에서 c는 피토관 계수라 하는데, 이는 실험에 의하여 구해지는 값으로, 표준피토관에서는 $c = 1$로 한다.

이 유량계는 배와 비행기의 속도측정에 많이 사용되고 있다.

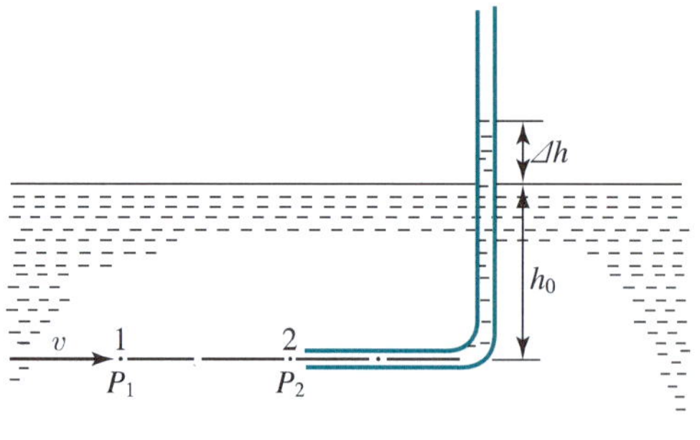

그림 13.10 피토관

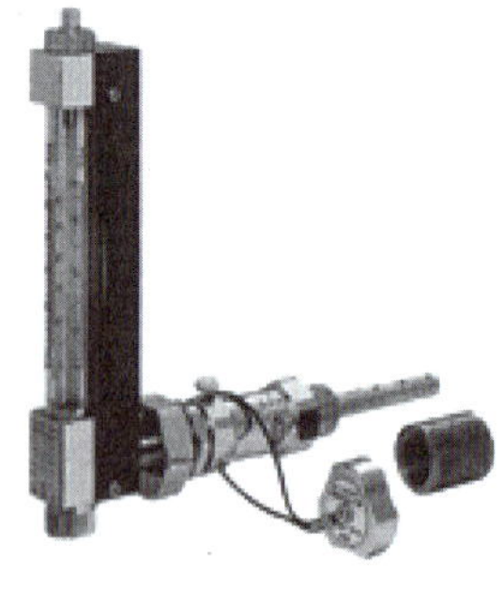

그림 13.11 피토관식 유량계

13.5 위어식 유량계 weir type flow metter

개수로(開水路)를 흐르는 물의 유량을 측정하기 위하여, 물이 흘러가는 수로의 도중을 막은 것을 위어(weir)라고 한다.

그림 13.12와 같이 수로의 도중에 위어를 설치하면 물은 위어를 넘쳐흐르게 되는데, 유량이 많을수록 넘쳐흐르는 물의 높이 H가 커지게 되므로, 이 물의 높이 H를 측정하여 유량을 계산한다. 이와 같은 위어에는 다음과 같이 삼각 위어와 사각 위어, 전폭 위어 등이 있다.

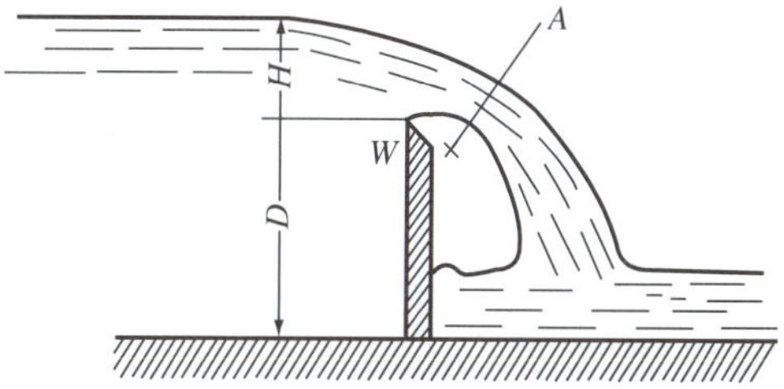

그림 13.12 위어

13.5.1 삼각 위어

그림 13.13과 같이 유체가 넘쳐흐르는 공간 단면이 삼각형 모양인 삼각 위어에서의 유량 Q는 다음과 같은 식으로 된다.

$$Q = KH^{\frac{5}{2}} \text{ m}^3/\text{min}$$

식에서

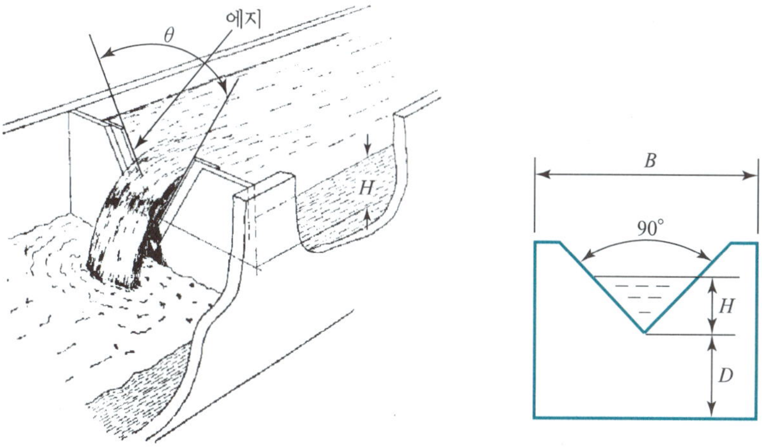

그림 13.13 삼각 위어의 단면

$$K = 81.2 + \frac{0.24}{H} + \left(8.4 + \frac{12}{\sqrt{D}}\right)\left(\frac{H}{B} - 0.09\right)^2$$

이고, H는 위어에서 물이 넘쳐흐르는 물의 높이(m), B는 수로(水路)의 폭(m), D는 수로의 밑면으로부터 위어의 가장 낮은 곳까지의 높이(m)이다.

이때 이 산출 식의 적용범위는 각각 다음과 같다.

$$B = 0.5 \sim 1.2 \text{ m}, \;\; D = 0.1 \sim 0.75 \text{ m}$$
$$H = 0.07 \sim 0.26 \text{ m}, \;\; H \leq \text{B}/3$$

13.5.2 사각 위어

그림 13.14와 같이 유체가 넘쳐흐르는 공간 단면이 사각형 모양을 가진 사각 위어에서의 유량 Q는 다음 식과 같이 된다.

$$Q = KbH^{\frac{3}{2}} \text{ m}^3/\text{min}$$

식에서

$$K = 107.1 + \frac{0.177}{H} + 14.2\frac{H}{D} - 25.7\sqrt{\frac{(B-b)H}{DB}} + 2.04\sqrt{\frac{B}{D}}$$

이고, b는 잘라낸 위어의 폭이며, H는 위어 위를 넘쳐흐르는 물의 높이(m), B는 수로의 폭(m), D는 수로의 밑면으로부터 위어의 가장 낮은 곳까지의 높이(m)이다.

이때 이 산출 식의 적용 범위는 각각 다음과 같다.

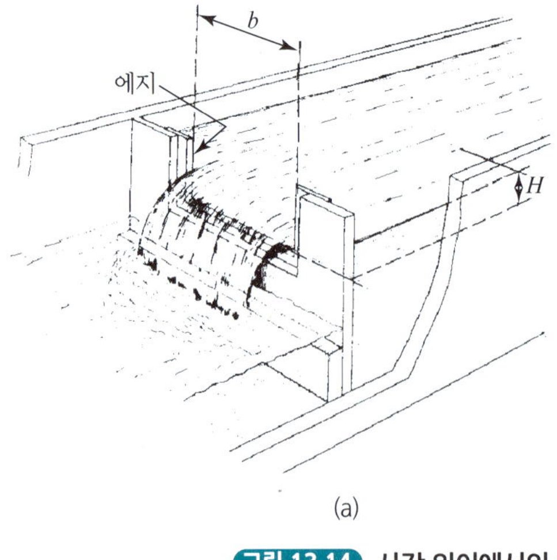

(a)

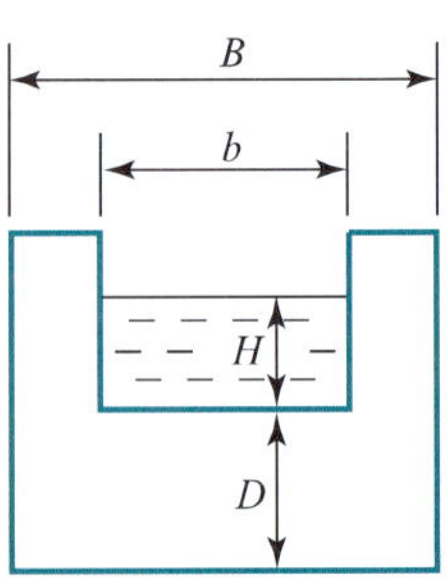

(b)

그림 13.14 사각 위어에서의 흐름(a) 및 단면(b)

$$B = 0.5 \sim 6.3\ \text{m},\ D = 0.15 \sim 3.5\ \text{m},\ b = 0.15 \sim 5\ \text{m}$$

$$H = 0.03 \sim 0.45\sqrt{b}\ \text{m},\ \frac{bD}{B^2} \geq 0.06$$

13.5.3 전폭 위어

그림 13.15와 같이 폭 전체를 통하여 물이 넘쳐흐르도록 한 위어를 **전폭(全幅) 위어**라고 하며, 전폭 위어에서의 유량 Q는 다음과 같다.

$$Q = KBH^{\frac{3}{2}}\ \text{m}^3/\text{min}$$

식에서

$$K = 107.1 + \left(\frac{0.177}{H} + 14.2\frac{H}{D}\right)(1+\epsilon)$$

인데, ε은 보정항으로 다음 값을 택한다.

$$D < 1\ \text{m의 경우}\ \ \varepsilon = 0$$

$$D > 1\ \text{m의 경우}\ \ \varepsilon = 0.55(D-1)$$

식에서 H는 위어로부터 넘쳐흐르는 물의 높이(m), B는 수로의 폭(m), D는 수로의 밑면으로부터 위어의 가장 낮은 곳까지의 높이(m)이다.

이때 이 산출 식의 적용범위는 각각 다음과 같다.

$$B \geq 0.5\ \text{m},\ D = 0.3 \sim 2.5\ \text{m},\ H = 0.03 \sim D\ \text{m(단, } H\text{는 0.8 m 이하)}$$

$$H \geq B/4$$

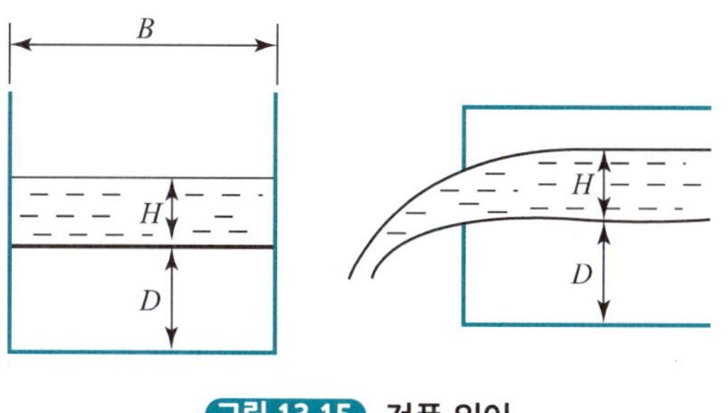

그림 13.15 전폭 위어

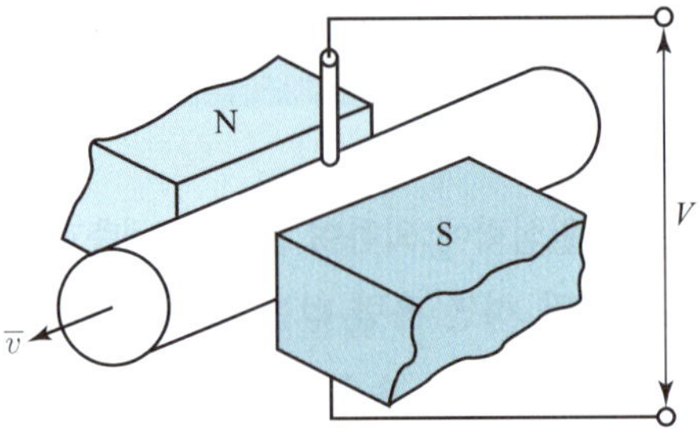

그림 13.21 전자 유량계의 원리

그림 13.22 전자유량계

따라서 영구자석에 의하여 파이프의 직경 방향으로 자장이 형성되고, 자장이 형성된 파이프 속을 전기 전도체인 유체가 통과하게 되면, 전극을 통하여 전압이 유도되게 되는 것이다.

즉, 그림 13.21과 같은 전자 유량계에서 영구자석의 자속밀도를 B Wb/m^{2}라 할 때, 내경 d m인 파이프 속을 평균유속 $\overline{v}$ m/s의 속도로 유체가 흘러가면 파이프에 설치된 전극 사이에는 다음과 같은 전압(V 볼트)이 발생한다.

$$V = Bd\overline{v}$$

또한 유량 Q m^3/s와 평균유속 $\overline{v}$ 사이에는

$$\overline{v} = \frac{4Q}{\pi d^2}$$

의 관계가 있으므로, 유량 Q는 전압 V와 다음과 같은 관계가 성립한다.

$$Q = \frac{\pi d V}{4B}$$

이 식에서 보는 바와 같이 전압은 유체의 유량과 직접적으로 비례한다.

이와 같은 전자유량계는 유체의 흐름을 방해하는 부분이 없기 때문에 압력손실이 없으며, 온도, 압력, 점도, 밀도, 유선(流線)의 변화 등이 측정 정밀도에 영향을 미치지도 않고, 운동부가 없어 부분적인 보수가 필요하지 않다는 장점이 있다.

13.10 초음파 유량계 ultrasonic flow meter

13.10.1 시간차법

그림 13.23과 같이 유체가 흐르고 있는 파이프의 길이 방향으로 서로 ℓ만큼 떨어진 곳에 X_1, X_2인 두 개의 초음파 센서를 삽입하고, 유체의 흐름 방향과 같은 방향인 초음파 센서 X_1으로부터 초음파 센서 X_2로 초음파를 송신하면, 초음파의 속도(음속)는 유체가 정지했을 때의 음속 c에 유체의 유속 v를 더한 값인 $c+v$가 된다. 따라서 초음파가 초음파센서 X_1으로부터 초음파 센서 X_2로 전파(傳播)될 때의 시간 t_1은 다음 식과 같이 된다.

$$t_1 = \frac{\ell}{c+v}$$

그런 다음에, 스위치 s를 절환하여 유체의 유동방향과 반대방향인 초음파센서 X_2로부터 초음파 센서 X_1으로 초음파를 송신하면, 초음파의 전파시간t_2는 다음 식과 같이 된다.

$$t_2 = \frac{\ell}{c-v}$$

따라서 초음파를 유체의 유동방향과 같은 방향으로 송신할 때와 그 반대방향으로 송신할 때의 시간차는 다음 식과 같이 된다.

$$t_2 - t_1 = \frac{\ell}{c-v} - \frac{\ell}{c+v} = \ell\,\frac{2v}{c^2-v^2} = \ell\,\frac{2v}{c^2\left\{1-\left(\frac{v}{c}\right)^2\right\}} \tag{13.1}$$

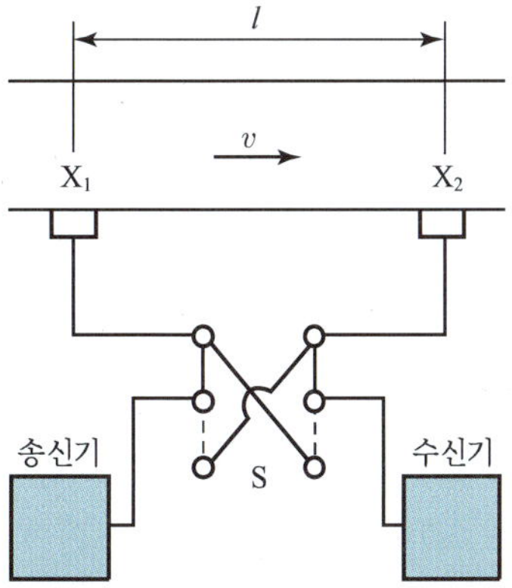

그림 13.23 시간차법에 의한 유량측정

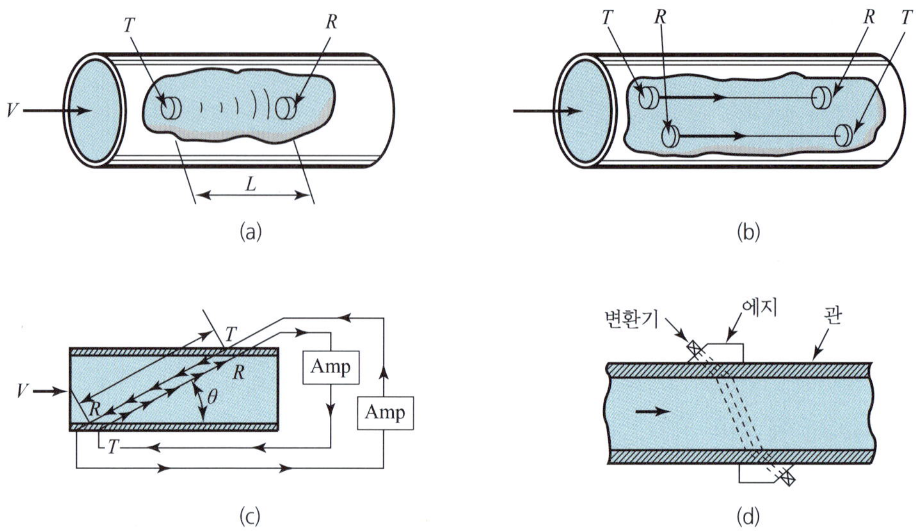

그림 13.24 초음파를 이용한 여러 가지 유량측정 방법

일반적으로 유체의 속도 v는 초음파의 속도 c에 비하여 극히 작으므로 $\left(\frac{v}{c}\right)^2$은 무시할 수 있다. 따라서 식 (13.1)은 다음과 같이 단순화시킬 수 있다.

$$t_2 - t_1 = \frac{2\ell v}{c^2}$$

따라서 유체의 유속 v는 다음 식과 같이 시간차 $t_2 - t_1$에 비례하게 된다.

$$v = \frac{c^2}{2\ell}(t_{2-}t_1)$$

이 식에서 c와 ℓ을 이미 알고 있으면, 시간차 $t_2 - t_1$을 측정함으로써 유속 v를 구할 수 있다.

13.10.2 위상차법

앞 절의 시간차법에서와 같이 유체가 흐르고 있는 파이프의 길이 방향으로 서로 ℓ만큼 떨어진 곳에 X_1, X_2인 두 개의 초음파 센서를 삽입하고 유체의 흐름 방향과 같은 방향인 초음파 센서 X_1으로부터 초음파 센서 X_2로 주파수 f 의 정현파(正弦波)로 진행하는 초음파를 송신하면 초음파의 위상속도 $\Delta\phi_1$은 다음 식과 같이 된다.

$$\Delta\phi_1 = 2\pi f t_1 = 2\pi f\ \ell\ /(c+v)$$

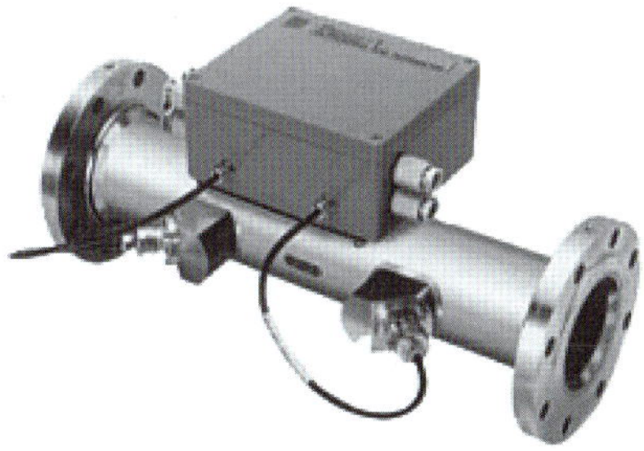

그림 13.25 초음파 유량계(기체용)

다음에 유체의 유동방향과 반대방향인 초음파센서 X_2로부터 초음파 센서 X_1으로 송신했을 때의 위상속도 $\Delta\phi_2$는 다음 식과 같이 된다.

$$\Delta\phi_2 = 2\pi f t_2 = 2\pi f\, \ell\, /(c-v)$$

따라서 이 두 파간의 위상차를 구하면 다음과 같이 된다.

$$\Delta\phi_2 - \Delta\phi_1 = 2\pi f\, \ell\, (\frac{1}{c-v} - \frac{1}{c+v}) \fallingdotseq 2\pi f\, \ell\, \frac{2v}{c^2}$$

이 식으로부터 유속 v를 구하면 다음 식과 같이 된다.

$$v = \frac{c^2}{4\pi f\, \ell}(\Delta\phi_2 - \Delta\phi_1)$$

따라서 위상차 $\Delta\phi_2 - \Delta\phi_1$을 측정함으로써 유속 v를 구할 수 있다.

13.11 염수법 塩水法

13.11.1 염수 속도법

그림 13.26과 같이 유체가 흐르고 있는 파이프에 L만큼의 거리를 두고 두쌍의 전극을 설치한 다음, 그 유체 흐름의 상류(上流)로부터 식염수를 분사시킨다. 이때 식염수가 물과 섞여 흐르면서 첫 번째 전극에 닿게 되면, 이 전극 사이에 흐르는 전류가 증가하고, 이 식염수가 계속 흘러 L만큼 떨어진 2번째 전극 사이를 지나가면, 2번째 전극 사이의 전류도 증가할 것이다.

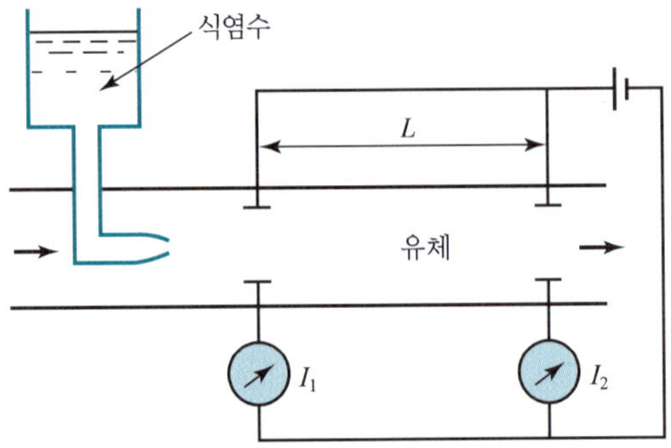

그림 13.26 염수 속도법

따라서 식염수가 L 만큼의 거리를 지날 때의 시간 t 를 측정하여, 다음 식에 의해 유체의 평균 속도 $\bar{v}$를 구한다.

$$\bar{v} = \frac{L}{t}$$

13.11.2 염수 농도법 塩水濃度法

유량 Q m^3/s로 흐르고 있는 유체 속에 농도 C_1 kgf/m^{3}인 소금물을 유량 q m^3/s으로 주입한다. 흐르고 있는 물 자체의 염분 농도를 C_0 kgf/m^{3}이라 하고 소금물 혼합 후의 농도를 C_2 kgf/m^{3}라 하면, 소금물 주입 시 유체 속에 있는 소금의 중량은 $C_0Q + C_1q$가 되고, 혼합 후의 소금의 중량은 $C_2(Q+q)$가 된다.

따라서 이들은 서로 같아야 하므로 다음과 같은 식이 성립한다.

$$C_0Q + C_1q = C_2(Q+q)$$

이 식으로부터 유체의 유량 Q는 다음과 같이 된다.

$$Q = \frac{C_1 - C_2}{C_2 - C_0}q$$

13.12 열식 유량계 thermal flow meter

13.12.1 열선 풍속계 hot-wire anemometer

기체가 흐르고 있는 방향과 직각 방향으로 열선(熱線)이라고 하는 전기 저항선을 설치하고 전류를 흘려보내, 가열시키는 동시에 온도를 측정한다. 이때 기체의 유속이 빠르면 빠를수록 열선이 더욱더 빨리 냉각되어 열선의 전기저항이 감소하게 된다. 이와 같은 원리를 이용하여 기체의 유량을 측정하도록 만든 것이 열선 풍속계로 이에는 정전압법과 정온도법이 있다.

(1) 정전압법

그림 13.27(a)와 같이 기체가 흐르고 있는 파이프 안에 열선을 설치하고 저항선에 흐르고 있는 전압을 일정하게 유지하면, 다음 식과 같이 열선의 저항 변화 R은 유속 v의 함수가 되므로 이들의 관계로부터 기체의 유속 v를 구할 수 있다.

$$R = f(v)$$

(2) 정온도법

그림 13.27(b)와 같이 기체가 흐르고 있는 파이프 안에 열선을 설치하고, 열선의 온도가 일정하게 되도록 전류 I를 변화시키면, 유속 v는 전류 I와 다음과 같은 관계식이 성립하므로 이 관계로부터 기체의 유속 v를 구한다.

$$I^2 = B\sqrt{v} + C$$

단, 여기서 B, C는 실험정수이다.

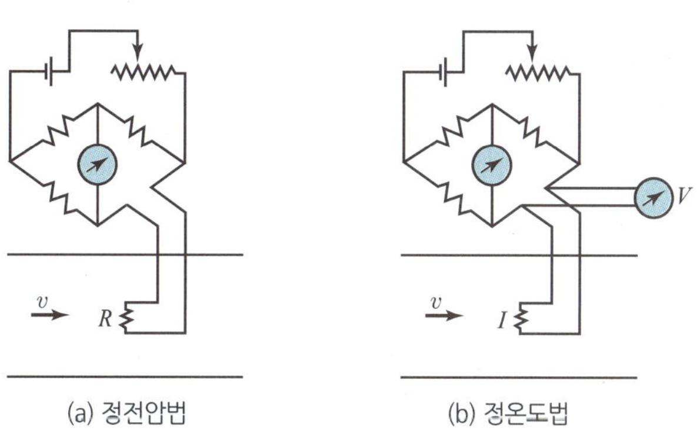

(a) 정전압법 (b) 정온도법

그림 13.27 열식 유량계의 원리

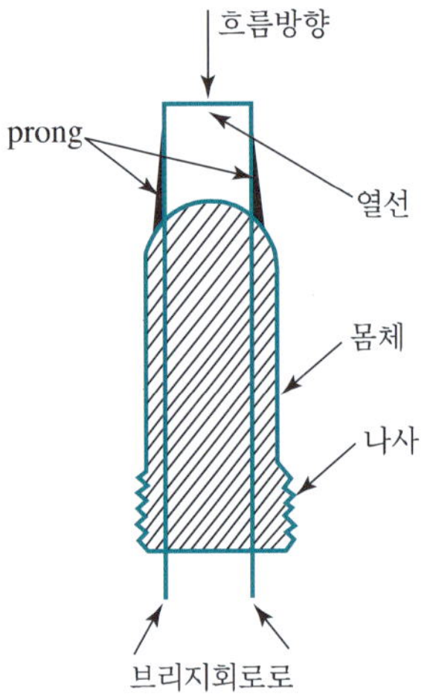

(a) 센서부 구조

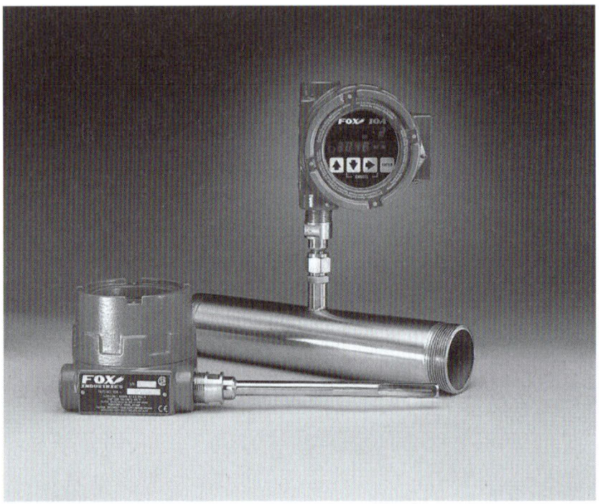

(b) 열식 유량계

그림 13.28 열식 유량계

13. 12. 2 토마스법 Thomas method

그림 13.29와 같이 유체가 흐르고 있는 파이프 속에 전열선(電熱線)을 넣고 유체의 온도를 t_1℃로부터 t_2℃까지 높일 때 소요되는 에너지량을 측정하여, 다음 식으로부터 유체의 유량을 구한다.

$$M = \frac{E}{Jc_p(t_2 - t_1)}$$

식에서 M은 유체의 질량유량으로서 단위는 kg/s이고, E는 에너지로서 단위는 J/s, J는 열의 일당량으로 단위는 J/kcal, c_p는 기체의 정압비열로 그 단위는 kcal/kg·℃이다.

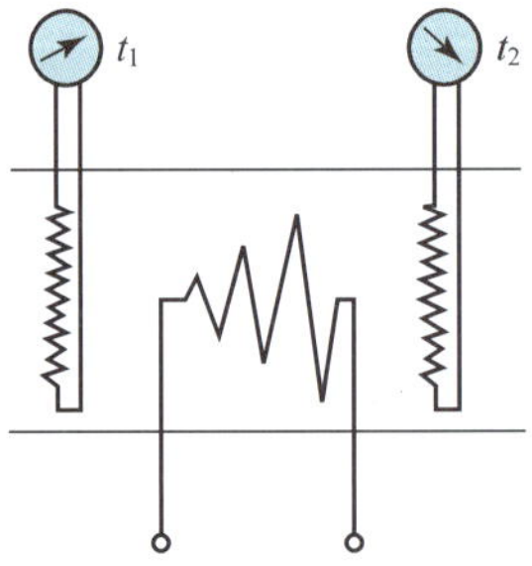

그림 13.29 토마스법에 의한 유량측정

Chapter 14

액면(液面)의 측정

14.1 유리관식 액면계 gauge glass

탱크 내의 액면(또는 액위라고도 함)의 높이를 알고자 할 때, 그림 14.1과 같이 탱크의 측벽을 뚫고 유리관을 연결하면, 탱크 속에 들어있는 액체의 일부가 유리관으로 흘러 들어와 탱크 내의 액체의 높이와 유리관 속의 액체의 높이는 같아진다. 따라서 유리관을 통하여 탱크 속의 액체의 높이를 측정할 수 있다.

이때 이 유리관을 게이지 글라스(gauge glass)라고 한다.

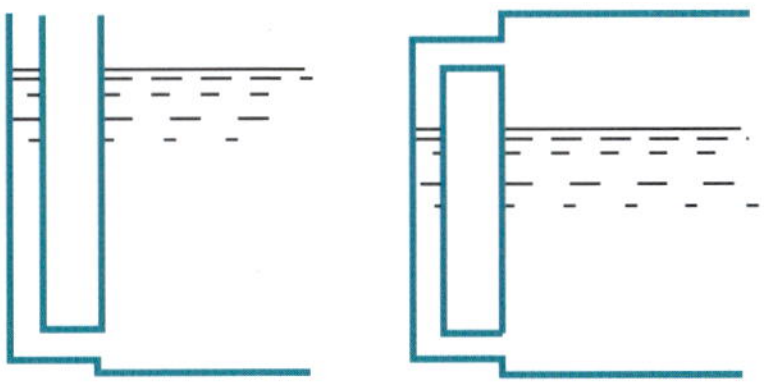

(a) 개방탱크 (b) 밀폐탱크

그림 14.1 게이지 글라스에 의한 액면의 측정

14.2 부자식 액면계 浮子式 液面計, float type liquid level gauge

14.2.1 부자의 변위를 이용한 액면계

그림 14.2와 같이 액체에 떠있는 부자(浮子)가 액면의 위치에 따라 움직이는 변위를 이용하여 액면의 위치를 측정하는 방법이다.

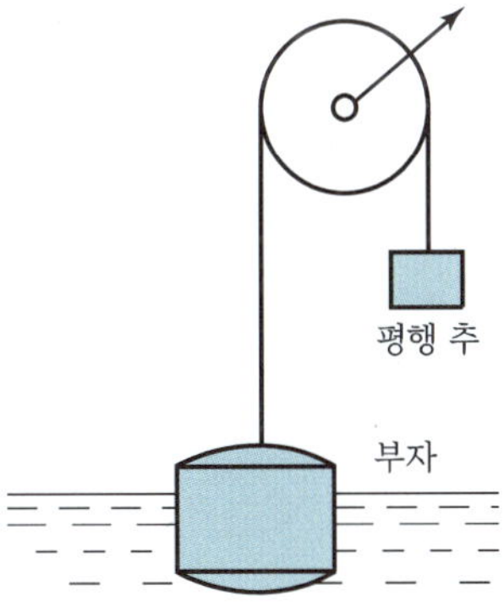

그림 14.2 부자식 액면계

14.2.2 부자의 부력을 이용한 액면계

부자에 작용하는 부력(浮力)을 스프링의 힘과 평형시켜 액면의 위치를 측정하는 방법으로, 그림 14.3(a)와 같이 비중량 γ인 유체 속에 단면적 A인 부자를 띄우고, 이 부자의 상단에 스프링 상수 k인 스프링으로 연결하여 고정하면, 부자의 부력과 스프링 간의 힘의 평형에 의하여 어느 위치에서 부자가 멈추게 된다. 이때 액면의 변위를 ΔH, 부자의 변위를 h라 하면 이들 사이에는 다음과 같은 관계식이 성립한다.

$$\gamma A(\Delta H - h) = kh$$

$$\therefore\ \Delta H = \left(1 + \frac{k}{\gamma A}\right)h$$

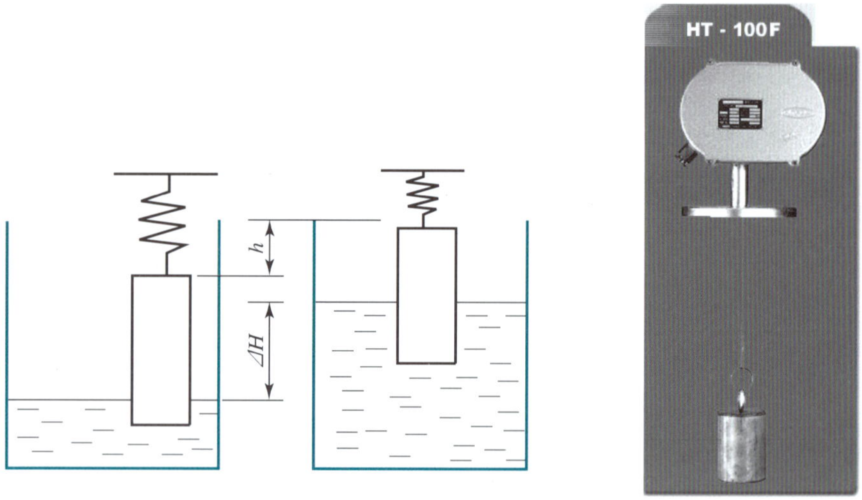

(a) 원리　　(b) 실제모양

그림 14.3 스프링을 이용한 부자식 액면계

14.3 압력식 액면계 pressure type liquid level gauge

14.3.1 압력계를 이용한 액면계

그림 14.4(a)와 같이 액체가 들어 있는 용기의 측벽에 구멍을 뚫고 압력계를 연결하면, 액면의 높이 h에 따라 압력계에서의 압력은 높아질 것이다.

이때 액체의 비중량을 γ라 하면, 압력계의 지시압력 p는 액면의 높이 h와 다음과 같은 관계를 가지고 있다.

$$p = \gamma h$$

따라서 그림 14.4(a)에서 액면의 높이 H는 다음 식과 같이 된다.

$$H = \frac{p}{\gamma} + H_1$$

또한 그림 14.4(b)와 같이 비중량 γ_0인 액체를 봉입한 액주형 압력계를 이용할 때에는 다음과 같은 관계식이 성립한다.

$$\gamma_0 h = \gamma(H - H_1 + H_2)$$

따라서 액면의 높이 H는 다음 식과 같이 된다.

$$H = \frac{\gamma_0}{\gamma} h + H_1 - H_2$$

그림 14.5의 압력식 액면계(Pressure Level Transmitter)는 액체의 압력 변화를 연속적으로 측정한 후, 전기신호(4~20 mA)로 변환하여 액면의 위치를 디지털량으로 지시하고, 그 신호를 콘트롤 밸브로 보내어 액면의 위치를 일정하게 유지할 수 있도록 한다.

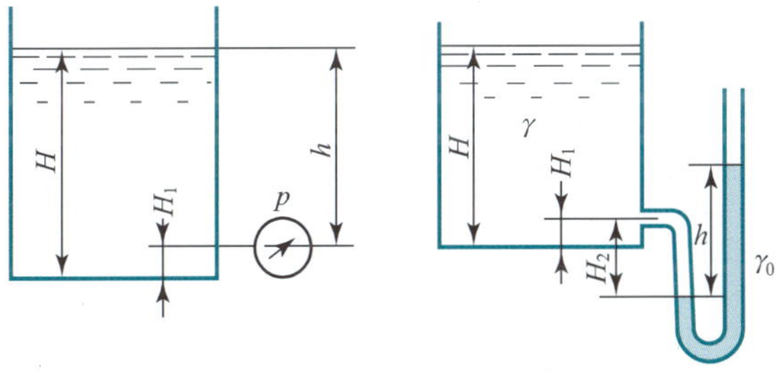

(a) 압력계형 (b) 액주형 압력계형

그림 14.4 압력식 액면계의 원리

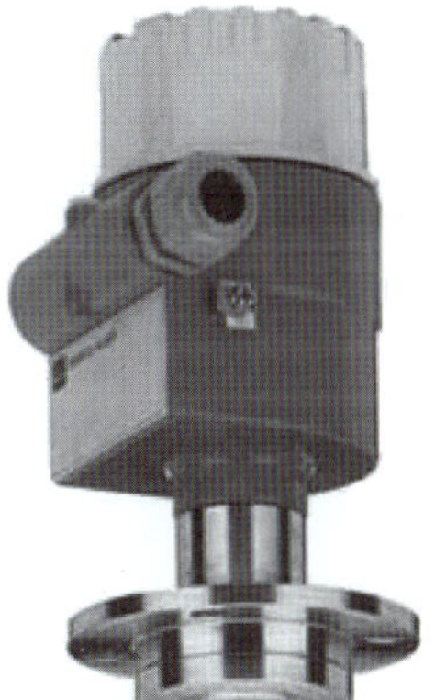

그림 14.5 압력식 액면계

14.3.2 차압계를 이용한 액면계

밀폐된 용기 내의 액체가 고온으로 증발하여 응축하는 고온 프로세서의 경우에 있어서는 앞에서와 같은 압력계를 사용하여 액면을 측정할 수 없다. 따라서 그림 14.6(a)와 같이 용기 측벽의 상하 두 곳에 구멍을 뚫고 도압관을 설치, 차압계를 연결하여 측정된 차압으로부터 액면의 높이를 구한다. 이때 도압관의 상부에는 응축기를 설치하여 용기로부터 유입된 증기를 응축시킨다. 이 응축기에서 증기를 응축시킬 때 도압관 내의 액위가 일정한 높이 이상 초과하는 여분으로 응축된 액체는 다시 용기 내로 되돌아 가도록 배관하여, 도압관 내의 액위가 항상 일정한 높이로 유지되도록 한다. 이때 용기 내의 액체의 비중량을 α라 하면 차압계에서의 압력은 다음과 같이 된다.

$$p_1 = p_0 + \gamma H_1$$
$$p_2 = p_0 + \gamma H_2$$
$$\therefore p_1 - p_2 = \gamma(H_1 - H_2) = \gamma H$$

이 식으로부터 액면의 위치 H를 구하면 다음과 같다.

$$H = \frac{p_1 - p_2}{\gamma} \tag{14.1}$$

또한 그림 14.6(b)와 같이 비중량 r_0인 액체를 봉입한 액주형 차압계를 이용하는 경우에는 다음과 같은 식이 성립한다.

$$\gamma_0 h = \gamma(h + H)$$
$$\therefore H = \left(\frac{\gamma_0}{\gamma} - 1\right)h \tag{14.2}$$

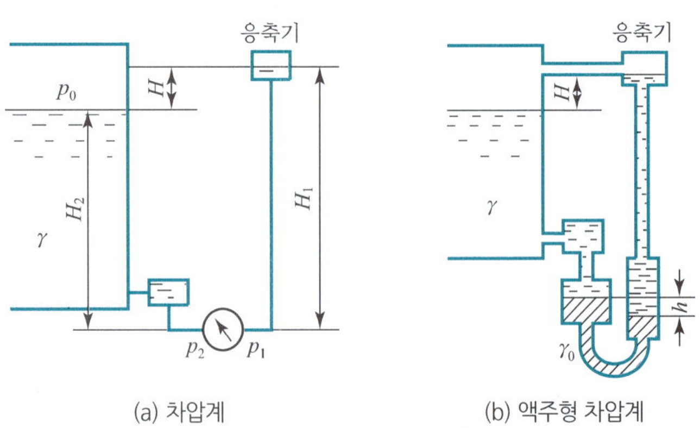

(a) 차압계 (b) 액주형 차압계

그림 14.6 차압식 액면계

14.4 기포식 액면계 bubler type liquid level gauge

그림 14.7과 같이 액체 속에 파이프를 집어넣고 그 파이프를 통하여 공기를 불어넣으면, 파이프 내의 공기 압력은 액체의 압력과 같아진다. 따라서 이때 파이프 내의 공기 압력을 압력계로 측정하여 액면의 높이를 구한다.

즉, 그림에서 파이프 내의 공기압력을 p, 액체의 비중량을 γ라 하면, 액면의 높이 H는 다음 식과 같이 된다.

$$H = \frac{p}{\gamma}$$

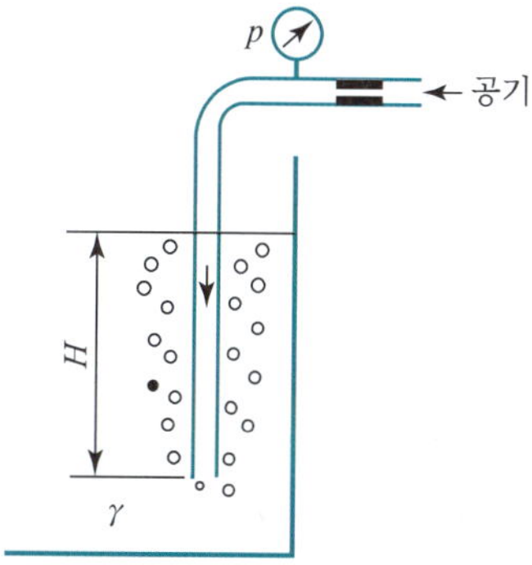

그림 14.7 기포식 액면계

14.5 전극식 액면계 probe type liquid level gauge

도전성(導電性)이 있는 액체의 액면의 위치를 제어하기 위한 것으로, 그림 14.8과 같이 제어하고자 하는 액면의 최댓점과 최솟점 두 곳에 전극을 설치하고, 액면이 전극의 끝에 도달하였을 때 경보 또는 제어회로에 전류가 흐르도록 한 것이다.

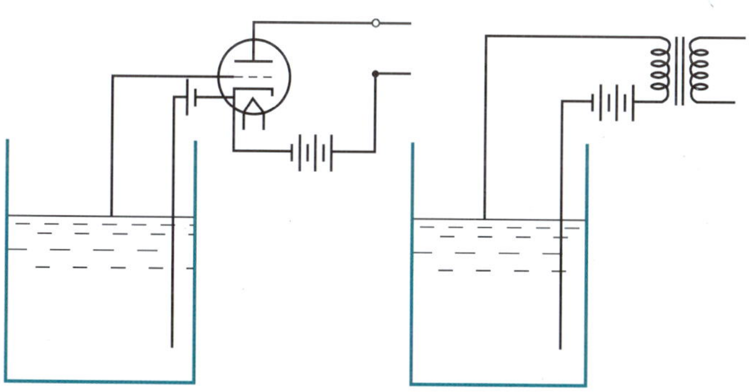

그림 14.8 전극식 액면계의 원리

그림 14.9 전극식 액면계

14.6 정전 용량식 액면계 capacitance type liquid level gauge

그림 14.10과 같이 동심의 두 개의 원통으로 만들어진 전극을 비도전성(非導電性) 액체 속에 넣으면, 두 원통 사이의 정전용량 C는 액면의 높이 H_1에 따라 다음 식과 같이 된다.

$$C = \frac{2\pi\,(\varepsilon_1 H_1 + \varepsilon_2 H_2)}{\log_e (R/r)}$$

이 식으로부터 정전용량 C를 측정하여 액면의 높이 H_1을 파악할 수 있음을 알 수 있다.

식에서 ε_1은 액체의 유전율, ε_2는 액체 위에 있는 기체의 유전율, H_1은 액체에 잠겨있는 전극의 길이, H_2는 액면 위에서 기체와 접하고 있는 전극의 길이, R은 외부전극의 내경, r은 내부전극의 내경이다.

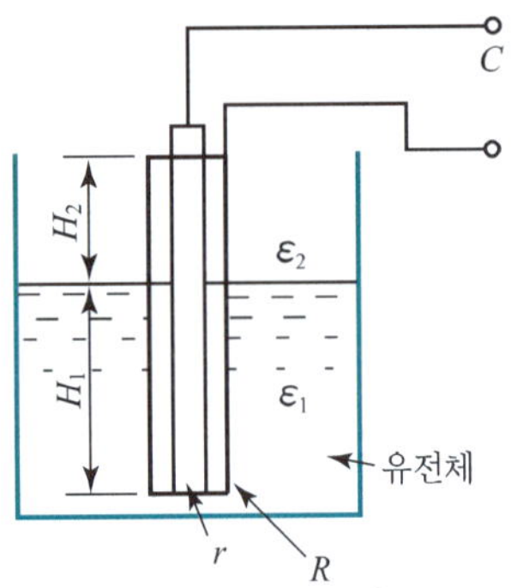

그림 14.10 정전용량식 액면계의 원리

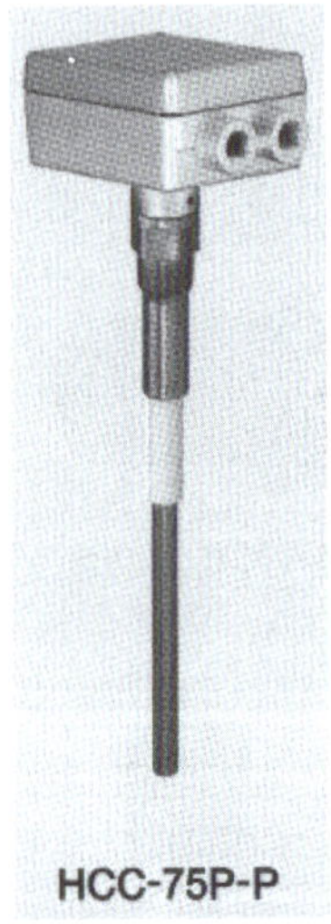

그림 14.11 정전용량식 액면계

14.7 초음파 액면계 ultrasonic liquid level gauge

그림 14.12와 같이 액면으로부터 H만큼 떨어진 위치에 초음파 송수신센서를 설치하고, 초음파를 송신한 후, 초음파가 액면으로부터 반사되어 되돌아올 때까지의 시간 t를 측정하여 다음 식으로부터 초음파센서로부터 액면까지의 거리 H를 구할 수 있다.

$$H = \frac{ct}{2}$$

식에서 c는 초음파의 전파속도이다.

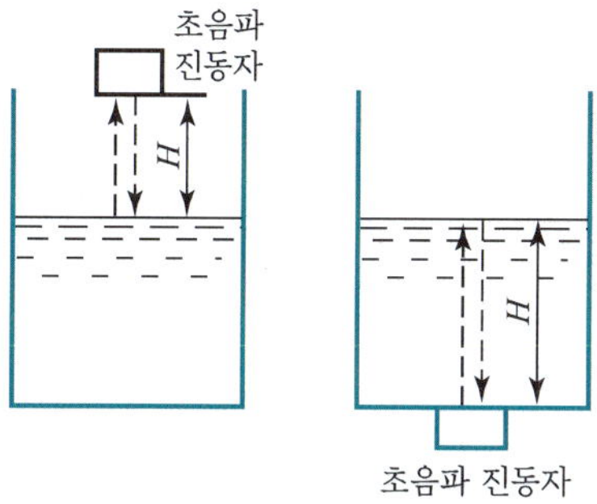

그림 14.12 초음파 액면계의 원리

그림 14.13 초음파 액면계

14.8 방사선 액면계 radiation type liquid level gauge

그림 14.14와 같이 제어하고자 하는 액면의 위치에 방사선 발생장치 및 검출장치를 설치하고, 액면이 이 위치에 다달았을 때 투과선량이 급변하는 현상으로부터 액면의 높이를 감지한다.

이때 사용되는 방사선은 보통 γ선이 많이 이용되고 있다.

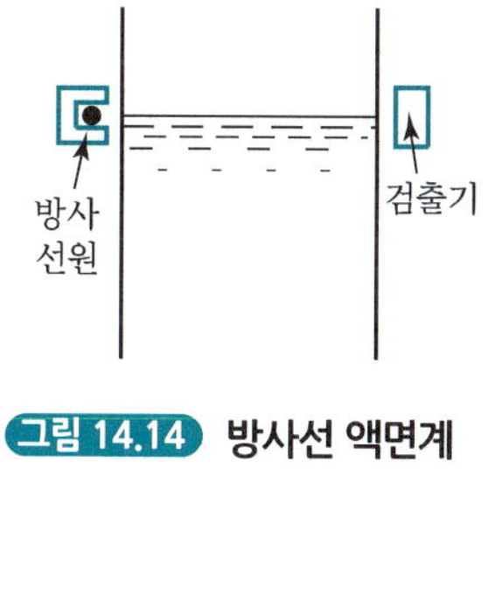

그림 14.14 방사선 액면계

Chapter 15

온도의 측정

15.1 온도의 단위

온도(temperature)란 물체가 따뜻한지 차가운지 하는 정도를 정량적으로 나타내기 위한 척도이다. 일반적인 온도 측정원리는 온도계에 있는 감온(感溫)부의 온도를 측정하려고 하는 물체의 온도와 같게 하여 물체의 온도를 파악하는 것에 불과하다.

온도계에 눈금을 매기려면 어느 일정한 조건하에서 항상 재현할 수 있는 기준이 되는 온도에 따라 눈금의 간격을 정하여야 하는데, 이와 같은 기준이 되는 온도를 온도의 정점(定點)이라 한다. 두 개의 온도정점으로서, 표준기압(1.013250 bar, 760 mmHg) 하에서 빙점(氷點, ice point)을 0으로 하고, 비등점(沸騰點, boiling point)을 100으로 하여 그 사이를 100등분한 것을 섭씨온도라 하며 ℃로 표시한다.

여기서 C는 셀시우스(Celsius)가 창안한 눈금으로 Celsius의 약어이다.

또한 표준기압 하에서 빙점을 32, 비등점을 212로 하고 그 사이를 180등분한 것을 화씨온도라 하며, °F로 표시한다.

여기서 F는 파렌하이트(Fahrenheit)가 창안한 눈금으로 Fahrenheit의 약어이다.

이상과 같은 단위는 실용적인 것으로 많이 사용되고 있으나, 열역학에서는 물의 삼중점을 온도정점으로 하는 절대온도 눈금이 사용된다.

즉, 물의 삼중점을 273.16 K로 정하고 눈금의 간격을 섭씨눈금과 같이 매긴 온도를 절대온도(絶對溫度, absolute temperature)라 하며 K로 표시한다.

여기서 K는 켈빈(Kelvin)이 창안한 눈금으로 Kelvin의 약어이다.

물의 삼중점은 물과 얼음, 수증기가 평형상태로 되어 공존하고 있는 온도로 0.01℃이다. 이는 빙점보다도 정확하게 실현시킬 수 있다는 의미에서 빙점 대신에 사용하게 된 것이다.

따라서 섭씨온도는 절대온도에서 273.15를 뺀 것이라는 것을 알 수 있다.

섭씨온도를 t_C, 화씨온도를 t_F, 절대온도를 t_K라 하면 이들 사이에는 다음과 같은 관계식이 성립한다.

$$t_F = \frac{9}{5}t_C + 32$$

$$t_K = t_C + 273.15$$

15.2 유리 온도계

유리 온도계(liquid-in-glass thermometer)는 수은 등의 액체의 온도가 상승할 때 그 체적이 팽창하는 원리를 이용하여 온도를 측정하는 계측기로, 그림 15.1과 같이 감온액(感溫液)이 담겨 있는 감온부와 팽창한 감온액이 상승하는 모세관으로 되어 있다.

지금 온도가 t_0℃이고, 체적이 v_0인 감온액의 온도가 t ℃로 상승할 때 모세관을 따라 상승하는 감온액의 체적 Δv는 다음 식과 같이 된다.

$$\Delta v = v_0 \beta (t - t_0)$$

식에서 β는 감온액의 유리에 대한 겉보기 팽창계수이다.

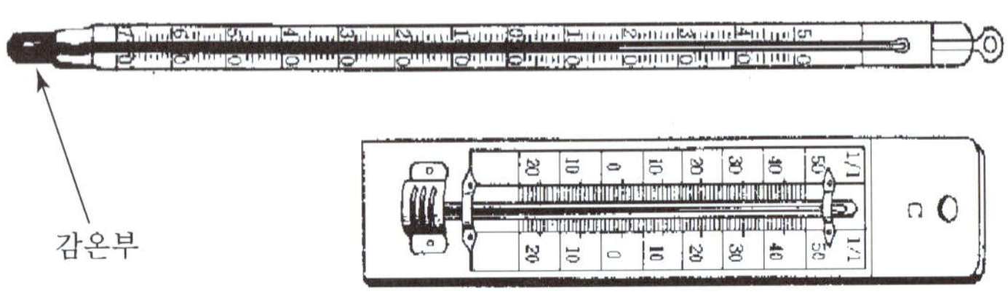

그림 15.1 유리 온도계

15.3 바이메탈 온도계

바이메탈(bimetal)이란 열팽창계수가 다른 2종의 금속을 합쳐 붙인 판으로, 이 판의 온도가 상승하면 열팽창계수가 큰 쪽은 열팽창계수가 작은 쪽보다 많이 늘어나게 되어, 열팽창계수가 작은 쪽으로 구부러지는 현상이 생긴다. 바이메탈 온도계(bimetal thermometer)는 이와 같이 바이메탈이 온도 상승에 따라 구부러지는 현상을 이용하여, 온도를 측정하는 계측기이다.

그림 15.2(a)와 같이 그 일단이 고정된 평판형 바이메탈의 경우, 온도가 Δt만큼 상승하면 바이메탈의 굽은 양 δ는 다음 식과 같이 된다.

$$\delta = K_1 \frac{l^2 \Delta t}{h}$$

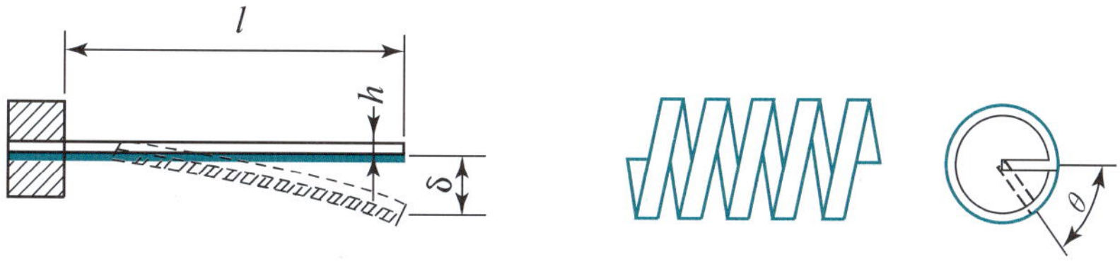

그림 15.2 바이메탈 온도계의 원리

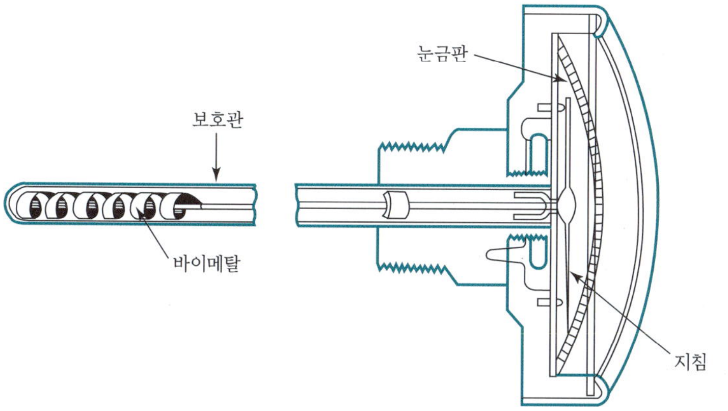

그림 15.3 바이메탈 온도계의 내부구조

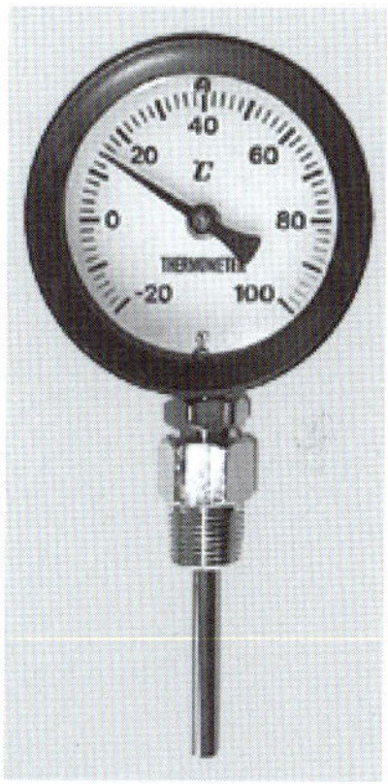

그림 15.4 바이메탈 온도계

또한 그림 15.2(b)와 같이 일단이 고정된 나선형 바이메탈의 경우에는, 그 자유 단의 중심에 대한 각도 변화량 θ는 다음 식과 같이 된다.

$$\theta = K_2 \frac{l \Delta t}{h}$$

식에서 h는 바이메탈의 두께, l은 바이메탈의 길이이고, K_1, K_2는 바이메탈의 종류에 따라 결정되는 상수이다.

15.4 압력 온도계

압력 온도계는 그림 15.5와 같이 감온부와 모세관 및 부르돈관으로 이루어진 관 속에 알코올, 수은, 증기, 가스 등을 봉입한 것으로, 봉입되어 있는 물질의 온도가 상승하여 팽창할 때 부르돈관에 압력이 작용하여, 부르돈관이 변형되도록 하여 온도를 측정하는 방식을 사용한 계측기이다.

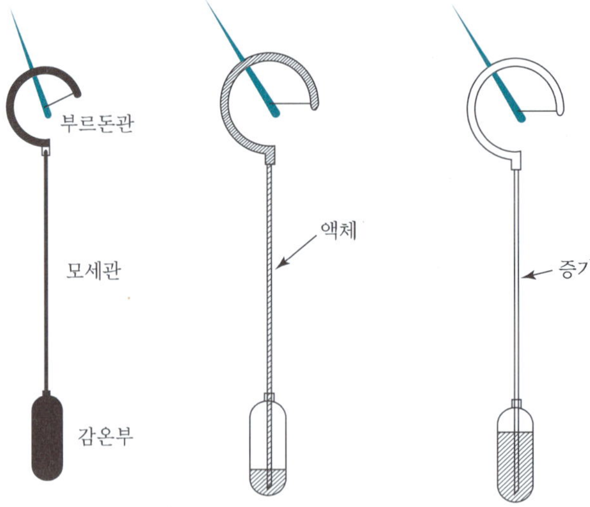

그림 15.5 압력 온도계의 원리

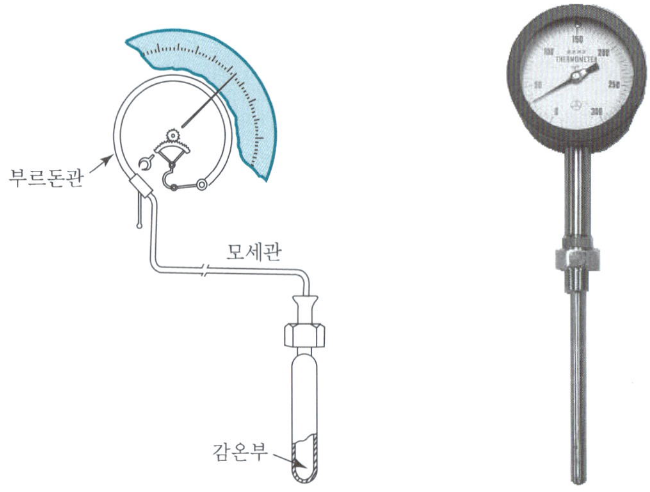

그림 15.6 압력 온도계의 내부구조 및 외관

즉, 체적팽창계수 β 인 액체를 봉입한 압력 온도계에서 온도가 t_0℃일 때 체적 v_0인 감온액의 온도가 t ℃로 변화하면, 감온부의 겉보기 팽창량 Δv는 다음 식과 같이 된다.

$$\Delta v = v_0 \beta (t - t_0)$$

이 Δv에 의하여 온도를 지시하게 되는 것이다.

15.5 저항 온도계

15.5.1 금속 측온 저항체

온도가 상승하면 금속의 전기저항은 증가한다. 저항 온도계(resistance thermometer)란 이와 같이 금속의 전기저항이 온도에 따라 변화하는 원리를 이용하여 온도를 측정하는 계측기이다. 저항 온도계에서 감온부에 이용되고 있는 금속선의 온도가 t_0℃로부터 t℃로 증가하면 다음과 같은 식이 성립한다.

$$R_t = R_0(1 + \alpha \Delta t)$$

식에서 α는 금속선의 온도가 t_0℃일 때의 온도 계수이며, $\Delta t = t - t_0$이다. 또한 R_0는 금속선의 온도가 t_0℃일 때의 전기저항, R_t는 t_0℃일 때의 전기저항이다.

저항 온도계에서 측온 저항체로서 사용되고 있는 금속은 백금, 니켈, 구리 등인데, 이 중 백금이 가장 널리 사용되고 있다.

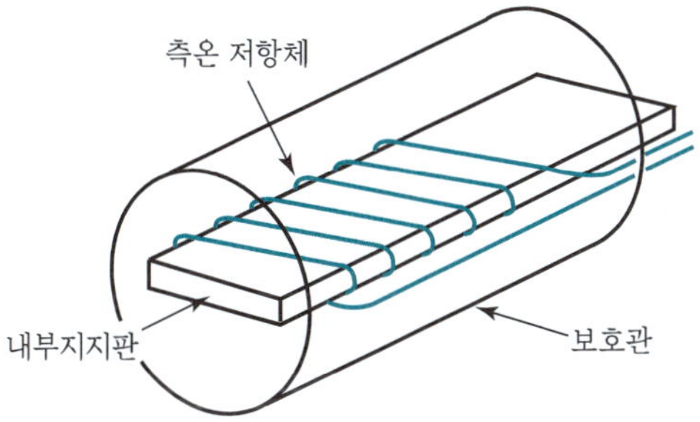

그림 15.7 저항 온도계 검출기의 내부구조

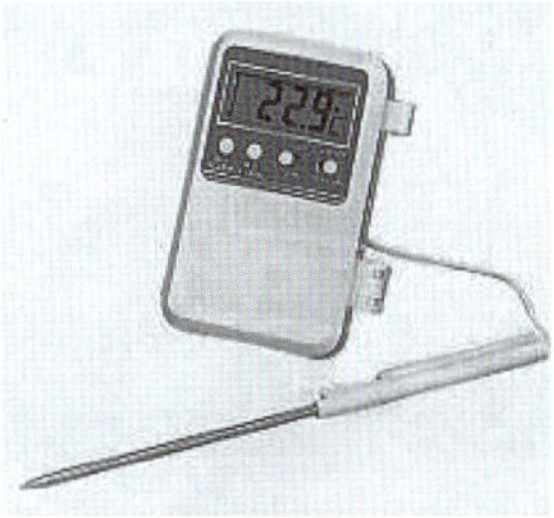

그림 15.8 저항 온도계

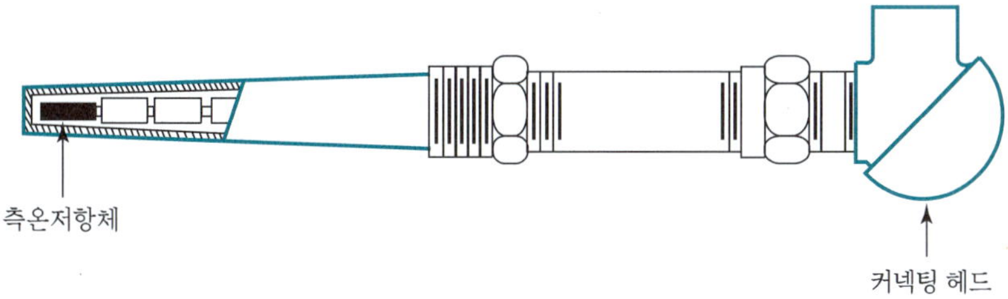

그림 15.9 저항 온도계의 검출부

15.5.2 반도체 측온 저항체

저항 온도계에서 측온 저항체로 사용되는 반도체로는 서미스터가 있다. 서미스터(thermister)란 Ni, Co, Mn, Fe, Cu 등의 금속 산화물 분말을 혼합하여 소결 압축시킨 반도체 소자(半導體 素子)로, 반도체의 도전율(導電律)이 온도의 상승과 함께 증대하는 성질을 이용한 온도계측용 소자이다.

이 소자는 비교적 저온도(-100~300℃)의 측온체로서, 감도가 높고, 형상이 작으며, 응답이 빠른 특성을 가지고 있기 때문에 널리 사용되고 있다.

서미스터의 온도가 T_0 K로부터 T K로 증가하면 전기저항 R_t는 다음과 같이 된다.

$$R_t = R_0\ e^{B\left(\frac{1}{T} - \frac{1}{T_0}\right)}$$

여기서 R_0는 서미스터의 온도가 T_0 K일 때의 저항이고, B는 재료에 따라 결정되는 상수로 3000~3500 정도의 크기를 갖는다.

15.6 열전 온도계 thermoelectric thermometer

서로 다른 2종의 금속선의 양단을 연결하여 회로를 만들고, 두 개의 접점 사이에 온도차를 주면 그 회로에 기전력이 발생하는데, 이러한 현상을 제베크(seebeck) 효과라 하며, 이때 발생하는 기전력을 열기전력이라고 한다.

열기전력의 크기는 두 금속의 종류 및 두 접점 간의 온도차만으로 결정되며, 금속의 단면적이나 접점 이외의 온도분포와는 아무 상관이 없다.

이와 같이 제베크 효과를 이용, 온도차를 전압으로 바꾸어 주기 위하여 2종의 금속을 조합한 것을 열전대(thermocouple)라 한다.

그림 15.10에서와 같이 금속 A 및 B로 만들어진 열전대의 접점 1, 2에 온도차($t_1 < t_2$)를 주었을 때 이 두 접점간에 발생하는 기전력 E는 다음과 같다.

$$E = \int_{t_1}^{t_2} (a + bt)dt = a(t_2 - t_1) + \frac{1}{2}b(t_2^2 - t_1^2)$$

식에서 a, b는 사용하는 열전대의 재질에 의하여 결정되는 상수이다.

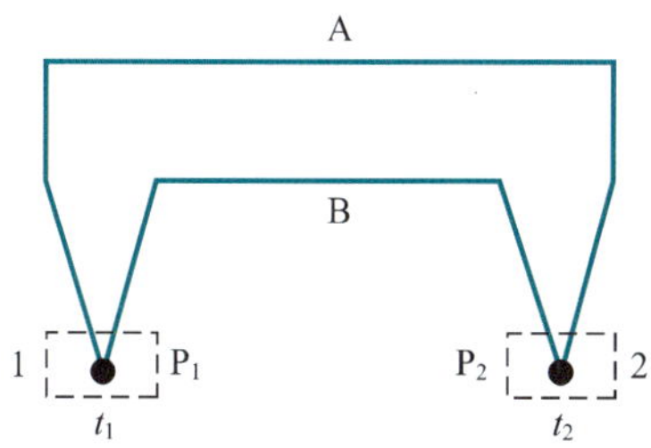

그림 15.10 열전대의 원리

열전대의 열기전력 발생 현상에는 다음과 같은 성질이 있다.

① 한 가지 종류의 금속으로만 이루어진 열전대에서는 그 형상, 온도분포 등이 어떠한 상태이건 간에 두 개의 접점에 온도차가 생겨도 열기전력은 발생하지 않는다.

② 회로의 일부 중간에 다른 어떤 금속을 삽입하여도, 그 중간에 삽입된 금속의 양끝단의 온도가 같으면 열기전력에는 변화가 생기지 않는다.

③ 열전대의 접점온도가 t_1, t_3일 때 발생하는 열기전력은 접점온도가 t_1, t_2일 때와 t_2, t_3일 때 발생하는 각각의 열기전력을 합한 것과 같다. 즉, 다음과 같은 식이 성립한다(그림 15.11(a)).

$$V_{13} = V_{12} + V_{23}$$

④ A, B 금속을 사용할 때 발생하는 열기전력은, 이것과 접점온도가 같은 A, C 금속에 의하여 발생하는 열기전력과 C, B 금속에 의해 발생되는 열기전력을 합한 것과 같다. 즉, 다음과 같은 식이 성립한다(그림 15.11(b)).

$$V_{AB} = V_{AC} + V_{CB}$$

⑤ 회로를 임의의 점에서 끊을 때 이 양끝의 온도가 같을 경우에는, 그 끊은 점이 어디든 간에 발생하는 열기전력에는 변함이 없다.

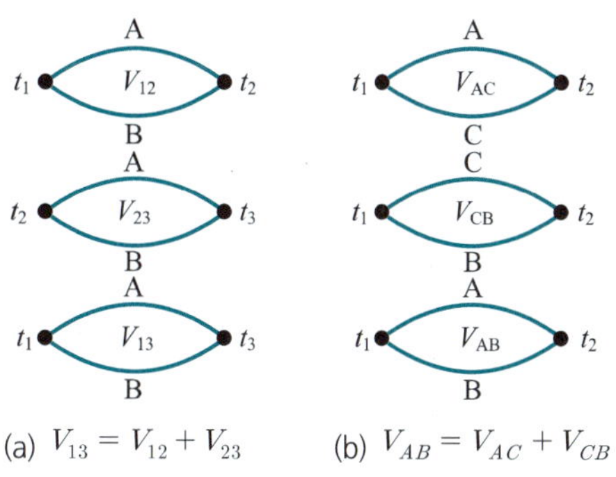

(a) $V_{13} = V_{12} + V_{23}$ (b) $V_{AB} = V_{AC} + V_{CB}$

그림 15.11 열전대의 성질

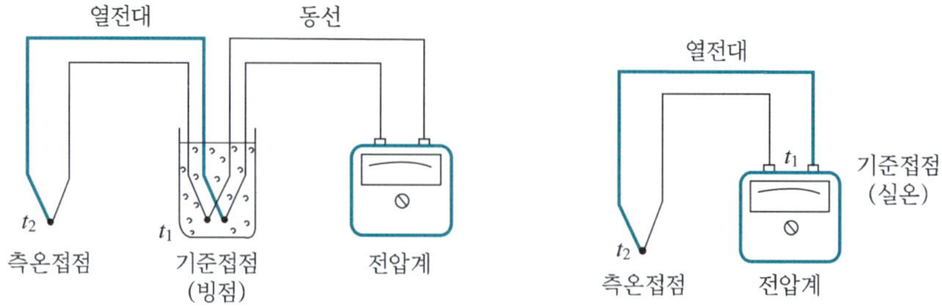

(a) 빙점식 기준 접점방식 (b) 보상식 기준 접점방식

그림 15.12 열전대의 측정회로

열전대를 이용하여 실제로 온도를 측정할 때에는, 그림 15.12와 같이 한쪽의 접점을 일정한 온도를 가진 장소에 설치하고, 다른 한쪽의 접점을 측정물에 접촉시킨다. 이때 일정한 온도를 가진 장소에 설치한 접점을 **기준접점** 또는 냉접점이라 하고, 측정물에 접촉시킨 접점을 **측온접점**이라고 한다.

이 기준접점 방식에는 빙점식 기준접점 방식과 보상식 기준접점 방식이 있다. 빙점식 기준접점 방식은 그림 15.12(a)와 같이 보온병에 얼음과 물을 넣어 열적 평형을 유지함으로써 기준접점을 빙점(0℃)으로 유지하도록 한 것이며, 주로 실험실 등에서 행해지고 있다.

또한 보상식 기준접점 방식은 그림 15.12(b)와 같이 측정회로의 일부에 온도계수가 큰 기준접점 보상저항을 사용하여, 기준접점의 온도변화에 의한 전압변화를 열전대의 기전력에 가하여 보상하는 방법이다.

현재 가장 많이 사용되고 있는 열전대로는 백금－백금로듐, 크로멜－알루멜, 철－콘스탄탄, 구리－콘스탄탄, Ir－Ir60, W－Ir 등의 조합이 있는데, Ir－Ir60은 2,000℃까지의 고온측정용으로, W－Ir은 2,100℃까지의 고온측정용으로 사용된다.

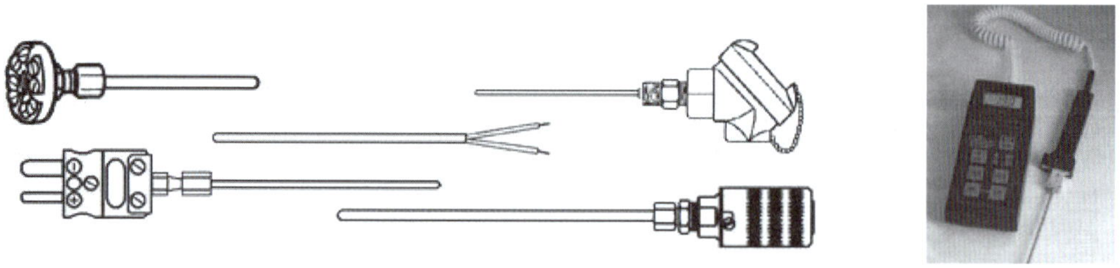

(a) 여러 가지 모양의 열전대 (b) 열전대 온도계의 실제 모습

그림 15.13 여러 가지 모양의 열전대(a)와 열전대 온도계(b)

15.7 열복사 온도계

15.7.1 열복사에 의한 온도 측정 원리

열전대나 저항 온도계와 같은 접촉식 온도계로는 다음과 같은 경우, 그 온도를 계측할 수 없는 제약이 따른다.

① 물리적인 접촉이 어려운 이동하는 물체나 1500℃ 이상의 고온의 물체
② 멀리 떨어져 있는 물체
③ 물리적인 접촉이 되면 열 교란의 원인이 되는 물체

따라서 이와 같은 경우, 물체에 접촉하지 않고 온도를 계측할 수 있는 방법을 취해야 하는데, 이를 위한 방법으로 열복사에 의한 온도 측정법이 있다.

열복사(熱輻射, radiation)란 물체의 온도가 절대 영도보다 높을 때, 그 물체의 표면으로부터 어떤 형태의 전자에너지가 방사되는 것을 말한다.

열복사의 파장은 0.1~1000μm 정도이나 온도 계측에 주로 이용되는 것은 0.4~25μm의 가시역(파장 0.38~0.75μm) 및 적외선역(파장 0.75μm 이상)이다.

열복사의 파장은 물체의 온도에 의하여 결정되며, 온도가 높으면 높을수록 짧은 파장대의 것이 많아진다.

따라서 고온범위를 측정하는 온도계는 짧은 파장대를, 저온범위를 측정하는 온도계는 긴 파장대를 이용한다.

이러한 복사 온도계는 상온으로부터 3000℃까지의 높은 온도도 측정 가능하다.

열복사에 의한 온도 계측에서는 복사율의 영향을 받을 뿐만 아니라, 측정물체의 표면으로부터 복사 온도계에 도달할 때까지의 공간에 부유하는 먼지나 연기에 의한 광학적인 노이즈의 영향을 받으므로, 복사율의 보정과 광학적인 노이즈의 배제가 필요하다.

(1) 플랑크 Planck의 법칙

모든 복사는 그 파장과 에너지로 나타난다.

절대온도 T_0K인 완전 복사체 표면의 단위 면적으로부터 단위 시간에, 그 면의 법선 방향을 중심으로 한 단위 입체각 내로 방출된 파장 λ의 복사휘도(복사에너지)$(E_b)_{\lambda,\,T}$는 다음 식과 같이 된다.

$$(E_b)_{\lambda,T} = \frac{C_1}{\lambda^5} \frac{1}{e^{\frac{C_2}{\lambda T}} - 1} \quad (\text{W/cm}^3 \cdot \text{sr}) \tag{15.1}$$

식에서 C_1, C_2는 플랑크의 제1, 제2정수이며

$C_1 = 1.19096 \times 10^{-12}\ W \cdot \text{cm}^2/\text{sr}$, $C_2 = 1.43879\ \text{cm} \cdot \text{K}$이다.

(2) 빈 Wien의 법칙

어떤 물질에 입사한 복사에너지에 대한 흡수에너지의 비율을 흡수율이라 하며, 흡수율이 항상 1일 때의 복사체를 완전복사체(흑체)라고 한다.

이와 같은 완전 복사체에서 파장 λ인 복사휘도$(E_b)_{\lambda,T}$는 다음과 같다.

$$(E_b)_{\lambda,T} = \frac{C_1}{\lambda^5} e^{-\frac{C_2}{\lambda T}} \tag{15.2}$$

이 식은 플랑크식의 근사식으로, 빈(Wien)의 공식이라고 하며, 가시광선에 대하여 좋은 정도를 갖는다.

(3) 슈테판 볼츠만의 법칙

절대온도 T K인 완전 복사체 표면의 단위면적으로부터 단위시간 동안 방출된 전복사휘도 W_b는 다음과 같다.

$$W_b = \sigma T^4 \quad (\text{W/cm}^2)$$

식에서 $\sigma = 5.6697 \times 10^{-12}\ (\text{W/cm}^2 \cdot \text{K}^4)$로 슈테판 볼츠만의 정수라고 한다.

이 식을 슈테판 볼츠만(Stefan-Boltzmann)의 공식이라 하며, 전복사를 이용한 복사 온도계는 원리적으로 이 식에 근거하고 있다.

15.7.2 복사 온도계의 구성과 종류

(1) 복사 온도계의 구성

열복사를 이용한 온도계는, 열복사를 효율 좋게 집광하여 그 필요에 따라 어느 특정한 파장대를 선정하는 광학계, 집광된 열복사를 전기 신호로 변환하는 검출계, 전기 신호를 증폭하는 전기계로 구성되어 있다.

검출소자는 열복사를 전기신호로 변환시키는 방법에 따라 열전형과 광전형으로 크게 분류된다. 열전형은 열복사에너지를 열의 형태로 받아 열기전력 또는 저항변화 등으로 변환시키는 것으로, 열전퇴(熱電堆, thermopile), 서미스터(thermister), 볼로미터(bolometer) 등이 있다.

광전형은 열복사에너지를 빛의 형태로 받아 전기신호로 변환시키는 것으로, 광전관, Si-cell 등의 전류변화 소자와 PbS, PbSe, InSb, HgCdTe 등의 저항변화소자가 있다.

(2) 복사 온도계의 종류

복사 온도계는 검출기에 따라 표 15.1과 같이 분류된다.

전복사 온도계는 넓은 파장대의 복사를 검지하고, 열전형검출기를 사용하며 측정범위는 중, 저온역이 많다.

단색형 복사 온도계는 파장대역이 좁고, 검출기로는 광전형검출기가 사용되며, 측정범위는 저온으로부터 고온까지 가능하다.

이색형 복사 온도계(二色形輻射溫度計)는 서로 다른 두 개의 파장대에 있어서의 열복사의 비율로 온도를 표시하며, 150℃ 이상이 실용화되어 있다.

이때에는 비율측정이기 때문에 복사율의 영향은 감소된다.

표 15.1 복사온도계의 종류

형 식	원 리	검출기
전복사 온도계	열전형	열전퇴, bolometer
단색형 복사 온도계	광전형 광고온계형	광전관, 광전자 증배관, PbS, Ge, InSb, Si, HgCdTe, 육안, 광전자 증배관
이색 복사 온도계	가시역 2색 적외선역 2색	Si, 광전자 증배관, PbS
온도패턴	기계식 주사 전자식 주사	bolometer, InSb, HgCdTe

15.7.3 대표적인 복사 온도계

(1) 광고온계

광고온계는 물체의 복사휘도(輻射輝度)와 고온계에 내장되어 있는 전구의 필라멘트(filament)의 휘도를 적색유리를 통과시켜, 육안으로 관측하고 이를 서로 비교하여 온도를 측정한다.

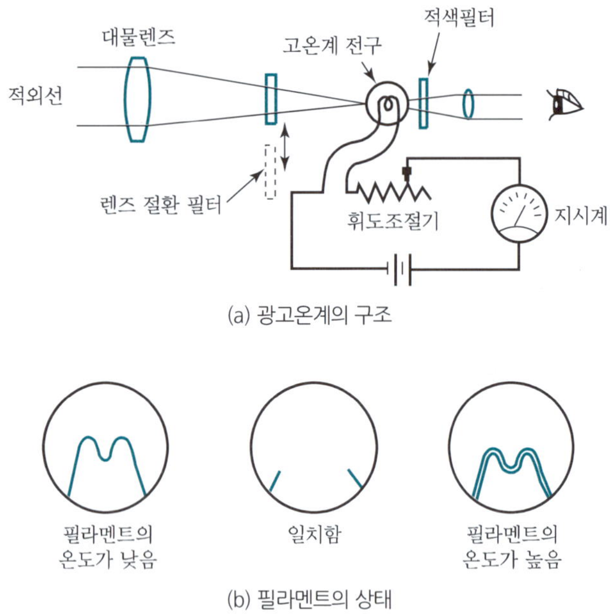

그림 15.14 광고온계의 원리

즉, 측정물체의 상을 전구의 필라멘트상에 맺히게 하고, 필라멘트의 전류를 가감하여 휘도를 맞춘 후, 이때 필라멘트를 흐르는 전류로부터 물체의 온도를 구한다.

광고온계는 물체로부터 나오는 빛의 좁은 파장역(실효파장 $\lambda_e = 0.65\ \mu\text{m}$)을 이용하고 있는데, 실용되고 있는 복사 온도계 중에서 측정파장이 가장 짧으므로, 복사율에 의한 지시오차가 적다. 이 방식은 휘도 맞춤에 숙련이 필요하며, 정확도는 2~5℃, 측정범위는 800~3200℃이다.

또한 광고온계는 육안으로 측정하는 방법 외에 광전지나 광전관을 이용하여 자동으로 측정하는 방법도 있다.

(2) silicon 또는 PbS 복사 온도계

silicon 또는 PbS 복사 온도계는 좁은 파장대역인 단색형 복사 온도계 중에서 대표적인 것이다. silicon 복사 온도계는 검출소자로 실리콘 태양전지(Si cell)를 사용하며, 물체의 휘도온도를 측정한다. silicon 태양전지는 0.4~1.2μm의 파장대역에 분광감도를 가지고 있으며, 광고온계에 가까운 측정파장대역을 얻을 수 있어, 측정값의 경향도 광고온계에 가깝다. 600℃ 이상의 고온을 측정하는 비접촉형온도계로 가장 보편적으로 사용되고 있다.

silicon 복사 온도계는 Si cell의 광기전력을 그대로 이용하는 직접형과 기전력을 증폭하는 증폭형이 있으며, 안정성이 좋기 때문에 편위법에 의한 방식을 사용하고 있다.

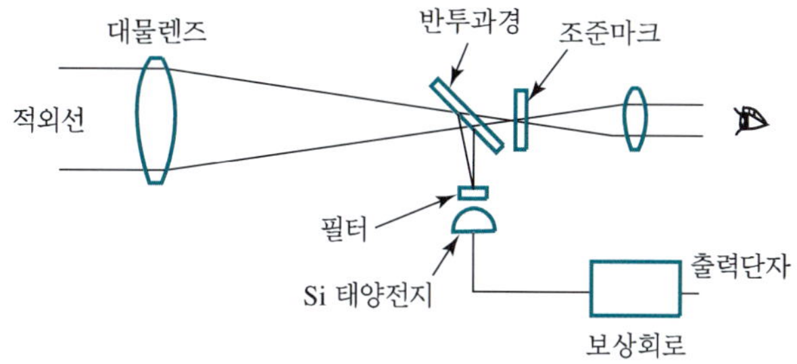

그림 15.15 실리콘 복사온도계의 구성도

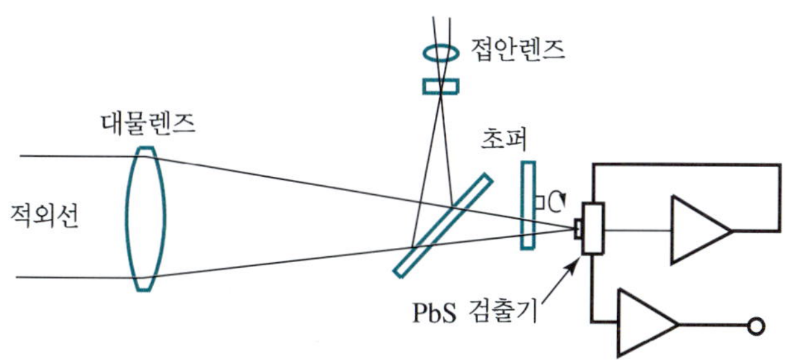

그림 15.16 PbS 복사 온도계의 구성도

그림 15.15는 실리콘(silicon) 복사 온도계의 한 예이다. 그림 15.16과 같은 PbS 복사 온도계는 황화납(PbS) 광전소자를 검출기로 하는 복사 온도계로 적외선의 조사(照射)에 의하여 저항이 변화되는 원리를 이용한 광전형 적외선 검출기의 일종이다.

가시역(可視域)에서부터 3 μm 까지 분광감도를 나타내나, 대기 중의 수증기에 의한 복사의 흡수를 피하기 위해 측정파장을 2~2.5μm 로 한정시키는 경우가 많으며, 측정범위는 150~1000℃ 정도이다.

(3) 서모파일 및 볼로미터 복사 온도계

서모파일(thermopile) 복사 온도계의 검출소자인 열전퇴(熱電堆, thermopile)는 10~20쌍의 작은 열전대를 직렬로 결합하여, 작은 온도변화까지도 전압의 변화로 바꿀 수 있도록 한 것으로, 출력신호는 기전력이 된다.

또한 볼로미터(bolometer)의 검출소자는 열전소자(熱電素子)로, 입사되는 열복사로 인하여 소자면에 발생하는 작은 온도변화를 저항의 변화로 변화시켜 검출한다.

이것은 백금(Pt) 볼로미터와 서미스터 볼로미터가 있으나, 저항변화율이 큰 서미스터 볼로미터가 많이 사용되고 있다.

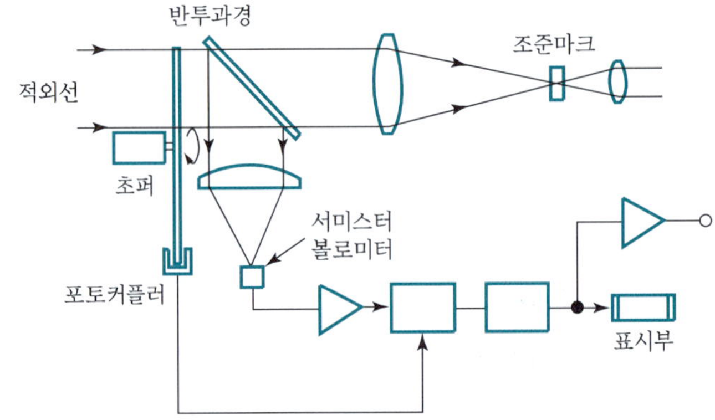

그림 15.17 서미스터 볼로미터 복사 온도계의 구성도

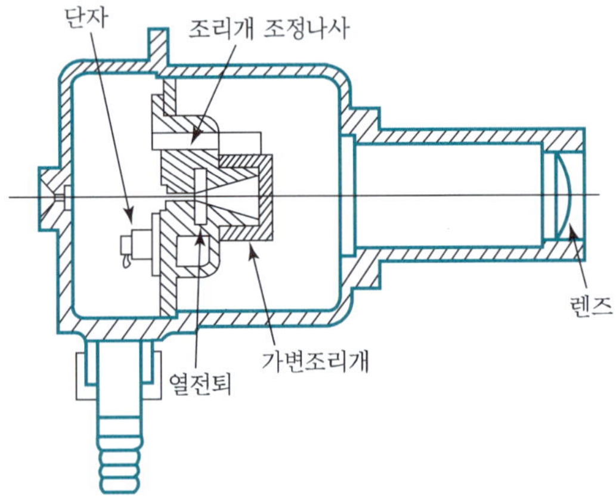

그림 15.18 복사 온도계의 구조

그림 15.19 복사 온도계의 실제모습

이들 열전소자는 가시광선에서부터 적외선범위에 이르기까지 넓은 범위에 걸쳐 충분한 감도를 표시하므로 저온대의 온도측정도 가능하다.

측정파장은 0.6~20μm(볼로미터는 2μm ~)이고, 측정범위는 -50~1000℃(열전퇴는 50℃부터) 정도이다.

그림 15.17은 서미스터 볼로미터의 구성도이다.

(4) 색 온도계

온도 T K인 물체와 온도 F K인 완전 방사체가 똑같은 색으로 보일 때의 온도 F를 그 물체의 색 온도라고 한다.

지금 물체의 온도 T를 2개의 파장(λ_1, λ_2)으로 측정하고, 이 두 개의 파장에 의한 복사휘도를 각각 $E_{\lambda_1, T}$, $E_{\lambda_2, T}$라고 하면 색 온도 F는 다음 식과 같이 된다.

$$\frac{1}{F}=\frac{\log_e\left\{\left(\frac{E_{\lambda_1, T}}{E_{\lambda_2, T}}\right)\left(\frac{\lambda_1}{\lambda_2}\right)^5\right\}}{c_2\left(\frac{1}{\lambda_2}-\frac{1}{\lambda_1}\right)}$$

색 온도계는 물체로부터 오는 두 개의 파장 λ_1, λ_2에 의한 복사휘도비를 구하여 색 온도를 측정한다.

색 온도계의 측정범위는 검출소자에 따라 다르며, PbS 소자에서는 150℃ 이상, silicon 소자는 700℃ 이상, 광전자 증배관에서는 1000℃ 이상 3000℃ 이하이다.

그림 15.20은 색 온도계의 구성도이다.

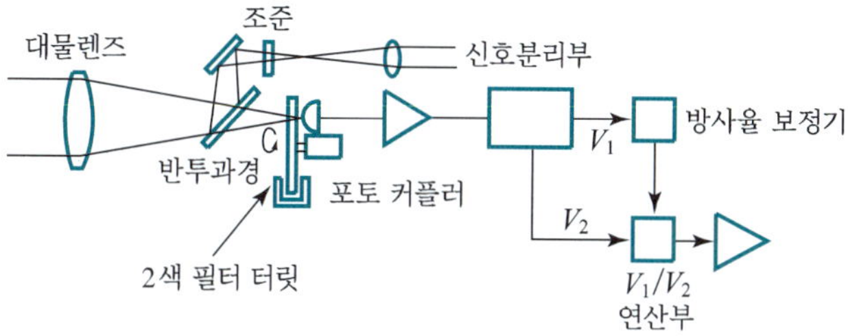

그림 15.20 **색 온도계의 구성도**

Chapter 16

습도 및 노점의 계측

16.1 습도의 측정

16.1.1 습도의 단위

습도(濕度, humidity)란 기체 중에 존재하는 수증기량의 비율을 말하며, 이에는 상대습도와 절대습도가 있다.

절대습도(absolute humidity)란 단위체적(1 m^3)당 포함되어 있는 수증기의 양을 질량(g)으로 표시한 것이다.

체적 V m^3인 기체 중에 함유되어 있는 수증기의 질량을 m이라고 하면 절대습도 D는 다음 식과 같이 된다.

$$D = \frac{m}{V} \ (\mathrm{g/m^3})$$

그러나 요즈음에는 습도를 가스압의 분압(分壓)으로 표시하는 경우가 많은데, 1기압하에서 온도 t ℃일 때 수증기 분압 e (mbar)와 절대습도 D ($\mathrm{g/m^3}$)와의 관계는 다음 식과 같이 된다.

$$D = \frac{0.794e}{1+0.00366t}$$

상대습도(relative humidity)란 같은 온도에서 포화 수증기의 압력과 실제 존재하는 수증기의 압력의 비를 백분율로 표시한 것을 말한다.

여기서 포화수증기압(飽和水蒸氣壓)이란 물과 수증기가 공존하여, 평형상태에 있을 때의 수증기 압력이다.

지금 t ℃인 기체의 수증기압을 e, 절대습도를 D라 하고, 이와 같은 온도에서의 포화 수증기압을 e_s(mbar), 절대습도를 D_s ($\mathrm{g/m^3}$)라 하면 상대습도 H는 다음 식과 같이 된다.

$$H = \frac{e}{e_s} \times 100 = \frac{D}{D_s} \times 100 (\%)$$

16.1.2 건습구 습도계

건습구 습도계(乾濕球濕度計, wet and dry bulb hygrometer, psychrometer)는 그림 16.1과 같이 건구 온도계와 습구 온도계로 구성되어 있다. 건구 온도계는 기체의 온도를 지시하고, 습구는 젖은 헝겊으로 감싸 표면이 항상 젖어 있는 상태로 되어 있는데, 주위에 있는 기체의 습도가 낮을수록 수분이 많이 증발하고, 이때 증발열을 빼앗기게 되므로 습구의 온도변화가 심해진다.

따라서 건구 온도와 습구 온도를 측정하여 이의 온도변화를 습도로 환산한다.

그림 16.2(a)와 같이 건구 및 습구 온도의 관계는 한 점으로 만나는 직선으로 근사시킬 수 있다. 이때 상대습도 H는 다음 식과 같이 된다.

$$H = \frac{\theta_{WP} - \theta_{WA}}{\theta_{DP} - \theta_{DA}} \times 100(\%)$$

인프로세스 계측에서는 그림 16.2(b)와 같이 온도검출기에 백금선과 같은 측온소자를 사용하여 건구 및 습구온도를 측정한다.

양쪽의 브릿지 출력의 불평형 전위차를 서보 연산하여 슬라이드 저항의 조정이 행해지며, 이러한 슬라이드 스케일이 상대습도를 표시하도록 되어 있다.

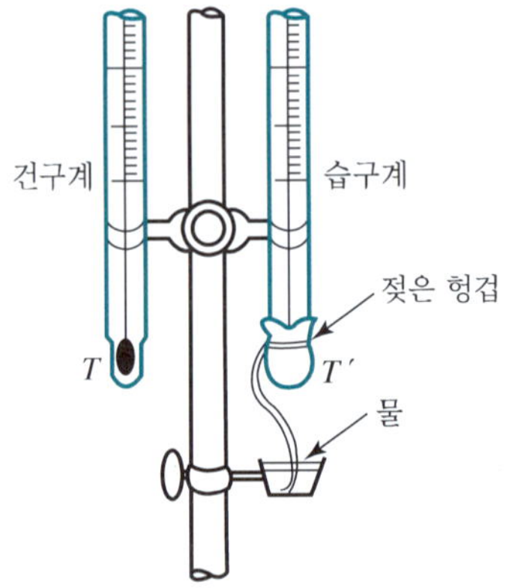

그림 16.1 건습구 습도계

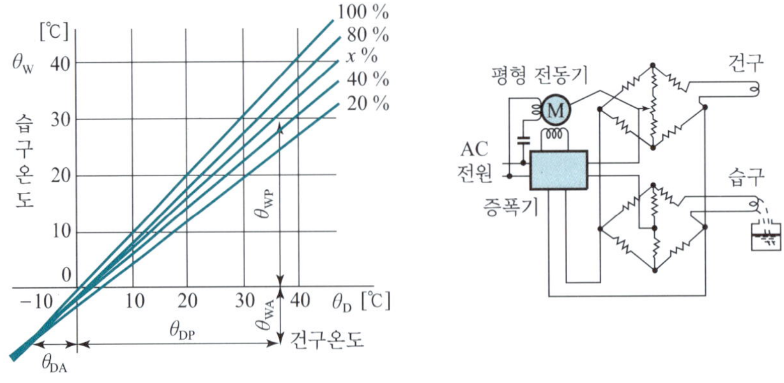

(a) 등온선 (b) 전자평형식 습도계

그림 16.2 건습구 습도계

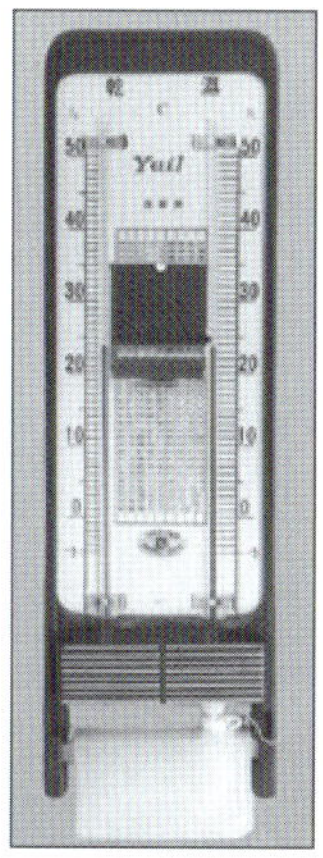

그림 16.3 건습구 습도계

16.1.3 모발 습도계

모발(毛髮)은 습기를 흡수하는 성질을 가지고 있는데, 모발이 습기를 흡수하면 그 길이가 늘어난다. 이와 같은 모발의 성질을 이용하여 습도를 측정하는 측정기를 모발 습도계(hair hygrometer)라고 한다.

모발 습도계는 모발이 습도에 따라 신축(伸縮)하는 양을 지렛대 등으로 확대하여 습도를 측정한다. 이 방식은 정도는 그리 좋지 않으나, 구조 및 취급이 간단하고 가격이 저렴하여 널리 사용되고 있다.

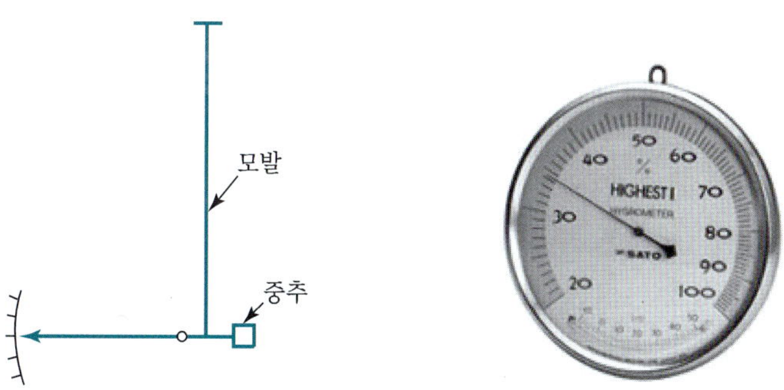

(a) 모발 습도계의 기구 (b) 모발 습도계의 실제모습

그림 16.4 모발 습도계의 기구 및 습도계

16.1.4 전기저항식 습도계

염화리튬 등과 같은 흡습성 물질의 전기저항이 흡습 또는 탈습에 의해서 변화되는 원리를 이용하여 상대습도를 측정하는 방법이다.

전기 저항식 습도계의 감습부는 절연판상에 1대의 전극판이 있고, 그 사이에 흡습성 물질을 얇게 바른 것 등이 이용되고 있다.

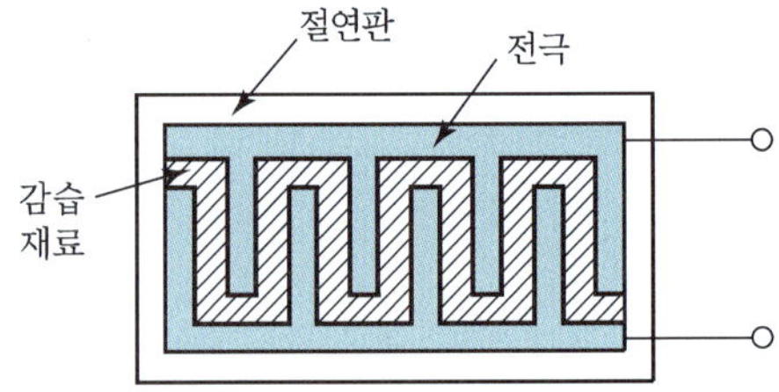

그림 16.5 전기저항식 습도계의 감습부

16.2 노점계 露點計

기체의 온도가 떨어져 어떤 온도에 이르면 상대습도가 100%가 되고, 이때 이슬이 맺히기(結露) 시작하는데 이때의 온도를 노점(露点, dew point)이라고 한다.

이와 같은 노점을 측정하기 위한 측정기를 노점계라 하며, 이에는 다음과 같은 것들이 있다.

16.2.1 냉각식 노점계

기체와 접촉하고 있는 금속거울의 온도를 떨어뜨려, 육안 또는 광전관 등으로 거울의 표면에 이슬 또는 서리가 부착한 상태를 검출하고, 이때 열전 온도계 등으로 거울의 온도를 측정하여 노점을 결정한다.

(1) 육안 판정식 노점계

금속거울의 온도를 천천히 내리면서 이슬 혹은 서리가 거울에 부착하는 때의 온도 t_{d1}을 측정하고, 다시 온도를 올리면서 거울에 부착된 이슬 또는 서리가 소멸될 때의 온도 t_{d2}를 측정하여, 이들의 평균값을 노점 t_d로 한다. 즉,

$$t_d = \frac{1}{2}(t_{d1} + t_{d2})$$

(2) 광전관식 노점계

거울표면에 맺힌 이슬 또는 서리의 상태에 따라 달라지는 반사광을 광전관으로 받아서 검출한다. 이때 노점을 유지하도록 가열코일과 냉각제를 사용하여 거울의 온도를 제어하고, 이때의 온도를 열전 온도계 등으로 측정한다.

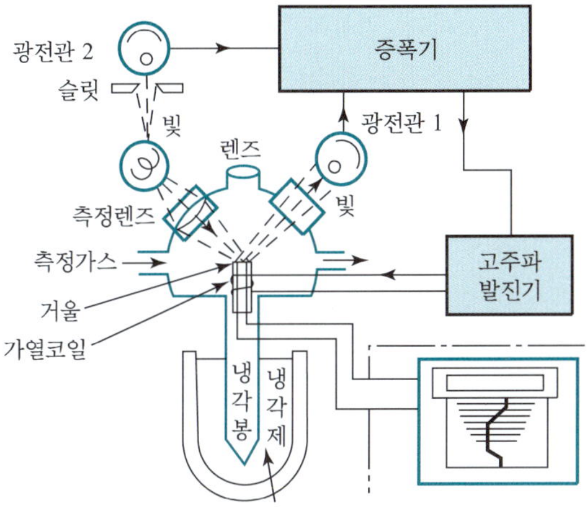

그림 16.6 광전관식 노점계의 구조

그림 16.7 광전관식 노점계

16.2.2 전기 저항식 노점계

염화리튬과 같은 저항체가 습기를 흡수하면 전기 전도도가 변화하는데, 이러한 원리를 이용하여 노점을 측정한다.

염화리튬 포화수용액의 온도와 증기압이 일정한 관계에 있는 것을 이용하여, 포화수용액의 증기압과 주위에 있는 기체의 수증기압이 똑같게 되었을 때의 포화수용액의 온도로부터 노점을 구할 수 있다.

전기저항식 노점계는 그림 16.8과 같이 금속관을 유리섬유로 감싸고, 그 위에 1대의 가열용 전극선을 평행으로 감은 다음 염화리튬 수용액이 칠해져 있다. 이 전기저항식 노점계를 교류전원에 접속하면, 습기를 흡수하여 도전성으로 되어 있는 염화리튬층을 통하여 한쪽의 전극선으로부터 다른 쪽의 전극선에 전류가 흐른다.

전극선에 전류가 흐르면 전류에 의해서 열이 발생하며 수분이 증발되기 시작한다. 이때 저항이 급격히 증가하면서 전류가 감소하여, 염화리튬층의 온도가 저하한다. 온도가 지나치게 저하하면, 염화리튬층은 다시 기체 중의 수분을 흡수하여 저항이 감소하므로 전류가 증가하고 온도가 상승한다. 이때 염화리튬층이 흡습도 탈습도 하지 않으면 평형상태로 되고, 염화리튬층은 포화수용액으로 된다. 이때 포화수용액의 증기압과 주위의 수증기압이 같게 되므로, 염화리튬층의 온도를 저항 온도계 등으로 측정하면 노점을 구할 수 있다.

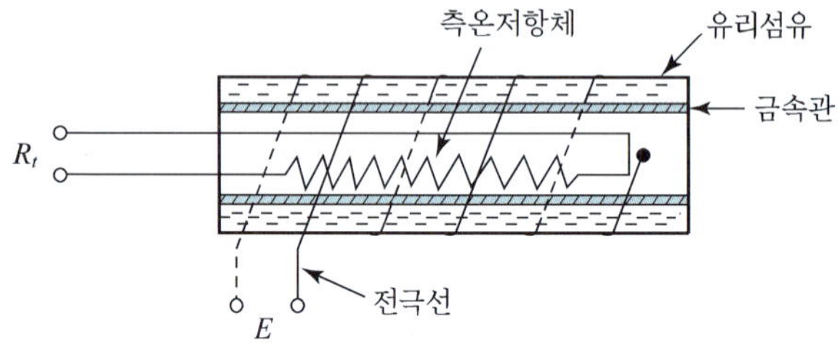

그림 16.8 염화리튬 노점계 센서

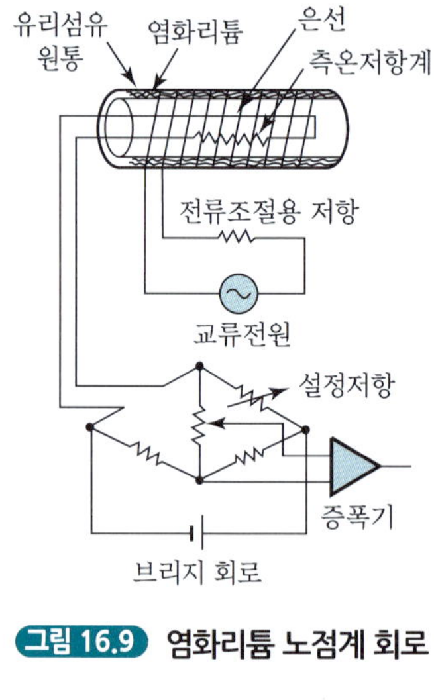

그림 16.9 염화리튬 노점계 회로

16.2.3 정전용량식 노점계

정전용량식 노점계는 정전용량체가 습기를 흡수할 때, 정전용량이 변화하는 원리를 이용하여 노점을 측정한다.

그림 16.10과 같이 센서봉 표면에 나있는 무수히 많은 구멍 속에 산화알루미늄(Al_2O_3) 분말이 채워져 있다.

주위 환경의 증기압에 따라 이 구멍 속으로 물분자가 들어가거나 빠져나가게 되고, 물분자의 양에 따라 중심층에 있는 알루미늄재와 표면의 금(gold)분말층과의 정전용량이 변화하게 되므로, 이것을 측정하여 습도 또는 노점을 측정한다.

이 방법은 정도가 높고 응답특성이 빠르기 때문에 노점계 센서로 널리 사용되고 있다.

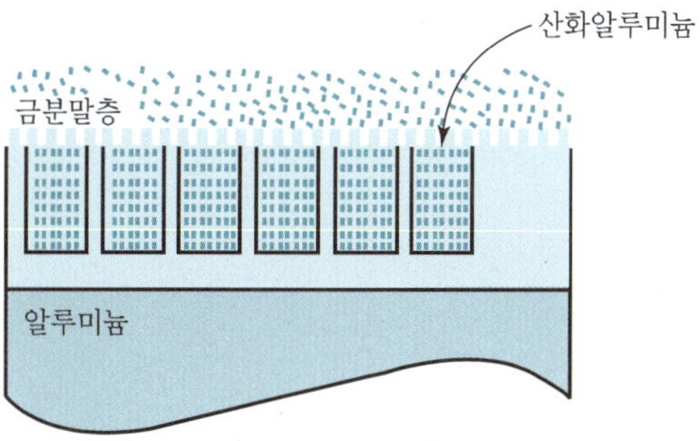

그림 16.10 정전용량식 노점계 센서의 표면

(a) 센서

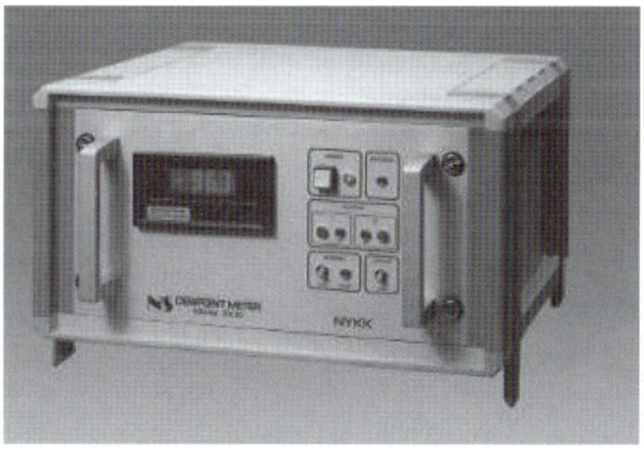

(b) 지시부

그림 16.11 정전용량식 노점계

Chapter 17

진동의 측정

17.1 스트로보스코프 stroboscope 에 의한 진폭 측정

그림 17.1과 같이 진동체의 표면에 지침(pointer) 등을 부착시키고 스트로보 빛을 비춘다. 이때 스트로보의 점멸 주파수를 변경시켜 가면서 지침의 움직임을 관찰하여, 지침의 변위로부터 진폭 x 를 결정하는 방법이다. 비교적 진폭이 작고 500 Hz 이하의 낮은 주파수를 가지는 진동체의 진폭 측정에 사용된다.

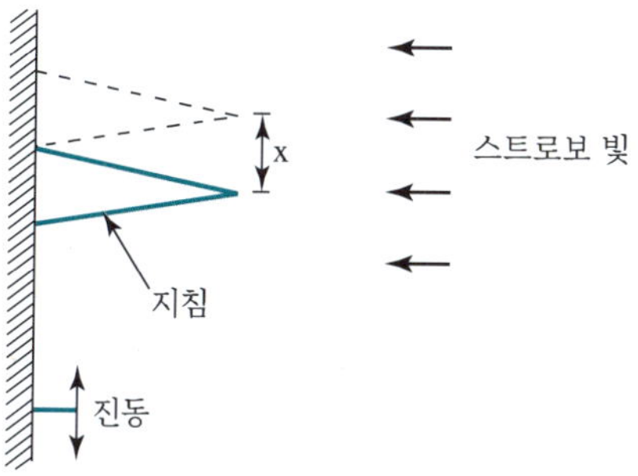

그림 17.1 스트로보스코프에 의한 진폭의 측정

17.2 진동편식 진동수계 reed type frequency meter

진동편식 진동계는 그림 17.2와 같이 측정물에 외팔보(cantilever)의 형태로 고정된 진동편(reed)이 진동에 의하여 흔들리는 것을 관찰하여 진동수를 측정하는 방법이다.

진동수를 측정할 때에는 진동편의 길이를 조절해 가면서 막대의 흔들림을 관찰한다. 진동편이 고유 진동수에 이르면 진동편이 가장 크게 흔들리게 되는데 이때의 진동수가 측정물의 진동수가 된다.

측정물의 진동수가 매우 낮은 경우에는 진동편의 자유단에 질량이 작은 추를 매달기도 한다. 진동편의 자유단에 질량 M_1인 추가 있을 때 고유 진동수 $f\ H_z$는 진동편의 자유단에 추의 질량 M_1과 진동편 자신의 질량 M_0의 1/4이 집중하여 작용한다고 간주하면, 다음 식과 같이 된다.

$$f = \frac{1}{2\pi}\sqrt{\frac{3EI}{(M_1 + M_0/4)l^3}} \tag{17.1}$$

식에서 E는 진동편의 종탄성 계수, I는 단면 2차 모멘트, l은 길이이다.

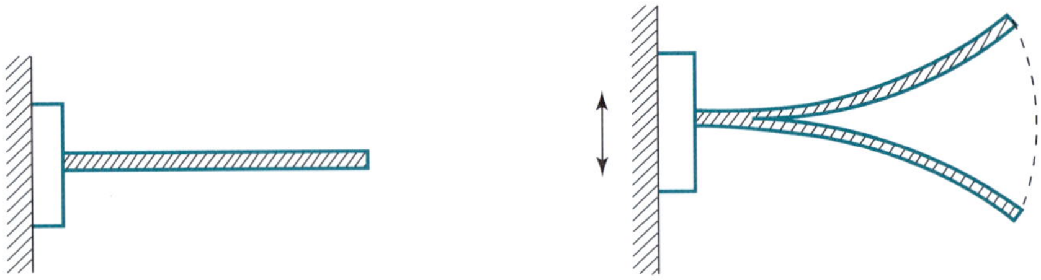

(a) 진동을 하지 않거나 고유 진동수와 틀릴 때　　(b) 고유 진동수로 진동할 때

그림 17.2 진동편식 진동수계의 원리

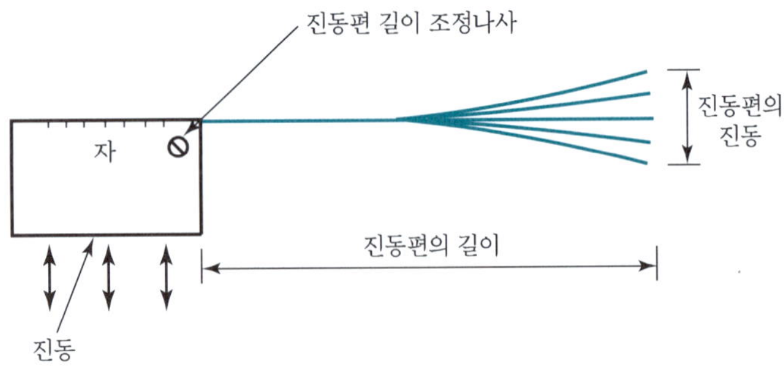

그림 17.3 진동편식 진동수계에 의한 진동수 측정

이 방법은 5～10 Hz 정도의 진동수 측정에 주로 사용된다.

17.3 리사주 도형 Lissajou's figure 에 의한 진동수 측정

진동의 파형이 정현파인 경우, 이미 진동수를 알고 있는 진동과 측정하려고 하는 진동을 각각 오실로스코프의 x축과 y축에 입력시키면, 그림 17.4와 같은 리사주 도형이 얻어진다.

그림 17.4는 주파수가 동일한 2개의 정현파를 각각 x축과 y축에 입력시켰을 때 얻어진 리사주 도형이며, 그림 17.5는 y축에 입력되는 위상은 일정하게 하고 x축에 입력되는 주파수의 위상을 변화시켰을 때, 그 위상차의 변화에 따라 변화되는 리사주 도형을 나타낸 것이다.

또한 x축에 입력된 주파수 x와 y축에 입력된 주파수 y의 비율인 $x:y$에 따라 변화되는 리사주 도형의 모양은 그림 17.6과 같다.

따라서 리사주 도형을 만든 한쪽에서 입력된 주파수를 알고 있으면, 다른 쪽에서 입력된 미지의 주파수를 알 수 있게 되는 것이다.

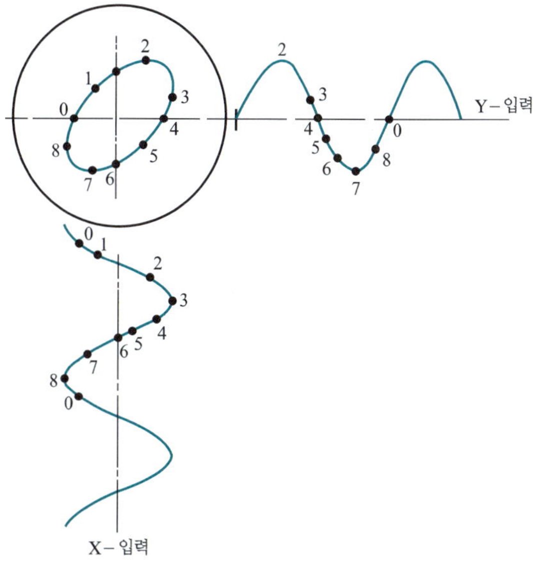

그림 17.4 리사주 도형의 작성

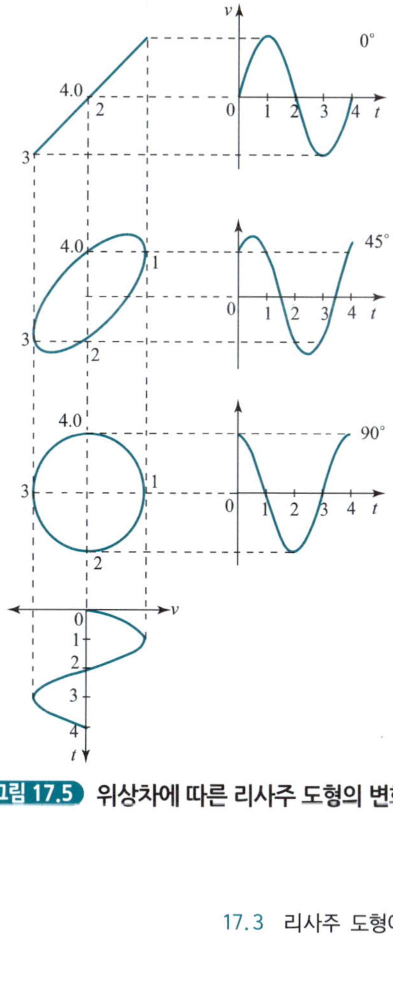

그림 17.5 위상차에 따른 리사주 도형의 변화

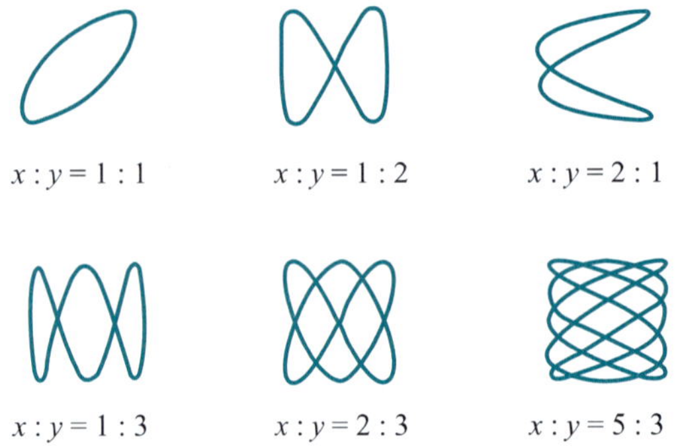

그림 17.6 x 축에 입력된 주파수 x 와 y 축에 입력된 주파수 y 에 따라 변화되는 리사주 도형

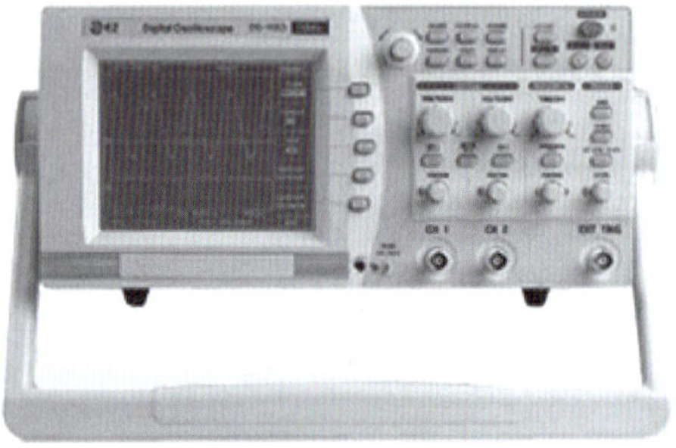

그림 17.7 오실로스코프

17.4 진동계 vibrometer

진동계는 그림 17.8과 같이 질량 M의 추와 스프링 상수 k인 스프링 및 댐퍼(damper) c로 이루어졌으며, 이러한 시스템을 진자계(seismic system)라 한다.

이와 같은 진자계를 이용한 진동 변환기에는 추와 케이스의 상대변위를 그대로 확대, 지시하는 기계식 변환기와 이를 전기량으로 변환하여 확대, 지시하는 가변저항형, 동전형 및 압전형 변환기 등이 있다.

그림 17.9는 가변저항형 진동 변환기로 추와 케이스의 상대 변위를 가변저항기(potentiometer)를 이용하여 전기량으로 변환하도록 되어 있다.

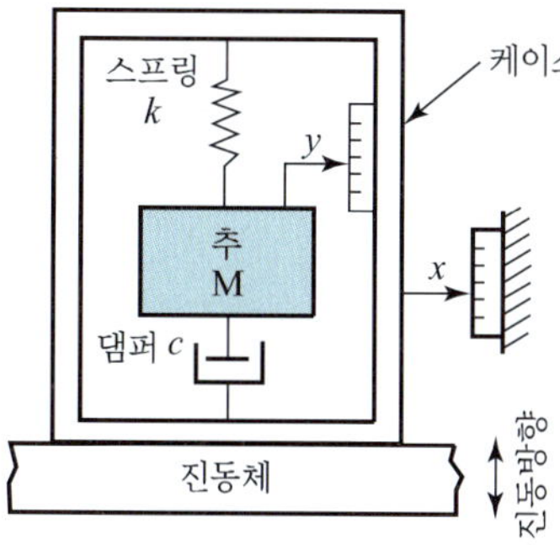

그림 17.8 **진자계**

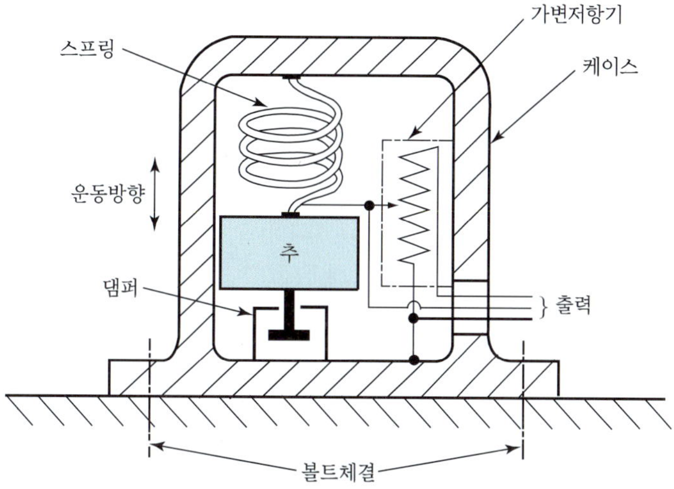

그림 17.9 **가변저항형 진동 변환기**

또한 그림 17.10은 동전형 진동변환기로, 그림 17.10(a)와 같이 질량 m인 추와 스프링상수 K인 스프링으로 이루어진 진자계와 영구자석과 코일로 이루어진 **동전형 변환기**(動電型 變換機)를 조합하여 기계 진동을 전기량으로 변환시켜 검출한다.

이 동전형 진동변환기는 도체가 자계중의 자속을 끊는 방향으로 움직일 때, 그 도체에 운동속도에 비례하는 기전력이 발생하는 원리를 이용하여 진동속도를 측정한다.

동전형 진동변환기는 그 원리와 구조가 간단하여 제작하기 쉬우므로, 여러 가지 형태의 센서로 제작하여 시판되고 있다.

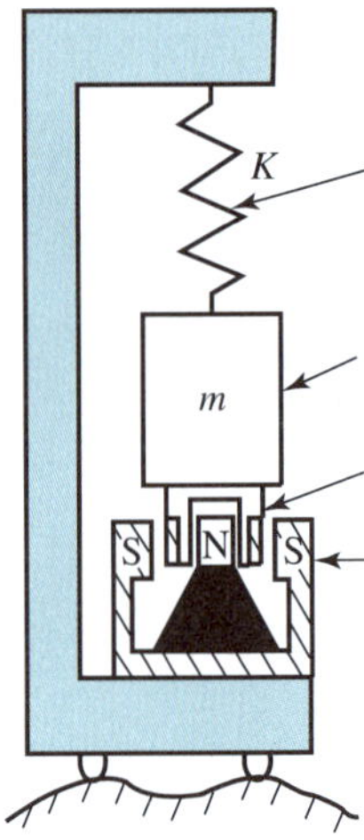

(a) 원리

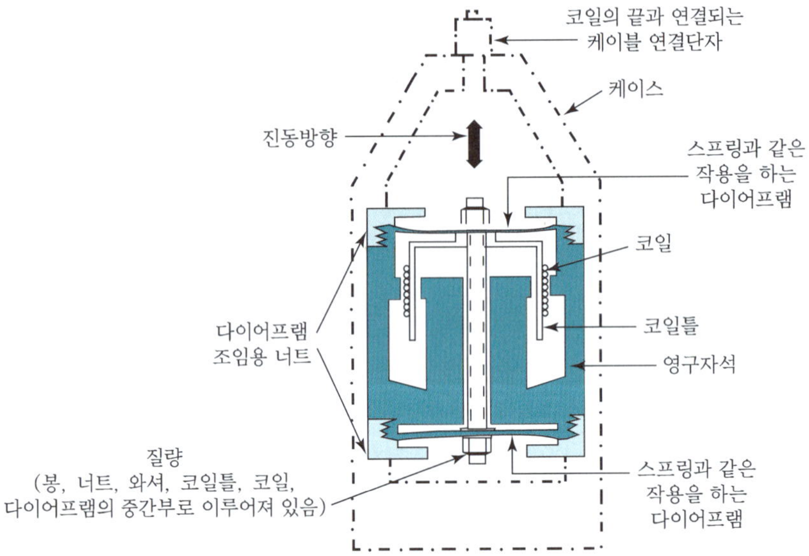

(b) 구조

그림 17.10 동전형 진동변환기

그림 17.12는 **압전형 진동변환기**로 추와 스프링으로 이루어진 진자계와 압전소자로 구성되어 있다. 이 압전형 진동변환기에 진동이 작용하면 추의 운동에 의하여 압전소자에 힘이 작용하게 되고, 이 힘은 압전소자에 의하여 전기량으로 변환되게 된다.

여기서 얻어진 힘으로부터 힘 = 질량 × 가속도의 관계를 이용하여 진동 가속도를 구할 수 있다.

이 압전형 진동변환기는 소형 경량으로 견고하게 제작할 수 있고, 상당히 큰 진동과 충격에도 잘 견디므로 많이 사용되고 있다.

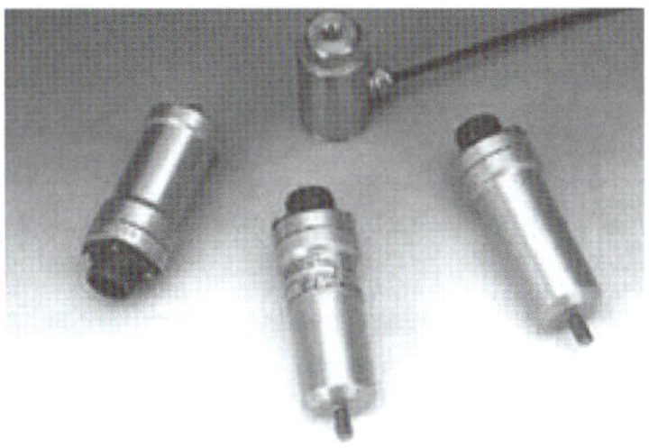

그림 17.11 동전형 진동속도 센서

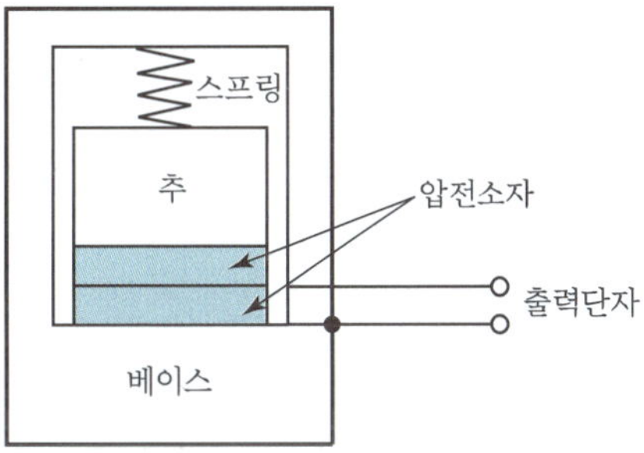

그림 17.12 압전형 진동변환기

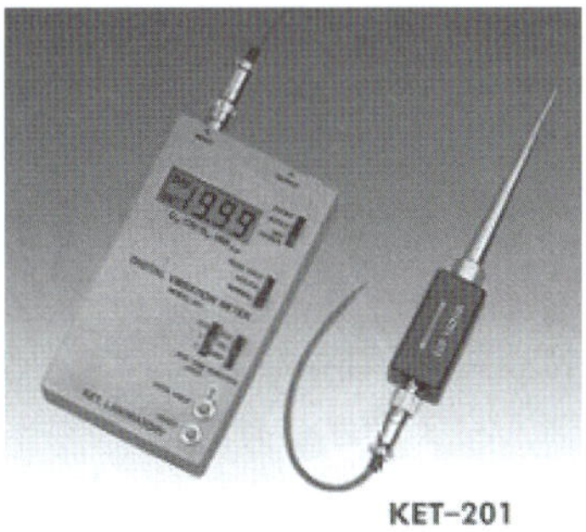

그림 17.13 압전형 진동변환기를 사용한 진동 가속도계

Chapter 18

회전체의 균형시험

어떠한 축을 중심으로 회전하는 회전체를 로터(Rotor)라 한다. 이와 같은 로터를 제작할 때 발생한 형태상의 오차나 운전 시의 마모 등에 의하여 그 형태가 변하여 로터의 회전중심(中心)과 무게중심(重心)이 일치하지 않은 상태를 **불균형**(unbalance)이라고 한다.

로터가 이와 같은 불균형 상태로 회전하면 원심력(遠心力)이 발생한다.

그림 18.1과 같이 질량 M인 원판형상의 로터에서 그 무게중심(重心) G가 회전축의 중심(中心) O로부터 e만큼 편심되어 각속도 ω로 회전하고 있을 때, 원심력 F는 다음과 같이 된다.

$$F = Me\omega^2 \tag{18.1}$$

여기서 Me는 로터 자체의 고유한 양으로 "불균형의 크기"라고 하는데 불균형(unbalance)은 크기와 반경방향의 방향을 갖는 벡터량이다.

이와 같이 불균형에 의한 원심력에 의하여 축의 직경방향으로 진동을 발생시키므로, 그림 18.1과 같이 축수(軸受, bearing)의 직경방향에 진동센서를 장착하여 불균형의 크기를 검출할 수 있다.

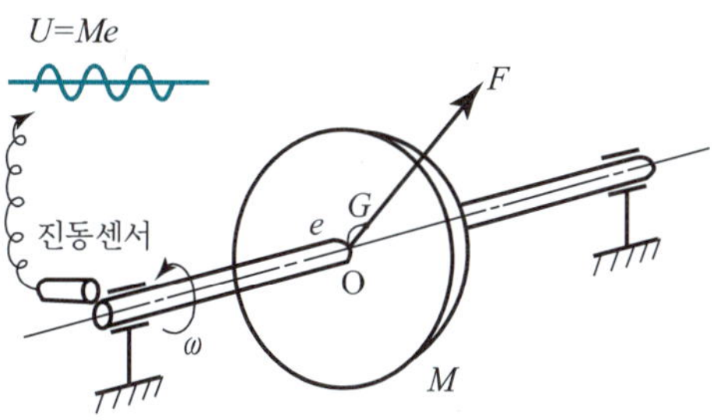

그림 18.1 로터의 균형시험

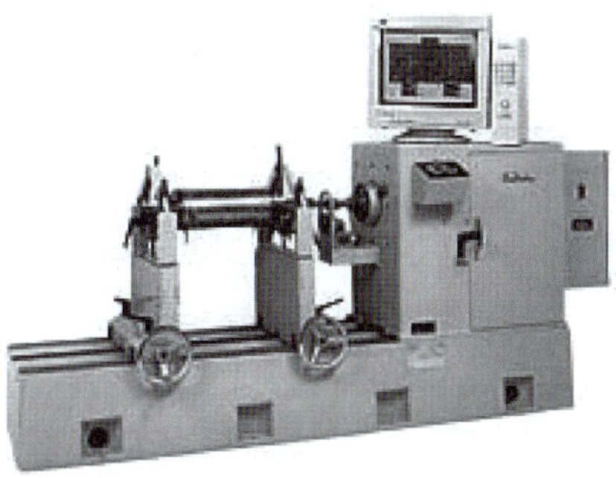

그림 18.2 밸런싱 머신

Chapter 19

소음의 계측

19.1 소리의 강도

소리는 공기와 같은 매질에서 압력의 급속한 변동에 의하여 전파하는데, 그 변동의 평형상태로부터 변화된 부분을 음압(音壓, sound pressure)이라고 한다.

순음(純音)에서 음압은 정현파(正弦波)형으로 변화하며, 음압의 진폭을 p_m이라 할 때 그 실효값(實效値)은 $\frac{p_m}{\sqrt{2}}$이 된다. 음압의 단위로는 Pa을 사용하는데, 보통 사람이 듣는 소리는 0.1 Pa 정도가 많으며, 사람의 귀로 들을 수 있는 가청범위는 0.00001~10 Pa이다.

음원(sound source)에서 방사되고 있는 음장(sound field) 내의 한 점에 있어서의 소리의 강도(sound intensity)는, 소리의 진행 방향에 수직인 단위 면적을 단위시간에 통과하는 에너지의 양으로 표시하며, 단위는 W/m^2이다.

밀도 ρ인 매질을 통과하는 소리의 속도가 c이고, 음압의 실효치가 p, 입자속도의 실효값이 v인 정현음파(正弦音波)의 경우, 소리의 강도 I는 다음 식과 같이 된다.

$$I = \rho c v^2 = \frac{p^2}{\rho c}$$

이것은 이론상의 소리의 강도이고, 실제로 사람이 느끼는 소리의 강도는 소리의 강도 I가 선형적으로 증가할 때 대수적으로 증가한다. 즉, 소리의 강도 I가 2배 더 커졌다고 해서 사람이 그 소리를 2배 더 큰소리 느끼는 것이 아니라, 다음에 설명할 데시벨(dB) 값이 2배가 되어야 2배 더 큰 소리로 느끼는 것이다.

데시벨은 소리의 강도레벨(sound intensity level)을 나타내는 것으로, 다음과 같이 사람이 들을 수 있는 소리의 강도의 최솟값인 I_0를 기준으로 비교하여 나타낸 것이다.

$$\text{dB} = 10\log_{10}\frac{I}{I_0}$$

여기서 기준 음의 강도 $I_0 = 10^{-16}\ W/cm^2$이다.

즉, 데시벨은 기준치인 최소가청치 위에서 측정하려는 음향을 비교한 것이다. 데시벨을 음압에 관한 식으로 나타내면 다음과 같이 된다.

$$\text{dB} = 20\log_{10}\frac{p}{p_0}$$

이때 기준 음압으로는 보통 사람이 들을 수 있는 최소 음압에 가까운 음압 실효값인 $p_0 = 20\,\mu Pa$을 사용한다.

19.2 소리의 크기

소리의 강도가 같아도 주파수가 다르면 사람이 느끼는 소리의 크기도 달라진다.

그림 19.1은 플레쳐 – 맨슨(Fletcher-Manson)이 다수의 미국인을 대상으로 여러 가지 주파수에서 소리의 강도와 크기와의 관계를 표시한 곡선이다.

각각의 곡선은 똑같은 크기로 느낄 수 있는 여러 가지 주파수대의 순음의 강도를 연결시킨 등청감 곡선으로, 그 중앙에 각 곡선의 소리의 크기를 폰으로 표시하였다. 여기서 0폰은 사람이 들을 수 있는 가장 작은 소리인 최소 가청치에 상당한다.

이 곡선에 의하면 소리가 강할 때에는 소리의 크기가 주파수에 의해 그다지 크게 변화하지 않으나, 소리가 약할 때에는 변화가 크다는 것을 알 수 있다.

이와 같이 사람이 느끼는 소리의 크기(loudness)는 소리의 강도와 비례하지 않고 주파수의 영향을 받는다.

따라서 실제 소리의 강도와 감각적으로 느끼는 소리의 크기 사이에 어떤 관계를 규명해 놓을 필요가 있는데, 이를 위해 현재 이용되고 있는 방법은 측정하고자 하는 소리와 똑같은 크기로 느끼는 주파수 1000 Hz인 순음의 강도를 그 음의 크기로 하는 방법이다.

즉, 측정하고자 하는 음과 주파수 1000 Hz의 순음을 각각 좌우의 귀로 들으면서, 좌우의 귀로 느끼는 소리가 같게 되도록 1000 Hz 순음의 강도를 조정하여, 측정하고자 하는 음의 크기를 평가한다.

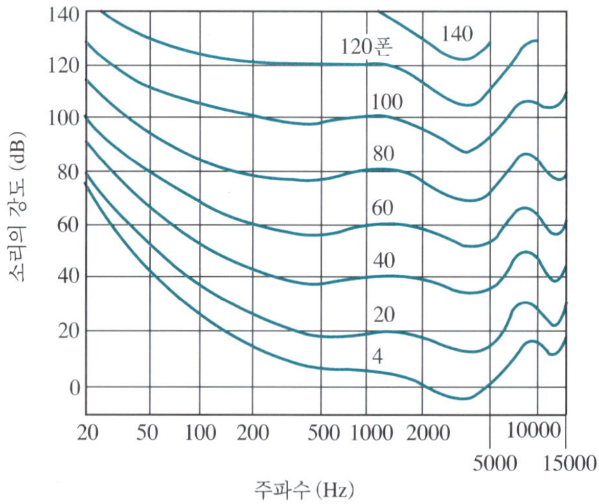

그림 19.1 등청감 곡선

이와 같은 개념을 토대로 감각적으로 소리의 대소를 표현하기 위하여 소리의 크기(loudness)라는 용어를 사용하는데, 단위로는 폰(phon)을 사용한다.

폰은 감각적인 음의 크기를 나타내는 양으로, 1000 Hz 단일음의 크기와 같은 크기로 느끼는 크기를 의미한다.

그림 19.1에서 보는 바와 같이 1000 Hz, 60 dB의 소리는 60폰이다. 그러나 100 Hz, 60 dB인 소리는 약 40폰이 된다. 즉, 100 Hz의 소리보다 1000 Hz의 소리가 더 크게 들린다. 이와 같이 동일한 데시벨의 소리도 주파수에 따라 그 크기가 다르게 들리는 것이다.

보통 사람이 경험하는 소리의 최대 크기는 약 120폰 정도까지이다.

19.3 소음계

소음계(騷音計, noise meter)에는 청취식(聽取式) 소음계와 지시(指示) 소음계가 있는데, 주로 지시 소음계를 많이 사용하고 있다.

청취식 소음계는 그림 19.2와 같이 일정한 주파수(1000 Hz)의 소리를 발생시키는 장치가 내장되어 있다. 측정방법은 소음계와 연결된 리시버(receiver)를 한쪽 귀에 대고, 리시버를 통하여 들려 오는 소음계의 소리와 다른 한쪽 귀로 들리는 소음을 서로 비교하여, 소음과 소음계로부터 들려 오는 각각의 소리의 크기가 같아지도록 전위차계를 가감시켜, 소음 크기의 레벨을 폰(phon) 단위로 직접 읽을 수 있도록 한 것이다.

이와 같은 측정법은 측정자 개인에 따른 오차가 생긴다는 단점이 있다.

이에 비하여 지시 소음계는 인간의 귀와 거의 유사하게 소리에 반응하도록 설계된 장치로서, 소리의 크기에 대한 객관적이고도 반복적인 측정을 할 수가 있다.

지시 소음계는 그림 19.3과 같이 마이크로폰, 신호처리부, 지시부로 구성되어 있다.

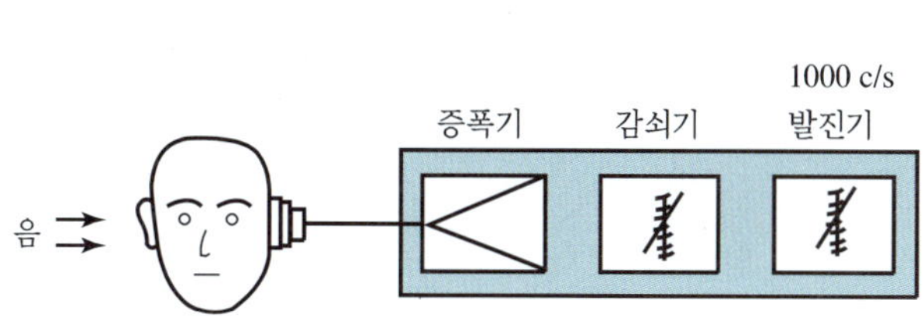

그림 19.2 청취식 소음계의 구성

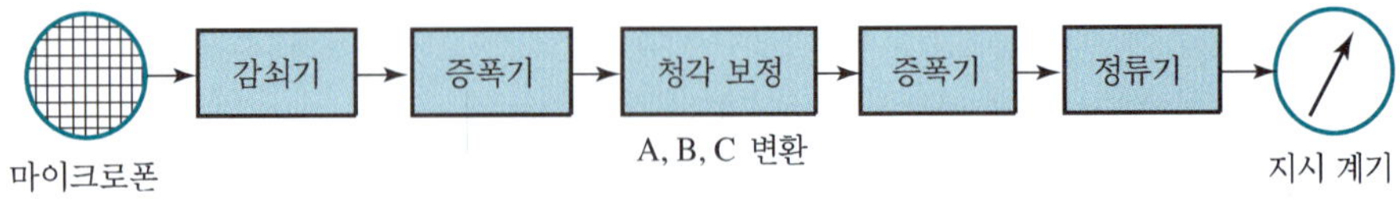

그림 19.3 지시 소음계의 구성

그림 19.4 지시 소음계

마이크로폰은 콘덴서 방식, 압전소자 방식, 가동 코일방식(인덕턴스형), 탄소입자 방식 등을 사용하고 있는데, 안전성, 신뢰성, 정밀도 등의 면에서 콘덴서 방식을 사용한 콘덴서 마이크로폰(condenser microphone)이 가장 적당하다.

이 콘덴서 마이크로폰은 그림 19.5와 같이 고정 전극판과 도전성을 가진 진동판 사이에 작은 틈새 d (0.001 in)가 있는데, 이 두 판에 직류전원을 통전하면, 두 판 사이의 틈새에 전하를 축적하게 된다. 이때 소리의 진동에 의하여 진동판이 진동하면 고정 전극판과 진동판 사이의 틈새 d가 변화하여 정전용량이 변화하게 되는데, 이 정전용량의 변화는 결국 다음 식과 같이 전압의 변화 E로 된다.

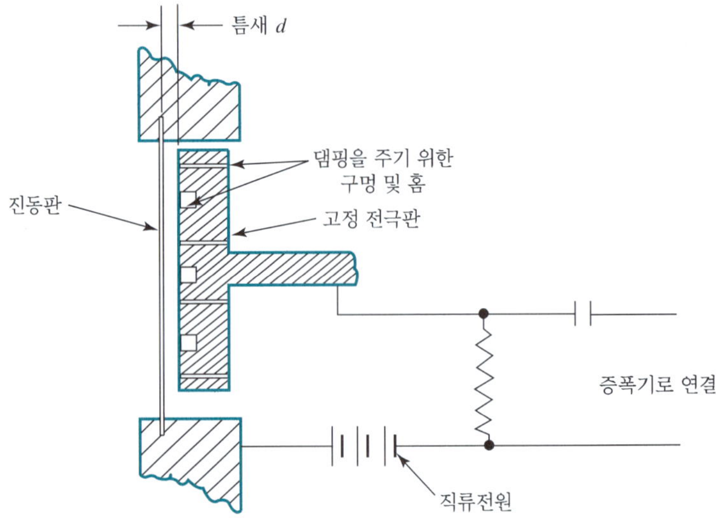

그림 19.5 콘덴서 마이크로폰의 구조

그림 19.6 콘덴서 마이크로폰

$$E = Qd$$

식에서 Q는 직류전원에 의한 전하량(電荷量)이다.

이와 같은 마이크로폰에 의하여 생성된 전기신호는 아주 미약하므로 전치증폭기(preamplifier)에서 증폭시킨다.

전치증폭기에 의하여 증폭된 전기신호는 신호 처리부에 보내어져 보정 회로망(weighting network)을 통하여 청각보정을 하게 되는데, 이는 주파수에 대한 감도가 사람의 귀에서 느끼는 감도와 같게 되도록 보정하는 것이다.

귀의 특성은 소리의 강도에 따라 변하므로, 소리의 저(低), 중(中), 고(高)에 따라 보정회로를 각각 A, B, C로 구분하여 회로를 선택할 수 있도록 하였다.

이 보정회로망은 사람의 귀처럼 주파수에 따라 등청감 곡선(equal loudness contours)을 재현하는 비교적 간단한 전자회로이다.

A 특성의 청감보정은 약 40폰의 등청감곡선에 맞추어져 있으며, B 특성은 70폰, C 특성은 85폰 이상의 등청감 곡선에 대응하고 있다.

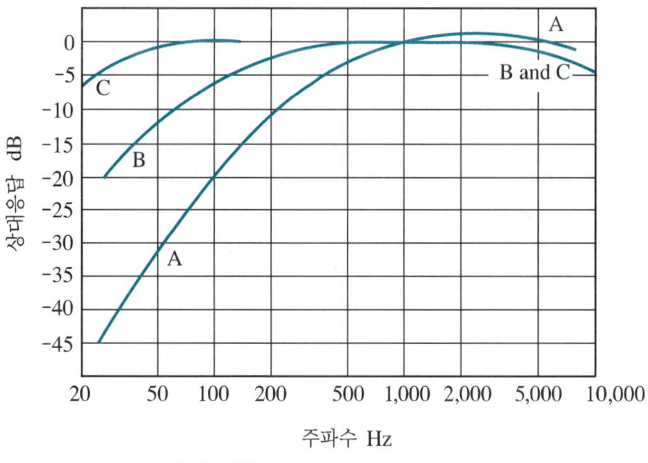

그림 19.7 청감 보정회로 기준특성

따라서 A 특성은 60폰 이하의 낮은 레벨에서 사용하며, B 특성은 65~85폰의 중간레벨에서, C 특성은 85폰 이상의 높은 레벨에서 사용한다.

이러한 청감 보정 외에 무보정(Linear) 회로망도 가지고 있는데 이것은 신호를 보정하지 않고 그대로 통과시키는 것이다.

Chapter 20

계측의 불확도

20.1 불확도의 의미

측정 불확도(測定 不確度, measurement uncertainty)는 "측정대상의 기댓값이 특정한 신뢰수준(confidence level)에 실제적으로 놓여질 구간"임을 암시하게 되며, 역으로 풀이하면 "측정된 대푯값이 틀려질 수도 있는 범위"를 암시하게 된다.

종래에는 측정값의 신뢰성을 오차로만 표현하여 왔다.

오차는 "측정의 결과로부터 측정량의 참값을 뺀 것"이다.

그러나 실제로 참값은 알 수가 없으며, 참값을 알 수 없는데 오차를 정확히 구한다는 것은 불가능한 일이다.

따라서 "알 수 없는 참값을 기초(base)로 한 생각"을 수정하여 "측정값의 산포를 종합적으로 구하여 측정결과의 신뢰성을 표현하도록 한 것"이 불확도이다.

KS에서는 불확도를 "합리적으로 측정량에 연결지어 얻은 값의 산포를 특징지우는 파라미터(Parameter, associated with the result of measurement, that characterizes the dispersion of the values that could reasonably be attributed to the measurand)"라고 정의하고 있다.

그러면 불확도는 어떻게 하여 생기는 것일까? 측정결과의 불확도는 측정량에 대하여 정확한 지식이 없거나 완전한 측정작업이 행해지지 않은 것을 반영하고 있다. 측정오차에는 측정장치의 특성이나 측정환경의 조건 등에 의하여 생기는 계통오차가 있다. 파악할 수 있는 계통오차는 보정을 하여 제거할 수가 있으나 보정 그 자체도 완전한 것은 아니고 불완전한 보정으로부터 생기는 불확도가 있다.

또한 아무리 주의하여 측정한다고 해도 측정값에는 산포가 생기게 되는데 이를 우연오차라 한다. 우연오차를 제거하기 위해서는 무수히 많은 반복 측정을 하여 평균값을 취하는데 이와 같이 반복 측정한 결과의 평균값도 참값이 된다는 보장은 없으며, 따라서 반복 측정한 결과값의 산포로부터 생기는 불확도가 있다.

측정결과에 산포의 내용, 즉 불확도를 병기함으로써 그 측정결과의 표기가 완전한 것이 되는 것이다.

ISO의 지침에서는 불확도를 "참값이 존재하는 범위의 추정값"으로 표현하고 있으며, 종래에 사용하던 오차라는 용어를 단독으로 사용하지 말도록 권고하고 있다.

오차는 측정값과 참값의 차이로 평가하기 때문에 측정값의 재현성에 따라 달라지며, 실제로 참값은 알 수 없는 값이기 때문에 오차를 구할 수 없기 때문이다.

따라서 측정자가 실제로 구하게 되는 것은 참값과 측정값의 대푯값과 이들 대푯값들이 존재할 수 있는 범위가 된다. 결론적으로 측정결과의 표현에 대한 국제적인 추세는 측정오차만으로는 측정결과를 올바르게 표현할 수 없다는 관점이 지배적이고 따라서 측정 불확도의 표시가 반드시 동반되어야 한다는 것이다.

또한 과거에 많이 사용되었던 오차의 한계 또는 측정데이터에 대한 표준편차의 제공 등의 한정된 수단만으로는 사용자의 올바른 측정결과의 활용을 기대할 수 없으므로 이를 보완하기 위해 측정 불확도의 표현이 필요한 것이다.

20.2 측정 불확도의 용도

측정 불확도의 가장 중요한 기능은 측정결과의 품질을 정량적인 수치로 표시할 수 있다는 것이다. 따라서 측정 불확도는 "측정되는 양을 얼마나 잘 나타냈는가?"하는 의문에 적절한 해답을 제공한다. 때때로 측정결과는 규격이나 규정에 명시된 허용오차와 비교되는 경우가 많으며, 이와 같은 경우 측정 불확도에 대한 정보는 측정결과가 수용할 수 있는 범위 내에서 적합한 지의 여부를 판정하여 준다. 많은 경우에 있어서 측정결과가 허용한계에 매우 근접하는 경우가 발생하게 되는데, 이때에는 확률적으로 허용공차를 초과할 위험성에 직면하게 된다.

따라서 이와 같은 경우에는 반드시 측정 불확도에 대한 고려가 필요하다.

예를 들면, 직경 10.00 ± 0.01 mm인 원통을 가공하려 한다면 그 측정결과는 ±0.01 mm 이내에 있는지를 평가할 수 있어야 하며, 측정 불확도가 ±0.01 mm라는 판단기준에 영향을 미치지 않을 정도로 작아야만 그 측정결과를 활용할 수 있다.

측정기기의 교정검사 결과 9.99 mm에서 보정값이 0.00 mm이었고, 여러 번 반복측정한 결과가 그림 20.1과 같이 분포되어 9.99 mm라는 대푯값을 얻었다면 가공된 부품은 제작 허용공차 이내로 겨우 들어오게 되어 공정검사 시 합격으로 판별된다.

그러나 이 제품은 확률적으로는 불량률이 될 확율이 50%나 된다.

따라서 측정이라는 판단 수단에 의해 불량을 최소한으로 제거하려고 한다면 이러한 측정값이 필연적으로 동반하고 있는 측정 불확도를 반드시 고려하여야 한다.

실제로 지금 든 예의 경우에는 측정의 대푯값이 10.00 ± 0.01 mm 이내에 들어야 한다는 조건 외에, 측정 불확도의 크기가 허용공차보다 기본적으로 작아야 하는 동시에 측정값이 10.00 ± (허용공차 – 측정 불확도) 이내에 들어야만 불량의 발생확률을 최소화할 수 있는 것이다.

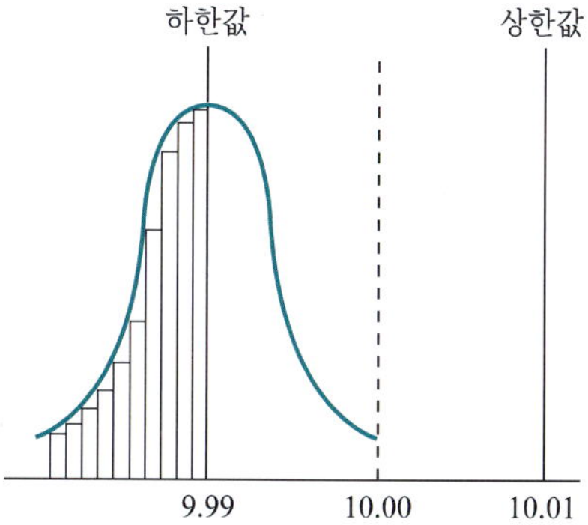

그림 20.1 허용공차와 불확도와의 관계

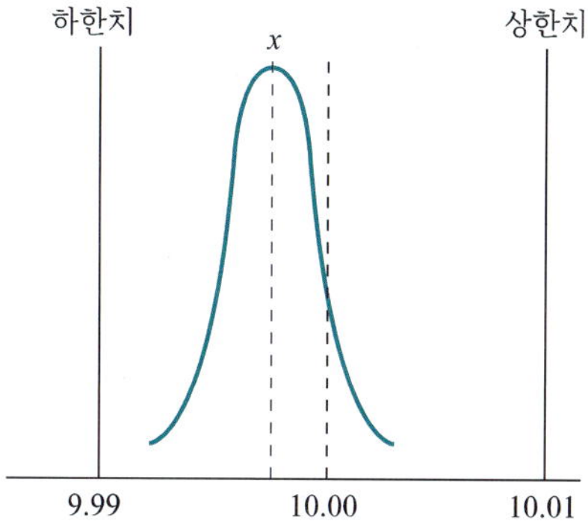

그림 20.2 이상적인 측정 불확도의 크기

따라서 이상적인 측정결과와 측정 불확도의 관계는 그림 20.2와 같이 도시될 수 있는데, 가장 잘 맞는 값은 대푯값으로 어떤 특정확률(예 95.5%)로 아무리 틀려도 허용공차를 넘지 않는다고 간주할 수 있게 된다.

20.3 측정 불확도의 관리

측정 불확도는 측정오차를 얼마나 잘 평가하고 불확실한 성분을 얼마나 최소화하는가에 따라 그 크기가 달라질 수 있다. 즉, 오차의 발생요인을 적절히 제어하고 측정 환경 등을 개선하면 전체적인 오차의 크기는 작아지며, 분명하게 확인된 오차는 조정, 보정 등을 통해 제거시킬 수 있다. 그러나 아무리 면밀히 오차를 제거하여도 완전하지는 못하며 여전히 불분명한 성분이 남게 된다.

따라서 측정 불확도는 측정기의 성능, 교정검사 시 교정 불확도, 측정환경 등에 따라 서로 다르게 산출되며, 적절한 크기로 관리할 필요가 있다. 측정 불확도의 크기는 작으면 작을수록 측정 결과의 활용성이 커지나 반면에 세심한 주의와 시간, 경비 등을 동반하므로 필요한 수준에 따라 적절한 크기로 관리되어야 한다.

20.4 측정 불확도 평가방법

20.4.1 평가방법

측정 불확도를 평가하기 위해서는 불확도의 원인이 되는 요인들을 면밀히 관찰해야 한다. 일반적으로 측정결과는 측정대상의 고유값의 추정값에 불과하기 때문에 불확도가 정량적으로 표시되어야만 비로소 완전한 것이 된다.

일반적으로 측정의 불확도에는 많은 성분이 포함되어 있다. 어떤 성분은 연속 측정된 결과의 통계적 분포로부터 구한 표준편차로 표기할 수도 있으며, 또 다른 어떤 성분은 경험이나 다른 정보에 의하여 추측된 확률 분포에 의하여 구할 수 있다.

측정 불확도의 평가방법은 우선 측정관계식을 설정하여 불확도 요인을 파악하고, 이들 불확도의 요인으로부터 각각 표준 불확도(standard uncertainty)를 구한 다음, 이들 표준 불확도 성분들을 합성하여 합성표준 불확도(combined standard uncertainty)를 산출한 후 사용목적 및 수준에 따라 합성표준 불확도에 포함인자(coverage factor) k를 곱하여 확장 불확도(expanded uncertainty)를 구하는 것으로 요약된다.

이해를 쉽게 하기 위하여 불확도 계산 과정을 간단하게 요약하면 다음과 같다.

측정수순의 명확화(측정의 모형화) → 측정 관계식의 설정(불확도 요소 파악) → 표준 불확도 $U(x_i)$의 계산(A타입 또는 B타입) → 합성표준 불확도 $U(y)$의 계산 → 확장 불확도(U)의 산출

20.4.2 측정수순의 명확화(측정의 모형화)

ISO의 지침서 GUM에 의하면 "측정의 목적은 측정량의 값, 즉 측정되는 특정량의 값을 결정하는 것이므로 측정은 측정량, 측정방법 및 측정수순을 명확하게 하는 것으로부터 시작한다"로 되어 있다. 따라서 측정값을 구하기 위해서는 다음과 같은 사항을 명확하게 하여야 한다.

- 측정대상과 측정항목
- 측정의 원리
- 측정방법
- 사용하는 측정장치 및 기기
- 측정의 수순
- 데이터처리 방법
- 수정을 행하는 경우에는 보정항목과 방법

20.4.3 함수모델의 구축(측정관계식의 설정)

측정량이 y라 하고, 이것을 구하기 위하여 관계된 여러 요인들의 추정값들이 각각 X_1, X_2, X_3, ⋯, X_n이라 할 때 이 n개에 관련된 다음과 같은 관계식을 구한다.

$$측정값\ y = f(X_1, X_2, X_3, \cdots, X_n)$$

여기서 입력량 X_i는 측정값 y를 결정하기 위해 필요한 모든 정보이며, 통상은 측정에 의하여 얻어진 값으로 산포를 가지고 있다. 과정이 매우 복잡한 측정 대상에 있어서는 이 관계식의 설정이 매우 어려울 것이다.

관계식에 대한 이해를 돕기 위하여 직사각형의 넓이를 측정하는데 필요한 관계식을 예로 들어 설명하면, 가로 X, 세로 Y인 직사각형의 넓이 A를 계산하는 관계식은 다음과 같다.

$$A = X \cdot Y$$

이때 가로 X 및 세로 Y의 길이를 재기 위해 자를 사용하였다면, 이 자를 사용하는 사람의 불확실성과 자의 불확실성을 고려하여야 할 것이다.

다음에 각 입력량의 산포의 요인을 열거하면 다음과 같다.

- 측정량의 정의에 대한 불완전도
- 측정량의 정의에 대한 표현의 불완전도
- 측정시료가 정의된 측정량을 대표하지 않는 것
- 측정값에 대한 환경조건의 효과에 관한 지식 부족
- 측정환경조건의 설정 및 측정의 불완전도
- 아날로그 계측기의 눈금 읽음 편차나 산포
- 측정에 사용되는 기준기의 부정확도
- 사용하는 측정장치 및 기기의 부정확도
- 데이터처리나 보정에 사용하는 상수 등 파라미터의 부정확도
- 측정방법 및 수순에 조합되어 있는 근사(近似)와 가정(假定)
- 반복측정의 산포 등

20.4.4 표준 불확도 standard uncertainty $U(X_i)$의 계산

앞에서와 같이 요인별 변수의 측정값을 각각 구한 후, 그 유형에 따라 각 요인의 불확도를 구할 때의 불확도를 표준 불확도 $U(X_i)$라고 한다.

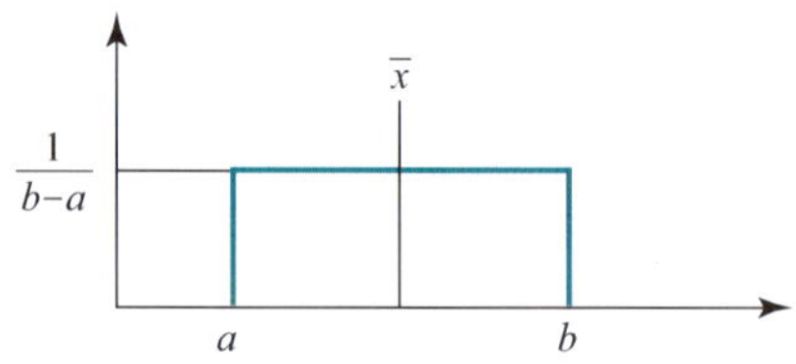

그림 20.3 균등분포와 확률밀도 함수

그림 20.3과 같은 균등분포에서의 평균값 μ는 다음과 같이 된다.

$$\mu = E(X) = \int_{-\infty}^{\infty} x \cdot f(x)dx = \int_{a}^{b} x \cdot \left[\frac{1}{b-a}\right]dx = \frac{b+a}{2} \tag{20.1}$$

또한 X^2의 기댓값 $E(X^2)$은 다음과 같이 된다.

$$E(X^2) = \int_{-\infty}^{\infty} x^2 \cdot f(x)dx = \int_{a}^{b} x^2 \cdot \left[\frac{1}{b-a}\right]dx = \frac{b^2+ab+a^2}{3} \tag{20.2}$$

따라서 식 (20.1)과 (20.2)의 결과를 이용하여 다음과 같이 분산σ^2을 구할 수 있다.

$$\begin{aligned}
\sigma^2 &= E\left[(X-\mu)^2\right] \\
&= \int_{-\infty}^{\infty} (x-\mu)^2 f(x)dx \\
&= \int_{-\infty}^{\infty} x^2 \cdot f(x)dx - 2\mu\int_{-\infty}^{\infty} x \cdot f(x)dx + \mu^2\int_{-\infty}^{\infty} f(x)dx \\
&= E(X^2) - \mu^2 \\
&= \frac{b^2+ab+a^2}{3} - \left(\frac{b+a}{2}\right)^2 \\
&= \frac{1}{12}(b-a)^2
\end{aligned}$$

실제 정밀측정에서 인용할 수 있는 자료의 형태(±오차)로 분산의 결과를 정리하면, 평균값의 양쪽으로 부호가 서로 반대이고 크기가 같은 반 범위의 구간으로 도시할 수 있으며, 다음 그림 20.4와 같이 도시할 수 있다.

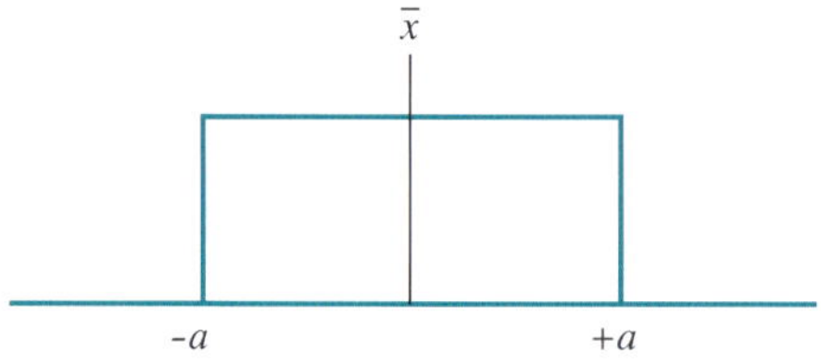

그림 20.4 균등분포의 반 범위 구간

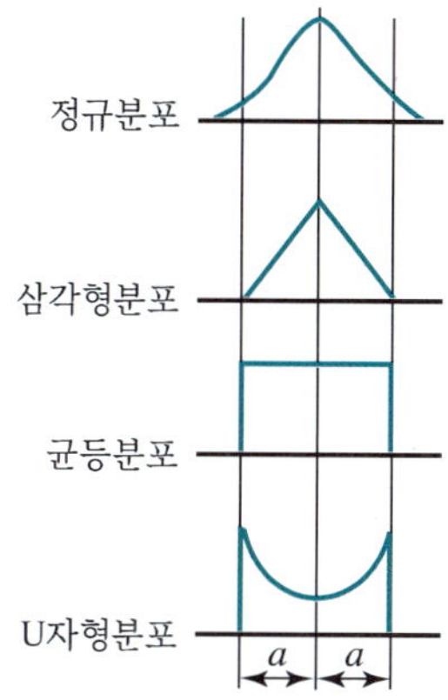

그림 20.5 **확률분포**

이때 분산 σ^2은 다음과 같은 간단한 형태로 정리된다.

$$\sigma^2 = \frac{1}{12}\{a-(-a)\}^2 = \frac{1}{12}(4a^2) = \frac{a^2}{3}$$

균등분포에 의해 해석되는 인용정보에 의한 효과는 표준편차의 크기로 대표되며, 이 크기가 B타입 표준 불확도 U_B가 된다.

$$U_B = \sigma = \frac{a}{\sqrt{3}}$$

확률분포는 이론과 경험에 의한 과학적 근거를 가지고 선택되어야 하며, 실제로 많이 사용되는 확률분포에는 그림 20.5와 같이 정규분포, 삼각형분포, 균등분포, U자형분포 등이 있다.

정규분포의 경우에는 복수(複數)의 원인에 의하여 측정값에 산포가 생기는 경우의 근사(近似)로, $\sigma = \frac{a}{\sqrt{9}} \sim \frac{a}{\sqrt{4}}$(한계치가 3σ 또는 2σ)로 하며 실험으로 얻어지는 일이 많다.

삼각형분포는 중앙에서의 빈도수가 특히 많은 것으로, 2개의 일정한 분포가 중복된 경우에 이와 같은 분포로 되며, $\sigma = \frac{a}{\sqrt{6}}$로 한다. 구체적인 예를 들면 디지털 표시의 두 점 간의 차를 구하는 경우에 적용될 수 있다.

균등분포는 한계값 내에서 일정하게 분포하고 있는 경우로 $\sigma = \frac{a}{\sqrt{3}}$로 하며, 카다로그의 허용치를 채용할 때 등에는 이 분포를 적용한다.

U자형분포는 한계치 양측의 빈도수가 많은 것으로, 시간에 따라 정현파형으로 변화하거나 제어하고 있는 항온실의 온도 등에 적용하며 $\sigma = \frac{a}{\sqrt{2}}$로 한다.

20.4.5 합성표준 불확도의 산출

측정량의 추정값 y는 각 입력량의 추정값 x_1, x_2, ⋯, x_n들의 함수로 표현되기 때문에, y의 표준 불확도는 x_i의 표준 불확도를 적절한 방법으로 합성하여 얻을 수 있다. 이렇게 하여 얻어진 측정량의 추정값 y의 표준 불확도를 합성표준 불확도라고 한다.

합성표준 불확도는 U_c로 표시하며 여러 개의 입력량으로부터 구해진 측정결과의 표준 불확도이다.

통상적으로 표준 불확도의 결합은 다음과 같이 입력량들이 서로 상관관계가 없는 경우와 상관관계가 있는 경우로 구분하여 계산할 수 있다.

(1) 상관관계가 없는 입력량의 합성표준 불확도

모든 입력량 x_i가 서로 상관관계가 없이 독립적인 경우 합성표준 불확도 $U_c(y)$는 다음 식과 같이 된다.

$$U_c^2(y) = \sum_{i=1}^{n}\left(\frac{\partial f}{\partial x_i}\right)^2 u^2(x_i) \tag{20.3}$$

식에서 f 는 측정의 모형화에 의해 구성된 출력값을 산출하는 함수이며, $u(x_i)$는 x_i의 표준 불확도이다.

또한 편미분값 $\dfrac{\partial f}{\partial x_i}$는 입력추정값 $x_i = x_1, x_2, x_3, \cdots\ x_n$의 값들의 변화에 대하여 출력값 y가 어떻게 변화하는지의 관계를 나타내는 것으로, 감도 계수(sensitivity coefficient)라 한다.

식 (20.3)은 제곱합의 제곱근(root-sum-of-squares)의 형태로 다음과 같이 간략하게 나타낼 수 있다.

$$\begin{aligned} U_c(y) &= \sqrt{\sum_{i=1}^{n}[C_i u(x_i)]^2} \\ &= \sqrt{\sum_{i=1}^{n} {u_i}^2(y)} \\ &= \sqrt{{u_1}^2(y) + {u_2}^2(y) + \cdots + {u_n}^2(y)} \end{aligned} \tag{20.4}$$

식에서 $C_i = \dfrac{\partial f}{\partial x_i}$, $u_i(y) = C_i u(x_i)$이다.

식 (20.3)은 1차 테일러 급수의 근사식으로, 모형화된 함수가 선형적일 경우에 적합한 식이다. 만약 모형화된 함수가 선형적이 아닌 경우 추가적으로 고려될 수 있는 항은 다음과 같다.

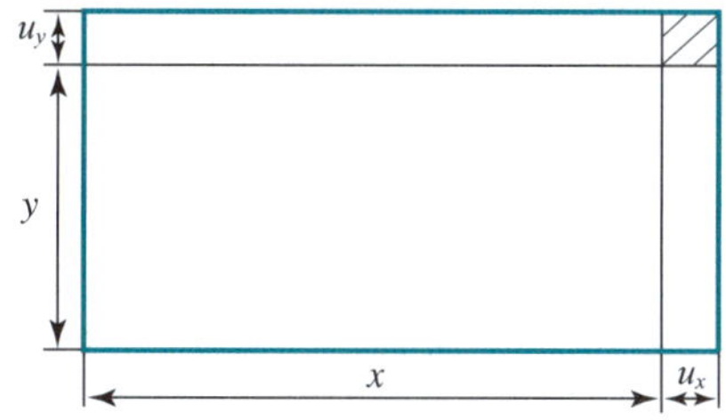

그림 20.6 표준 불확도 합성

$$\sum_{i=1}^{n}\sum_{j=1}^{n}\left[\frac{1}{2}\left(\frac{\partial^2 f}{\partial x_i \partial x_j}\right)^2+\left(\frac{\partial f}{\partial x_i}\,\frac{\partial^3 f}{\partial x_i\,\partial x_j{}^2}\right)\right]u^2(x_i)\,u^2(x_j) \tag{20.5}$$

표준 불확도의 합성에 관한 이해를 돕기 위하여 다음과 같은 예를 들어보기로 한다.

그림 20.6과 같은 가로 x, 세로 y에 의해 결정되는 직사각형의 면적 A는 다음과 같이 된다.

$$A = xy \tag{20.6}$$

다음에 식 (20.3)을 사용하여 면적 A의 합성표준 불확도를 구해 보자.

측정의 모형화는 $A = xy$로 단순화되며, 가로 x의 표준 불확도를 $u(x)$, 세로 y의 표준 불확도를 $u(y)$라 하면 감도계수 C_x, C_y는 각각 다음과 같이 산출된다.

$$C_x = \frac{\partial A}{\partial x} = \frac{\partial (xy)}{\partial x} = y \tag{20.7}$$

$$C_y = \frac{\partial A}{\partial y} = \frac{\partial (xy)}{\partial y} = x \tag{20.8}$$

이들을 식 (20.3)에 대입하면 합성표준 불확도는 다음과 같이 된다.

$$U^2(A) = y^2u^2(x) + x^2u^2(y) \tag{20.9}$$

(2) 상관관계가 있는 입력량의 합성표준 불확도

측정대상 Y를 추정하는 y값의 불확도를 결정하는 입력추정값 $x_1, x_2, \cdots\ x_n$들이 심각하게 서로 상호작용을 한다면 이와 같은 상관관계에 의한 효과를 고려하지 않으면 안 된다.

입력량들이 서로 상관관계를 가질 때의 측정결과에 관계된 합성 불확도는 다음과 같은 식에 의해 계산된다.

$$\begin{aligned} U_c^2(y) &= \sum_{i=1}^{n}\sum_{j=1}^{n}\frac{\partial f}{\partial x_i}\frac{\partial f}{\partial x_j}u(x_i,\ x_j) \\ &= \sum_{i=1}^{n}\left[\frac{\partial f}{\partial x_i}\right]^2 u^2(x_i) + 2\sum_{i=1}^{n-1}\sum_{j=i+1}^{n}\frac{\partial f}{\partial x_i}\frac{\partial f}{\partial x_j}u(x_i,\ x_j) \end{aligned} \tag{20.10}$$

여기서 x_i와 x_j는 입력량 X_i와 X_j의 추정값이며, $u(x_i, x_j)$는 x_i와 x_j에 관계된 추정 공분산이다.

이때 x_i와 x_j의 상관정도는 다음 식에 의해 결정되는 상관계수 $r(x_i, x_j)$에 의해 특징지어지며 상관계수는 $-1 \leq r(x_i, x_j) \leq 1$의 값을 가진다.

$$r(x_i,\ x_j) = \frac{u(x_i,\ x_j)}{u(x_i)\,u(x_j)} \tag{20.11}$$

만약 추정치 x_i와 x_j가 독립적이면 $r(x_i,\ x_j) = 0$ 이고, 한 성분의 변화가 다른 성분의 변화를 기대할 수 없다는 것을 의미한다.

상관의 정도가 알려진 경우에 합성 표준 불확도는 추정 공분산의 항을 정리하여 다음과 같이 간결하게 표시된다.

$$U_C{}^2(y) = \sum_{i=1}^{n} C_i^2 u^2(x_i) + 2\sum_{i=1}^{n-1}\sum_{j=i+1}^{n} C_i C_j u(x_i) u(x_j) r(x_i, x_j) \tag{20.12}$$

식에서 $C_i = \dfrac{\partial f}{\partial x_i}$, $C_j = \dfrac{\partial f}{\partial x_j}$ 이다.

그러나 상관정도, 즉 상관계수가 알려지지 않은 경우에는 반복측정의 데이터로부터 직접 추정 공분산을 계산하지 않으면 안 된다.

입력량이 A, B 2개인 경우, 식 (20.12)의 2번째 항은 2C(A)C(B)U(A, B)가 되며, 이때 추정 공분산 $U(A, B)$는 다음과 같이 추정값을 얻기 위한 데이터로부터 구해진다.

$$U(A,\ B) = \frac{1}{n(n-1)} \sum_{k=1}^{n} (A_k - \overline{A})(B_k - \overline{B})$$

추정 공분산의 값이 양(+)의 수로 결정되면 A와 B 간의 상관관계는 정의 관계를 가지고 같은 방향으로 변화하며, 음(-)의 수로 나타나면 역의 관계를 가지게 되어 한 성분의 변화가 커지면 다른 성분의 변화는 줄어들게 된다.

상관관계의 정도는 추정 공분산의 크기에 의해 결정되며, 추정 공분산이 매우 작은 경우에는 상관관계가 없다고 판단할 수 있다.

20.4.6 확장 불확도의 계산

(1) 확장 불확도와 최종 불확도의 표시방법

확장 불확도(expanded uncertainty)란 측정값의 분포의 대부분이 포함될 것으로 기대될 수 있는 구간을 나타내는 것으로서, 확장 불확도 U는 다음과 같이 합성표준 불확도 U_C에 신뢰수준과 자유도에 따라 결정되는 포함인자(coverage factor) k를 곱한 것이다.

$$U = kU_C \tag{20.13}$$

포함인자 k는 신뢰수준과 유효자유도(effective degree of freedom)의 결정에 따라 $t-$분포에 의해 주어지는 상수로, 측정대상의 기댓값을 대부분 포함할 수 있는 구간의 신뢰수준과 직결되며, 보통 95% 이상의 신뢰수준을 만족할 수 있는 구간을 설정하기 위해 선택된다.

실용적인 측면에서는 95%의 신뢰수준을 대표하여 $k=2$의 값이 보편적으로 사용되는데, 특별한 경우 99.7%의 신뢰수준을 대표하여 $k=3$이 사용되거나, 원하는 신뢰수준에 정확히 따르기 위해 유효자유도의 계산을 통해 결정되기도 한다.

측정의 최종결과 표시는 $Y = y \pm U$로 하며, 이때 반드시 포함인자에 대한 정보도 함께 제시되어야 한다.

(2) 유효자유도

포함인자 k를 구하기 위해서는 합성표준 불확도 $u_c(y)$의 유효자유도를 추정하여야 하는데, 이 유효자유도를 ν_{eff}라고 표시한다. 이 유효자유도는 합성표준 불확도가 측정량의 표준편차를 얼마나 잘 추정하는가를 나타내는 척도이다.

$$\nu_{eff} \leqq \sum_{i=1}^{n} \nu_i \tag{20.14}$$

유효자유도 ν_{eff}를 구하는 방법은 다음과 같은 Welch-satterthwaite 공식에 따라 유효자유도를 추정한다.

$$\nu_{eff} = \frac{U_C^4(y)}{\displaystyle\sum_{i=1}^{n} \frac{C_i^4 U^4(x_i)}{\nu_i}} \tag{20.15}$$

(3) 포함인자의 결정

확장 불확도를 산출하기 위해서는 먼저 포함인자 k를 결정하여야 한다. 측정결과의 불확도는 대부분의 경우에 있어서 95%에 가까운 신뢰수준을 갖는 구간으로 설정되는 것이 보통이며, 합성표준 불확도 U_C가 측정결과와 관련된 표준편차를 어느 정도 잘 추정하고 있는가 하는가가 중요한 고려대상이 된다.

합성표준 불확도 U_C에 대하여 각 불확도 성분의 자유도를 결합시킨 유효자유도 ν_{eff} 가 실제로 매우 작아, 단순히 U_C의 표준편차가 무시할 수 있을 정도로 작다고 가정하여 포함인자의 크기를 2로 추정하는 것이 적절치 못할 경우에는 유효자유도에 대한 세심한 주의가 필요하다.

A형 표준 불확도의 자유도는 정상분포의 표준편차를 추정할 때의 고려대상인 표본의 크기에 따라 결정된다. 표본의 크기, 즉 측정횟수가 충분히 많다고 하면 많은 정보에 의해 보다 신뢰성 있는 표준편차가 구해지며, 따라서 작은 크기의 포함인자만으로도 원하는 신뢰구간 확보가 가능해진다.

A형 표준 불확도의 자유도는 측정횟수가 n개일 때 $n-1$이 된다.

B형 표준 불확도의 자유도는 다음 식과 같이 나타낼 수 있다.

$$\nu_i = \frac{1}{2}\left(\frac{\Delta u(x_i)}{u(x_i)}\right)^{-2} \tag{20.16}$$

식에서 $\dfrac{\Delta u(x_i)}{u(x_i)}$를 불확도 $u(x_i)$의 상대 불확도라 하며, 보통 R로 표시하고 백분율로 나타낸다.

$$R = \left(\frac{\Delta u(x_i)}{u(x_i)}\right) \times 100(\%) \tag{20.17}$$

상대 불확도(relative uncertainty) R을 사용하여 식 (20.16)을 표현하면 자유도는 다음과 같이 된다.

$$\nu_i = \frac{1}{2}\left(\frac{100}{R}\right)^{2} \tag{20.18}$$

이 식은 상대 불확도의 크기가 알려진 경우에 사용하는데, 상대 불확도의 크기가 알려진 경우는 실제 측정상황에서 거의 찾을 수 없어 식 (20.18)의 활용은 기대하기 어렵다.

따라서 B형 표준 불확도의 자유도는 식 (20.16)에 의해 구하는 것이 보통이다.

예를 들어, 마이크로미터를 사용한 일반적인 길이 측정에서, 측정기의 성능에 의한 불확도 성분을 B형 평가에 의해 실시하고, 그 결과를 측정기의 제조 허용 공차가 ±1눈금을 넘지 않는다는 정보에 의해 평가하였다면 이를 균등분포로 보고 $U_B = (1\text{ 눈금}/\sqrt{3})$이 된다.

이러한 평가의 자유도 결정은 경험적으로 마이크로미터의 교정 불확도의 한계가 $\pm\frac{1}{2} \sim \pm\frac{3}{2}$ 눈금 이내에 있다고 할 수 있으므로 자유도 ν는 다음과 같이 된다.

$$\nu = \frac{1}{2}\left(\frac{1/2\ \text{눈금}}{1\ \text{눈금}}\right)^{-2} = \frac{1}{2}(0.5)^{-2} = 2$$

B형 평가에 의한 자유도의 결정은 저평가되지 않는 방향으로 계산하는 것이 보통이다. 즉, 반범위 ±a의 상하한 구간 밖에 있는 미지의 양이 극소화되도록 선택되며, 이와 같은 가정에 따르면 $\nu(x_i)$의 자유도 $\nu_i \to \infty$ 가 되도록 선택되는 경우가 대부분이다.

측정 불확도의 고려가 심각할 정도의 정밀측정에서는 A형 불확도가 거의 0이 되는 경우가 많다. 이는 원하는 분해능까지의 충분한 성능을 가지는 측정기를 활용하고 있고, 측정기의 성능 또한 크게 향상되었기 때문이다.

또한 최소눈금 1눈금 내에서의 변동에 의한 표준편차는 점차로 B형에 의한 평가로 대체해 나가고 있는 것이 최근의 추세이다.

따라서 A형에 의한 불확도가 0이고 B형 성분의 자유도가 ∞로 취급될 때 합성되는 유효자유도는 ∞로 추정되는 경우가 많으며, 이때에는 자연스럽게 95.5%의 신뢰수준의 포함인자 $k=2$가 활용될 수 있다.

계산에 의한 유효자유도가 정수가 아닌 경우에는 ν_{eff}보다 작은 최대 정수를 취하게 되며, 이는 $t-$분포에 의한 포함인자 결정에서 신뢰성이 보장되는 충분한 구간을 확보하기 위함이다.

이상과 같은 측정 불확도 산정방법을 정리하면 그림 20.7과 같다.

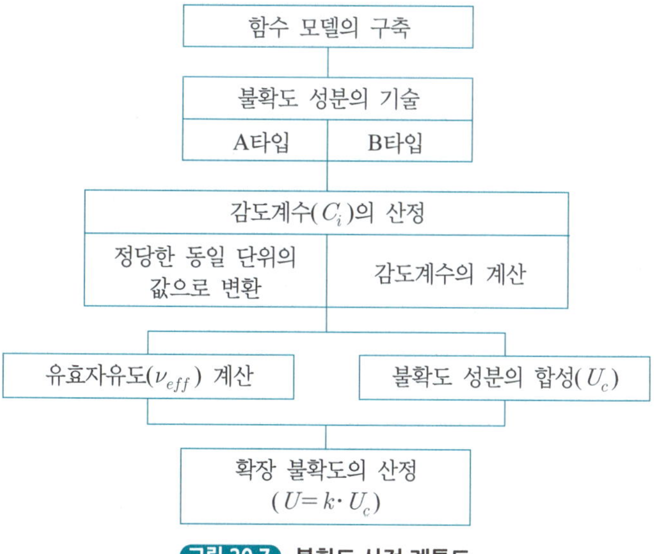

그림 20.7 불확도 산정 계통도

20.5 측정 불확도 평가사례

20.5.1 외측 마이크로미터의 교정 불확도 평가

실내온도 20℃의 표준실에서 호칭치수 10 mm의 게이지 블록을 사용하여 외측마이크로미터(최소눈금 1/1000 mm, 측정범위 25 mm)의 눈금오차를 조사할 때의 불확도를 구해보자.

(1) 함수 모델의 구축(측정관계식의 설정)

마이크로미터 및 게이지 블록의 열팽창계수를 각각 α_M, α_S라 하고, 표준온도(20℃)로부터의 온도편차를 각각t_M, t_S로 한다.

또한 표준온도(20℃)에 있어서의 게이지 블록의 길이와 마이크로미터의 지시치를 각각 L_S, L_M이라 하면, 마이크로미터의 눈금오차 E를 나타내는 식은 다음과 같다.

$$E = L_M(1+\alpha_M t_M) - L_S(1+\alpha_S t_S) \tag{20.19}$$

이 식에서 L_S는 L_M과 거의 같으므로 다음과 같이 쓸 수 있다.

$$E = L_M - L_S + L_S(\alpha_M t_M - \alpha_S t_S) \tag{20.20}$$

또한 $t_M - t_S = \delta t$, $\alpha_M - \alpha_S = \delta\alpha$라 하면 $t_M = t_S + \delta t$, $\alpha_M = \alpha_S + \delta\alpha$이므로

$$\alpha_M t_M = \delta\alpha\delta t + t_S\delta\alpha + \alpha_S\delta t + \alpha_S t_S \tag{20.21}$$

가 된다.

식 (20.21)에서 $\delta\alpha\delta t$는 아주 작은 양이므로 $\delta\alpha\delta t = 0$으로 하여 식 (20.21)을 식 (20.20)에 대입하면 다음과 같은 식을 얻을 수 있다.

$$E = L_M - L_S + L_S(\alpha_S\delta t + t_S\delta\alpha) \tag{20.22}$$

식 (20.22)의 3번째 항은 열팽창효과를 나타낸다.

일반적으로 $\delta\alpha$와 δt는 열팽창효과에 의한 보정을 하지 않음에 따라 0으로 간주한다. 이와 같은 추정에 의하여 3번째 항은 최종 불확도에 기여하게 된다.

또한 식 (20.22)에 추가되어야 하는 것이 있는데 그것은 측정대상의 불완전한 정의이다.

즉, 마이크로미터를 교정할 때 게이지 블록이 놓여지는 위치가 정의되지 않았다.

따라서 마이크로미터 앤빌과 스핀들은 완전하게 평평하거나 평행이 아니기 때문에 마이크로미터의 지싯값은 게이지 블록이 놓여지는 위치에 따라 다르게 된다.

이러한 효과는 0으로 간주되나 이러한 추정에 의한 불확도는 존재한다.

이러한 효과를 기하학적 보정 F로 나타내면 최종적인 함수 모델은 다음 식과 같이 된다.

$$E = L_M - L_S + L_S(\alpha_S \delta t + t_S \delta\alpha) + F \tag{20.23}$$

따라서 오차 E에 미치는 요소들을 입력량으로 열거하면 다음과 같이 된다.

$$E = f\,(L_M,\ L_S,\ \alpha_S,\ t_S,\ \delta t,\ \delta\alpha,\ F) \tag{20.24}$$

출력값의 불확도는 입력성분의 불확도에 감도계수를 곱한 것이므로, 합성 표준 불확도는 다음과 같이 된다.

$$\begin{aligned} U_c^2(E) = {} & C_{L_M}^2 U^2(L_M) + C_{L_S}^2 U^2(L_S) + C_{\alpha_S}^2 U^2(\alpha_S) + C_{t_S}^2 U^2(t_S) \\ & + C_{\delta\alpha}^2 U^2(\delta\alpha) + C_{\delta t}^2 U^2(\delta t) + C_F^2 U^2(F) \end{aligned} \tag{20.25}$$

이 식에서 감도계수는 다음과 같이 된다.

$$C_{L_M} = \frac{\partial E}{\partial L_M} = 1$$

$$C_{L_S} = \frac{\partial E}{\partial L_S} = -1 + (\alpha_S \delta_t + t_S \delta\alpha) = -1$$

$$C_{\alpha_S} = \frac{\partial E}{\partial \alpha_S} = L_S \delta t = 0$$

$$C_{t_S} = \frac{\partial E}{\partial t_S} = L_S \delta\alpha = 0$$

$$C_{\delta\alpha} = \frac{\partial E}{\partial \delta\alpha} = L_S t_S$$

$$C_{\delta t} = \frac{\partial E}{\partial \delta t} = L_S \alpha_S$$

$$C_F = \frac{\partial E}{\partial F} = 1$$

따라서 식 (20.25)는 다음과 같이 된다.

$$U_c^2(E) = U^2(L_M) - U^2(L_S) + L_S^2 t_S^2 U^2(\delta\alpha) + L_S^2 \alpha_S^2 U^2(\delta t) + U^2(F) \tag{20.26}$$

(2) 표준 불확도의 평가

1) 20℃에서 마이크로미터 지싯값의 불확도 $U(L_M)$

마이크로미터 지싯값이 표준 불확도에 기여하는 요소는 마이크로미터의 분해능과 관측자에 따라 기인하는 우연효과가 포함된다.

우연효과에는 변화하기 쉬운 시차, 측정력 등이 포함된다.

① 분해능(Resolution)

마이크로미터의 최소눈금 간격은 $10\mu m$이다. 버니어 눈금을 사용하면 이 눈금 간격을 1/10로 세분할 수 있으며, 최소 분해능은 $1\mu m$가 된다.

분해능에 의한 불확도는 최소분해능을 반범위로 하고, 관련된 분포를 균등분포로 간주하여 해석할 수 있다. 따라서 마이크로미터 분해능에 해당하는 표준 불확도는 $\pm\frac{1}{\sqrt{3}}\mu m$이다.

표준 불확도의 상대 불확도는 0으로 추정되고, 따라서 자유도 $\nu=\infty$이다.

② 우연효과(Random effects)

우연효과에 기인하는 마이크로미터 지싯값의 표준 불확도를 결정하는 2가지 방법이 있다. 그 하나의 방법은 A형 평가로, 마이크로미터 측정범위 내의 각교정점에서 반복측정을 실시하고 지싯값의 표준편차를 계산하는 것이다. 또 하나의 방법은 B형 평가로, 이는 경험에 근거한 우연효과에 의한 균등분포의 구간을 추정하는 것이다.

이 두 가지 방법 모두 유용한데, 여기서는 B형 표준 불확도를 적용하기로 한다.

마이크로미터를 사용하여 얻어진 반복 지싯값의 산포가 항상 $\pm 1\mu m$의 구간 내에 균등하게 놓여진다고 추정된다. 이것은 $\pm\frac{1}{\sqrt{3}}\mu m$의 관련 표준 불확도를 가지는 균등분포이다. 표준 불확도의 상대 불확도는 0으로 추정되므로 자유도 $\nu=\infty$이다.

따라서 마이크로미터 지싯값의 표준 불확도에 기여하는 두 성분을 합성하면

$$U^2(L)=(1/\sqrt{3})^2+(1/\sqrt{3})^2=0.667$$
$$U(L)=0.817\,\mu m$$

2) 20℃에서 게이지 블록의 불확도 $U(L_S)$

사용한 게이지 블록의 정도(精度) 등급이 0급이라고 하면 호칭치수 10 mm인 0급 게이지 블록의 치수허용차는 $\pm 0.12\mu m$이고, 평행도 허용치는 $0.10\mu m$이다. 따라서 게이지 블록의 길이가 $\pm 0.22\mu m$ 범위 내의 어느 위치에 존재하리라는 것을 알 수 있으며, 이것은 $\pm\frac{0.22}{\sqrt{3}}\mu m$의 표준 불확도를 가지는 균등분포가 된다. 이때 측정력에 의한 게이지 블록의 변형은 무시하였다.

표준 불확도의 상대 불확도는 0으로 추정되므로 자유도 $\nu\to\infty$이다.

만약 게이지 블록을 조합하여 사용할 경우에는 조합에 관한 표준 불확도의 추정이 행해지지 않으면 안된다.

3) 선팽창계수 차이의 불확도 $U(\delta\alpha)$

마이크로미터와 게이지 블록은 모두 강재(鋼材)로 강재의 선팽창계수의 오차 범위는 ±1×10^{-6}/℃이다. 따라서 두 선팽창계수 간의 편차구간은 ±2×10^{-6}/℃가 되며 균등분포를 갖는다. 따라서 마이크로미터와 게이지 블록의 선팽창계수 차이의 불확도 $U(\delta\alpha) = \pm \dfrac{2\times 10^{-6}}{\sqrt{3}}$/℃ 이다.

4) 마이크로미터와 게이지 블록 간의 온도차의 불확도 $U(\delta t)$

표준실의 온도는 20 ± 1℃로 조절되고, 게이지 블록과 마이크로미터 간의 온도차가 ±0.2℃ 범위 내에 든다고 추정할 수 있도록 충분한 시간 동안 표준실에 놓여져 있었다고 가정한다. 이러한 추정은 균등분포가 되며, 따라서 마이크로미터와 게이지 블록 간의 온도차에 의한 불확도 $U(\delta t) = \dfrac{0.2}{\sqrt{3}}$℃가 된다. 또한 표준 불확도의 상대불확도는 0.2로 추정되고 따라서 자유도 $\nu = 12.5$이다.

5) 기학학적 보정의 불확도 $U(F)$

실제로는 마이크로미터 앤빌과 스핀들의 평면도와 평행도가 각각 1μm와 2μm 이내로 추정되므로, 마이크로미터 앤빌과 스핀들면이 평평 또는 평행하다고 간주하고 측정함으로써 발생하는 불확도는 평행도에 의해 크게 영향을 받기 때문에, 기하학적 보정의 추정값은 50%의 신뢰도로 ±1μm로 한다.

따라서 기하학적 보정의 불확도 $U(F) = \dfrac{1}{\sqrt{3}}\mu$m, $\nu = 2$이다.

(3) 합성표준 불확도의 산출

이들 표준 불확도를 식 (20.26)에 대입하여 합성표준 불확도를 구하면 다음과 같이 된다.

$$\begin{aligned} U_c^2(E) &= U^2(L_M) - U^2(L_S) + L_S^2 t_S^2 U^2(\delta\alpha) + L_S^2 \alpha_S^2 U^2(\delta t) + U^2(F) \\ &= 0.817^2 - \left(\frac{0.22}{\sqrt{3}}\right)^2 + \left\{10{,}000^2 \times 1^2 \times \left(\frac{2\times 10^{-6}}{\sqrt{3}}\right)^2\right\} \\ &\quad + \left\{10{,}000^2 \times (11.5\times 10^{-6})^2 \times \left(\frac{0.2}{\sqrt{3}}\right)^2\right\} + \left(\frac{1}{\sqrt{3}}\right)^2 \\ &= 0.667 + 0.016 + 7\times 10^{-5} + 1.5\times 10^{-5} + 0.33 = 1.013\,\mu\text{m}^2 \end{aligned}$$

$\therefore U_C = \pm 1.01\ \mu$m

따라서 마이크로미터의 지싯값의 불확도가 합성표준 불확도에 미치는 영향이 가장 크며, 온도 효과는 미미하여 무시해도 좋다는 것을 알 수 있다.

(4) 확장 불확도의 산출

우선 유효자유도 ν_{eff}를 구하면 다음과 같다.

$$\nu_{eff} = \frac{U_C{}^4(y)}{\displaystyle\sum_{i=1}^{n} \frac{C_i^4 U^4(x_i)}{\nu_i}}$$

$$= \frac{1.01^4}{\dfrac{0.667^2}{\infty} + \dfrac{0.016^2}{\infty} + \dfrac{(7 \times 10^{-5})^2}{\infty} + \dfrac{(1.5 \times 10^{-5})^2}{12.5} + \dfrac{0.33^2}{2}}$$

$$= \infty$$

따라서 95%의 신뢰구간에 대한 포함인자 k값은 1.96이므로 확장 불확도 U는 다음과 같이 된다.

$$U = 1.96 \times 1.01 = 1.98\,\mu\text{m}$$

이 값은 길이 10 mm의 교정검사에 있어서의 불확도이다. 다른 길이에 대한 불확도 산출도 호칭치수가 다른 게이지 블록을 사용하여 지금과 같은 절차에 따라 반복하여야 하나, 게이지 블록의 불확도만이 달라질 것이란 것을 알 수 있다.

(5) 실용적 접근

이상과 같은 결과로부터 실제로 교정검사를 실시할 때 이런 방법보다 편리하게 마이크로미터의 불확도를 구하기 위한 방법을 모색해 보자.

앞에서 분석한 5가지의 불확도 성분 중 온도효과에 의한 성분은 그 크기가 작아 무시할 수가 있고, 나머지 3가지의 성분만이 주요 고려대상이 됨을 알 수 있다. 이 3가지의 성분 중에서 마이크로미터 지싯값의 불확도와 기하학적 보정의 불확도는 여러 교정포인트에 대하여 일정하므로, 주의를 기울여야 하는 성분은 게이지 블록의 불확도이다. 게이지 블록은 기준기로 사용되기 때문에 교정검사를 받는다.

따라서 앞에서와 같은 방법으로 게이지 블록의 불확도를 평가하는 것보다는 교정검사기관에서 제공해 주는 불확도를 인용하는 것이 편리한 방법이다.

즉, 교정검사 성적서에 기재된 게이지 블록의 불확도를 상례적으로 보정계수 $k=2$로 나누어 표준 불확도로 활용한다.

이제 표준교정절차에 따른 교정방법으로 교정검사를 실시하고 측정 불확도를 산출해 보자.

교정포인트가 1.0, 1.1, 1.2, 1.3, 1.4, 1.5, 2.0, 3.0, 4.0, 5.0, 10.0, 15.0, 20.0, 25.0 mm이었고, 교정검사에 사용된 게이지 블록의 불확도는 교정검사성적서에 $\pm(0.03+\frac{0.5}{1000}L)\mu m$, $(L:\text{ mm},\ k=2)$로 나와 있다고 하자.

이때 각각의 교정포인트에 대하여 측정 불확도를 정리하면 다음 표 20.2와 같이 된다.

이상의 결과로부터 알 수 있는 바와 같이 게이지 블록이 차지하는 불확도 성분의 크기는 마이크로미터 지싯값의 불확도 등에 비하여 현저히 작기 때문에, 게이지 블록의 호칭치수에 따른 불확도의 변화는 최종의 확장 불확도에 영향을 미치지 않는다.

표 20.2에서 게이지 블록에 대한 치수허용값은 마이크로미터의 교정검사에서 게이지 블록의 보정값을 사용하지 않는 경우에 고려되는 불확도 성분이다.

만약 게이지 블록의 성적서를 더욱 활용한다면 치수허용값 대신에 보정값을 대입하여 측정 불확도를 더욱 낮출 수도 있으며, 마이크로미터의 교정검사 시 게이지 블록의 교정값을 사용하여 매번 보정한다면 치수허용값만큼의 불확도 성분은 완전히 배제할 수도 있다. 따라서 이러한 분석을 한번 실시해 놓으면 최소눈금 1/100 mm의 마이크로미터의 교정불확도는 항상 2.00μm로 표시할 수 있다.

또한 유효자유도의 정밀계산의 결과와 상례적인 $k=2$의 적용결과도 거의 유사하다는 것을 알 수 있다.

표 20.2 교정포인트별 불확도

교정 포인트 (mm)	마이크로미터 지싯값의 표준 불확도	기하학적 보정의 표준 불확도	게이지 블록의 표준 불확도		합성표준 불확도 (U_c)	확장 불확도 ($2\times U_c$)
			$U/2$	(치수허용차+평행도허용차) / $\sqrt{3}$		
1.0	0.816	0.577	0.015	0.127	1.00	2.00
1.1			0.015	0.127		
1.2			0.015	0.127		
1.3			0.015	0.127		
1.4			0.015	0.127		
1.5			0.015	0.127		
2.0			0.016	0.127		
3.0			0.016	0.127		
4.0			0.016	0.127		
5.0			0.016	0.127		
10.0			0.018	0.127		
15.0			0.018	0.139		
20.0			0.020	0.139		
25.0			0.021	0.139		

때때로 일부 교정검사 수행자들은 사용된 게이지 블록 등의 기준기의 불확도를 피교정측정기의 교정 불확도로 그대로 사용하는 경우가 있는데, 이는 정밀정확도 등급이 매우 높은 경우 가장 크게 영향을 미치는 불확도성분이 기준기의 불확도가 되는 예에서만 가능하므로 주의를 요한다. 길이분야의 대표적인 측정기인 마이크로미터의 불확도 산출은 대부분의 길이측정기에 대한 교정 불확도 산출에 똑같은 방법으로 활용가능하며, 교정 물량이 많은 측정기에 대하여는 이와 같이 충실한 분석을 할 필요가 있다.

20.5.2 분동의 교정불확도 평가

호칭값이 1 kg인 분동의 값을 이중치환법에 의해 결정할 때 불확도를 평가해 보기로 한다. 교정검사에 사용된 표준분동, 감도분동의 특성 및 피교정 분동의 밀도는 표 20.3과 같다.

표 20.3 분동의 특성

구 분	질 량(g)	밀 도(g/cm^3)	불확도(mg) CL : 95.5%
표준분동 S	1,000.010798	7.84	0.240
감도분동 Δ	0.500009	8.0	0.002
피교정 분동 T	?	8.4	?

(1) 측정결과

1) 교정환경의 측정

공기밀도 등의 계산을 위한 교정환경의 측정결과는 표 20.4와 같다.

표 20.4 분동의 교정환경

구 분	시 간	온 도(℃)	기 압(mmHg)	상대습도(% RH)
시 작	09 : 20	20.3	757.6	50.0
종 료	09 : 33	20.1	757.8	49.0
평 균	13분 소요	20.2	757.7	49.5

2) 질량측정

분동의 표준교정절차(KASTO96-04-005-088)에 따라 이중치환법으로 5회 반복측정을 실시하였고 그 결과는 표 20.5와 같다.

표 20.5 분동의 질량측정 결과

측정횟수	S	T	$T+\Delta$	$S+\Delta$	다이얼
1	2558	2528	7534	7564	999
2	2561	2530	7536	7566	999
3	2562	2536	7542	7570	999
4	2559	2528	7534	7564	999
5	2560	2530	7536	7566	999

(3) 측정결과의 계산

1) 편차의 계산

측정결과로부터 표준분동과 피교정분동의 질량편차 $\Delta m_i (= S - T)$를 다음 식에 의해 계산하면 표 20.6과 같이 된다.

$$\Delta m_i = \frac{\Delta}{(T+\Delta) - T} \times \frac{(S-T) + \{(S+\Delta) - (T+\Delta)\}}{2}$$

표 20.6 표준분동과 피교정분동의 질량편차

Δm_i	$S-T$ (mg)	평균값(mg)	표준편차(mg)
Δm_1	2.996	Δm =2.946	S.D=0.141
Δm_2	3.046		
Δm_3	2.697		
Δm_4	2.996		
Δm_5	2.996		

2) 공기밀도의 계산

다음 식에 공기의 온도(t : ℃), 습도(h : %RH), 기압(p : mmHg)을 대입하여 계산하면 공기의 밀도 ρ는 다음과 같다.

$$\rho = \frac{0.464554p - h(0.00252t - 0.020582)}{(t + 273.15) \times 100} = 0.0011948\ \mathrm{g/cm^2}$$

3) 피교정분동의 질량값 계산

공기 중에 있는 모든 물체는 공기에 의하여 부력을 받는다. 따라서 부력보정을 통해 피교정분동의 질량값 M_T를 구하면 다음과 같다.

$$M_T = \frac{M_S\left(1 - \dfrac{\rho}{d_S}\right) - \Delta m\left(1 - \dfrac{\rho}{d_\Delta}\right)}{1 - \dfrac{\rho}{d_T}}$$

$$= \frac{1000.010798 \times \left(1 - \dfrac{0.0011948}{7.84}\right) - 0.002913 \times \left(1 - \dfrac{0.0011948}{8.0}\right)}{1 - \dfrac{0.0011948}{8.4}}$$

$$= 999.997724$$

식에서 M_S는 표준분동의 질량, d_S, d_Δ, d_T는 각각 표준분동, 감도분동, 피교정분동의 질량이다.

4) 상용질량의 계산

국제법정계량기구(OIML)에서는 공기 중에서 물체의 질량을 측정한 상용질량으로 교정하여 사용하도록 권고하고 있기 때문에, 이 기준에 의하여 온도 20℃일 때 밀도 1.2 kg/m^{3}인 공기 중에서의 밀도 8000 kg/m^{3}인 기준분동으로 환산한 상용질량은 다음과 같다.

$$M_C = M_T \times \frac{\left(1 - \dfrac{1.2}{d_T}\right)}{\left(1 - \dfrac{1.2}{8000}\right)} = 999.997724 \frac{\left(1 - \dfrac{1.2}{8400}\right)}{\left(1 - \dfrac{1.2}{8000}\right)} = 1000.004868$$

(4) 표준 불확도의 산출

1) A형 표준 불확도

측정횟수가 10회 미만의 경우 A형 표준 불확도는 다음 식과 같이 된다.

$$U_A = t_r \frac{S}{\sqrt{n}} \quad (\because t_n / t_\infty)$$

이 예에서는 측정횟수가 5회에 해당하며, t_r의 값은 신뢰도 95.5%에서 1.4이므로 A형 표준 불확도는 다음과 같이 된다.

$$U_A = 1.4 \times \frac{0.141}{\sqrt{5}} = 0.088\,(\text{mg}), \quad \nu_{\text{A}} = 4$$

2) B형 표준 불확도

피교정분동의 B형 표준 불확도 범주에 고려되어야 할 성분은 표준분동의 표준 불확도(U_N), 공기부력 보정의 표준 불확도(U_b), 저울감도의 표준 불확도(U_S) 등이다.

① 표준분동의 표준 불확도

표준분동의 B형 표준 불확도(U_N)는 교정검사 성적서에 기재된 불확도를 활용한다. 성적서에 기재된 불확도는 확장 불확도의 형태로 표시되어 있으므로 성적서상의 불확도를 포함인자 k로 나누어 줌으로써 쉽게 구할 수가 있다.

만약 교정검사 성적서에 등급만 주어지고 확장 불확도가 표기되어 있지 않다면 정밀정확도 등급에 관련한 최대허용오차를 근거로 표준 불확도를 추정하여야 한다.

교정결과가 적정하였다고 하면 불확도는 해당 정밀정확도 등급의 최대 허용오차(δm)의 1/3 이하여야 하고, 대부분의 경우에 있어서 $k=2$일 때의 값이므로 $U_N = \frac{1}{6}\delta m$으로 추정이 가능하다.

또한 표준분동을 조합하여 사용하였다면 공분산이 고려되어야 하나, 대부분의 경우 공분산의 크기를 알 수 없으므로 각 표준분동의 표준 불확도의 합($U_N = \sum U_{Ni}$)으로 조합된 표준분동의 표준 불확도를 구한다.

이 예제에서는 교정성적서에 확장 불확도가 0.24 mg으로 주어져 있고, 유효자유도가 $\nu = 15$이었다면 $k=2.18$이므로 표준 불확도는 다음과 같이 된다.

$$U_N = \frac{U}{k} = \frac{0.24}{2.18} = 0.11\ \text{mg}, \ \ \nu_N = 15$$

② 공기 부력 보정에 의한 불확도

부력 보정에 의하여 피교정 분동의 질량값을 결정하는 과정에서 여러 가지 측정값들을 사용한다. 특히 공기밀도, 표준분동의 밀도, 피교정 분동의 밀도값을 사용하는데, 이들 세 가지의 밀도값은 각기 어느 정도의 불확도를 가지고 있다. 앞에서 공기밀도를 결정할 때 온도, 습도, 기압 등을 측정하였고, 각기 어느 정도의 분포를 갖는 지속적인 변화량을 대푯값으로 수용하는 과정을 통해 공기밀도를 결정하였다.

따라서 이러한 과정에서 불확도의 성분이 존재한다. 세 가지 밀도값이 결정된 과정을 면밀히 검토하고 불확실한 정도의 크기를 근거 있는 자료 등을 통해 분석하여야 하나, 다음과 같은 추정으로도 표준 불확도의 크기를 실용적으로 결정할 수 있다.

- 공기밀도의 표준 불확도 : 공기밀도값의 1%
- 표준분동밀도의 표준 불확도 : 결정된 밀도값의 최소 1눈금
- 피교정분동의 표준 불확도 : 결정된 밀도값의 최소 1눈금

따라서 이 예제에서의 부력보정에 의한 표준 불확도(u_b)는 다음과 같다.

$$U_b^2 = \left[m_s \frac{d_s - d_t}{d_s d_t} U\rho_a\right]^2 + \{m_s(\rho_a - \rho_0)\}^2 \left[\frac{U_{ds}^2}{d_s^4} + \frac{U_{dt}^2}{U_t^4}\right]$$

$$= [1000.010798 \times \frac{7.84 - 8.4}{7.84 \times 8.4} \times 0.00001]^2 + \{1000.010798$$

$$\times (0.0011948 - 0.0012)\}^2 \times \left[\frac{0.01^4}{7.84^4} + \frac{0.1^4}{8.4^4}\right] = 7.29 \times 10^{-9}(g^2)$$

$$\therefore U_b = 8.5 \times 10^{-2} mg,\ \nu_b = \infty$$

③ 저울감도의 표준 불확도 평가

저울감도의 표준 불확도는 표준분동과 피교정분동 사이에 측정된 지싯값의 차이를 고려하여 추정되어야 한다. 그러나 저울의 감도시험결과가 교정검사 성적서에 기재되는 예는 매우 드물기 때문에 저울의 최소눈금을 활용하여 불확도를 추정하는 것이 보다 용이하다. 즉, 저울의 감도는 ±1눈금 범위에서 안정된다고 가정하고 이를 균등분포로 해석하여 표준 불확도를 구할 수 있다. 만약 이 예제에서 사용된 저울의 최소눈금이 0.1 mg이었다면 저울감도의 표준 불확도 $U_S = \frac{0.1}{\sqrt{3}}$ mg이 된다. 반범위의 신뢰도와 관련된 상대불확도는 약 20%로 추정되므로 자유도 ν_s는 다음과 같이 된다.

$$\nu_s = \frac{1}{2}\left(\frac{100}{R}\right)^2 = \frac{1}{2}\left(\frac{100}{20}\right)^2 = 12.5$$

(5) 합성표준 불확도의 산출

이상과 같은 1개의 A형 표준 불확도와 3개의 B형 표준 불확도를 합성하여 합성표준 불확도 U_c를 구하면 다음과 같이 된다.

$$U_c^2 = 0.088^2 + 0.11^2 + (8.5 \times 10^{-2}) + (0.1/\sqrt{3})^2 = 0.030$$

$$\therefore U_c = 0.174 \text{ mg}$$

이상의 결과로부터 부력보정에 의한 불확도는 그 크기가 매우 작아서 무시할 수 있음을 알 수 있다.

(6) 확장 불확도의 산출

95.5%의 신뢰구간을 설정하기 위하여 합성표준 불확도의 유효자유도를 계산하면 다음과 같다.

$$\nu_{eff} = \frac{\nu_c^4}{\dfrac{U_A{}^4}{\nu_A{}^4} + \dfrac{U_N{}^4}{\nu_N{}^4} + \dfrac{U_b{}^4}{\nu_b{}^4} - \dfrac{U_s{}^4}{\nu_s{}^4}}$$

$$= \frac{0.174^4}{\dfrac{0.088^4}{4^4} + \dfrac{0.11^4}{15^4} + \dfrac{(8.5 \times 10^{-2})^4}{\infty^4} + \dfrac{(0.1/\sqrt{3})^4}{12.5^4}} \cong \infty$$

신뢰도 95.5%에서 자유도 9에 해당하는 $t-$분포표의 student factor를 k값으로 채택하면 $k=2$가 된다. 따라서 확장 불확도 U는 다음과 같다.

$$U = 2U_c = 2 \times 0.174 = 0.348 \text{ mg}$$

(7) 결과보고

교정검사 결과보고 시에는 피교정분동의 질량값과 불확도를 함께 표시하여 보고하여야 하며, 결과의 재활용을 보장하기 위하여 신뢰수준 또는 사용된 k값을 밝혀야 한다.

$$m_t = 999.997724 \text{ g} \pm 0.348 \text{mg} (CL: 95.5\%,\ k=2)$$

20.5.3 마이크로미터에 의한 가공물 측정의 불확도

(1) 측정개요

가공도면치수가 20 mm ± 0.01 mm인 직사각형 강제 가공물의 길이를 측정범위 0~25 mm, 최소눈금 0.01 mm인 마이크로미터를 이용하여 계측하는 경우의 불확도를 구해보자.

측정은 23℃ ± 3℃(20℃ ~26℃)로 유지된 측정실에서 행하였다고 하자.

현장측정을 위해 마이크로미터의 기기보정이나 마이크로미터와 가공물의 온도차의 보정은 하지 않은 것으로 본다. 공작물의 측정 시 그림 20.8과 같이 마이크로미터를 스탠드에 고정하고, 가공물과 함께 측정실에 충분히 두어 마이크로미터와 가공물의 온도가 실온과 같아지도록 한 후 장갑을 끼고 측정하였다고 하자.

(2) 함수모델의 구축

그림 20.8에서 마이크로미터 및 가공물의 열팽창계수를 각각 α_M, α라 하고, 표준온도(20℃)로부터의 온도편차를 각각 t_M, t로 한다.

이와 같은 상태에서의 가공물의 측정량을 L, 마이크로미터의 지싯값을 M으로 하면 $L=M$이므로 다음과 같이 된다.

$$L = L_S(1+\alpha t),\ \ M = L_M(1+\alpha_M \cdot t_M)$$

$$\therefore L_S = L_M(1+\alpha_M \cdot t_M)/(1+\alpha t) \tag{20.27}$$

단, L_S, L_M은 표준온도에 있어서의 가공물의 길이와 마이크로미터의 지싯값이다.

그런데 $1/(1+\alpha t)$을 테일러의 공식을 적용하여 급수전개하고, $|\alpha t| \ll 1$이므로 이차항 이상은 무시하면 다음과 같이 된다.

$$1/(1+\alpha t) = 1-\alpha t \tag{20.28}$$

식 (20.28)를 식 (20.27)에 대입하면 다음 식을 얻는다.

$$L_S = L_M(1+\alpha_M \cdot t_M)\cdot(1-\alpha t) \tag{20.29}$$

이 식을 전개하고 $L_M \cdot \alpha_M \cdot t_M \cdot \alpha \cdot t$는 그 외의 항에 비하여 작으므로 무시하면 다음 식과 같이 된다.

$$L_S = L_M + L_M(\alpha_M \cdot t_M - \alpha t) \tag{20.30}$$

이 식을 $\delta t = t - t_M$, $\delta\alpha = \alpha - \alpha_M$으로 하여 정리하면 $\delta\alpha \cdot \delta t = 0$이므로 다음 식이 얻어진다.

$$L_S = L_M - L_M(t_M \cdot \delta\alpha + \alpha_M \cdot \delta t) \tag{20.31}$$

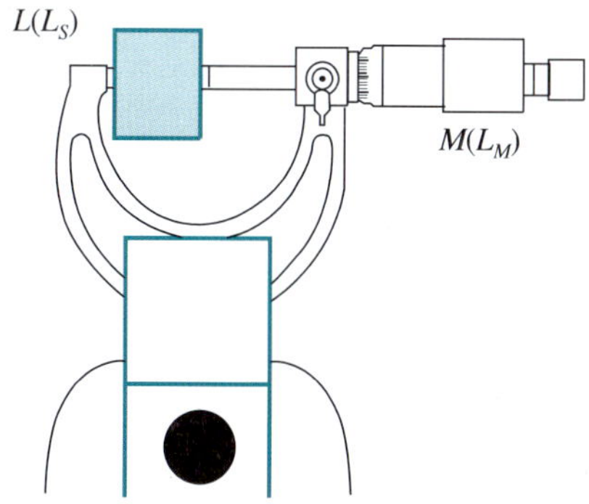

그림 20.8 마이크로미터에 의한 가공물의 측정

단, 측정결과에 주어지는 영향은 앞의 식 외에 측정작업에 있어서의 산포 W를 고려할 필요가 있으므로 최종적인 측정량을 표현하는 식은 다음과 같이 된다.

$$L_S = L_M - L_M(t_M \cdot \delta\alpha + \alpha_M \cdot \delta t) + W \qquad (20.32)$$

이 식에 의해 측정결과인 측정량의 최종 추정값 L_S를 입력량으로 표현하면 다음과 같이 된다.

$$L_S = f(L_M, t_M, \delta\alpha, \alpha_M, \delta t, W) \qquad (20.33)$$

가공물의 합성표준 불확도 $U(L_S)$는 다음과 같이 된다.

$$U^2(L) = U^2(L_M) + (L_M \cdot \delta\alpha)^2 U^2(t_M) + (L_M \cdot t_M)^2 U^2(\delta\alpha) + (L_M \cdot \delta\alpha)^2 U^2(\alpha_M) + (L_M \cdot \alpha_M)^2 U^2(\delta t) + U^2(W) \qquad (20.34)$$

(3) 불확도성분의 평가

1) $U(L_M)$: 마이크로미터 지시치의 불확도

현장에서 마이크로미터는 일반적으로 기차(器差)를 보정하지 않고 사용하고 있다.

사용하는 마이크로미터의 정도가 KS규격에 정하여진 기차 ±2 μm(사양 : 최소눈금 0.01 mm, 측정범위 0~25 mm)에 들어가는 것으로 보고, 정도(精度)의 산포를 균등분포로 보는 동시에 메이커의 교정불확도 $U=2.2(k=2)$이므로 마이크로미터 지시치의 불확도는 다음과 같이 된다.

$$U(L_M) = \sqrt{(2/\sqrt{3})^2 + (2.2/2)^2} = 1.59\ \mu\text{m}$$

■ 참고 : 사용 전 교정 또는 사외교정 증명서를 참고로 이용하는 경우, 이를테면 얻어진(또는 기재된) 최대 기차가 +1 μm, 교정불확도가 2.2 μm$(k=2)$라 하면 보정하여 사용하지 않는 경우의 불확도는 $U(L_M) = \sqrt{1.0^2 + (1.1)^2} = 1.49\ \mu\text{m}$으로 되고, 보정하여 사용하는 경우에는 1.1 μm를 채택한다.

2) $U(t_M)$: 마이크로미터의 20℃로부터의 온도편차의 불확도

측정실의 온도는 간이공조로 관리되어 1년 중 23±3℃(20~26℃)로 유지되고 있다. 마이크로미터의 온도는 측정실의 온도와 같은 것으로 본다. 따라서 온도편차의 불확도는 균등분포로 생각하여 다음과 같이 된다.

$$U(t_M) = \sqrt{(23-20)^2 + (3\sqrt{3})^2} = 3.47℃$$

3) $U(\delta\alpha)$: 가공물과 마이크로미터의 열팽창계수차의 불확도

가공물재질(탄소공구강 : SK4)의 열팽창계수는 메이커의 기술자료에 의해 $\alpha = (10.6 \pm 1) \times 10^{-6}$/℃이고, 마이크로미터의 열팽창계수 $\alpha_M = (12.2 \pm 1) \times 10^{-6}$/℃이다. 따라서 $\delta\alpha = 1.6 \times 10^{-6}$/℃ 이므로 열팽창계수차의 불확도는 다음과 같이 된다.

$$U(\delta\alpha) = \sqrt{(1.6 \times 10^{-6})^2 + 2 \times (1 \times 10^{-6}/\sqrt{3})^2} = 1.80 \times 10^{-6}/℃$$

4) $U(\alpha_M)$: 마이크로미터 열팽창계수의 불확도

앞에서 설명한 바와 같이 마이크로미터의 열팽창계수는 균등분포라고 생각하여 불확도는 다음과 같이 된다.

$$U(\alpha_M) = 1 \times 10^{-6}/\sqrt{3} = 0.58 \times 10^{-6}/℃$$

5) $U(\delta_t)$: 가공물과 마이크로미터 사이의 온도차의 불확도

가공물은 손가락 끝으로 취급하기 때문에 측정 중에 마이크로미터의 온도보다 0~0.5℃ 높아진다는 것이 실험적으로 확인되었다.

따라서 온도차의 상태는 +0.25±0.25℃로 볼 수 있으므로 불확도는 다음과 같이 된다.

$$U(\delta t) = \sqrt{0.25^2 + (0.25/\sqrt{3})^2} = 0.29℃$$

6) $U(W)$: 측정작업에 있어서의 불확도

① 기점(基点) 설정의 불확도 : $U(W_1)$

기점설정은 업무를 시작할 때마다 매번 실시하는데 1μm 정도(程道)의 조정으로 하고 있다. 따라서 0~±1μm의 범위에서 균등분포로 하여 불확도는 다음과 같이 된다.

$$U(W_1) = \frac{1}{\sqrt{3}} = 0.577\mu m$$

② 눈금읽음의 부정확도 : $U(W_2)$

각 검사원이 미리 임의의 위치에 설정된 10개의 마이크로미터의 눈금을 읽고 표준편차를 구하여 다음과 같은 결과를 얻었다.

$$U(W_2) = 0.40\,\mu\text{m}$$

③ 측정력에 의한 영향 : $U(W_3)$

일반적으로 마이크로미터에서는 측정력을 일정하게 하기 위하여 래칫을 사용한다. 그러나 조작의 변동에 의하여 측정력에도 산포가 생기고 측정정도(測定精度)에 영향을 미치게 된다. 래칫을 이용하여 반폭측정할 때의 정도(精度)의 산포는 $0.2\mu\text{m}$이었다.

④ 가공물의 변형에 의한 영향 : $U(W_4)$

가공물의 형상, 재질, 경도 등에 따라 측정력에 의한 변형도가 달라지는데, 이와 같은 변형도의 변동은 측정 정도의 산포를 야기시킨다.

여기서는 열처리한 직사각형 강제블록을 측정하기 때문에 변형에 의한 오차는 무시하기로 한다. 즉,

$$U(W_4) \fallingdotseq 0$$

이상과 같은 각 영향에 의하여 측정작업에 있어서의 불확도는 다음과 같이 된다.

$$\begin{aligned} U(W) &= \sqrt{U(W_1)^2 + U(W_2)^2 + U(W_3)^2} \\ &= \sqrt{0.577^2 + 0.40^2 + 0.2^2} = 0.73\mu\text{m} \end{aligned}$$

(4) 합성표준 불확도 $U(L)$의 계산

1)~6)항까지의 결과를 식 (20.34)에 대입하여 계산하면 다음과 같다.

$$\begin{aligned} U(L) = {} & [1.59^2 + (20 \times 1.6 \times 10^{-6})^2 \times 3.47^2 + (20 \times 3)^2 \times \\ & (1.80 \times 10^{-6})^2 + (20 \times 0.25)^2 \times (0.58 \times 10^{-6})^2 \\ & + (20 \times 12.2 \times 10^{-6})^2 \times 0.29^2 + 0.73^2]^{1/2} \\ = {} & (3.0900)^{1/2} = 1.76\ \mu\text{m} \end{aligned}$$

표 20.7은 지금까지 계산한 불확도성분의 예산표이다.

표 20.7 불확도성분의 예산(budget)표

불확도 성분의 요인		요인의 크기	감도계수	U(L)에의 기여(μm)	타이프
$U(L_M)$	마이크로미터 지시치의 불확도 교정 기차의 허용치	1.59 μm 1.10 μm 1.16 μm	1	1.59	B
$U(t_M)$	마이크로미터의 20℃로부터의 온도 편차의 불확도	3.47℃	$L_M \times \delta_\alpha$	0.111	B
$U(\delta_\alpha)$	가공물과 마이크로미터의 열팽창계수차의 불확도	1.80×10^{-6}/℃	$L_M \times t_M$	0.108	B
$U(\delta_M)$	마이크로미터의 열팽창계수의 불확도	0.58×10^{-6}/℃	$L_M \times \delta_t$	0.0029	B
$U(\delta_t)$	가공물과 마이크로미터의 온도차의 불확도	0.29℃	$L_M \times \alpha_M$	0.071	B
$U(W)$	측정작업에 있어서의 불확도	0.73 μm	1	0.73	A
$U(W_1)$	기점설정의 불확도	0.58 μm			B
$U(W_2)$	눈금읽음의 불확도	0.40 μm			A
$U(W_3)$	측정력에 의한 산포	0.20 μm			A
합성표준 불확도 $U(L)$		1.76 μm			

(5) 확장 불확도와 표기

포함인자 $k=2$로 하면 확장 불확도 U는 다음과 같이 된다.

$$U = k \times U(L) = 2 \times 1.76 = 3.52\mu\text{m}$$

따라서 가공물의 길이 측정결과 L은 다음과 같이 표기한다.

$$L = (20.006 \pm 0.0035)\,\text{mm},\ \text{단}\ k = 2$$

20.5.4 버니어 캘리퍼스에 의한 가공물 측정의 불확도

(1) 측정의 개요

도면 상의 치수가 ϕ20 mm ± 0.08 mm로 선반으로 가공한 강제(鋼製)가공물의 외경을 측정범위 0~150 mm, 최소 눈금 0.02 mm의 버니어 캘리퍼스를 이용하여 측정하는 경우의 불확도를 구해보자.

측정장소는 앞절의 마이크로미터에서와 같이 간이공조로 통상 23 ± 3℃(20~26℃)로 유지된 측정실에서 행한다.

현장측정을 위해 버니어 캘리퍼스의 기기보정이나 버니어 캘리퍼스와 가공물의 온도차의 보정은 하지 않는다. 공작물의 측정은 버니어 캘리퍼스를 가공물과 함께 측정실에 충분히 두어 이들의 온도가 실온과 같아지도록 한 후 장갑을 끼고 측정한다.

(2) 함수모델의 구축

버니어 캘리퍼스 및 가공물의 열팽창계수를 각각 α_M, α라 하고 표준온도(20℃)로부터의 온도 편차를 각각 t_M, t로 한다.

이와 같은 상태에서의 가공물의 측정량을 L, 버니어 캘리퍼스의 지싯값을 M으로 하면 $L = M$으로 다음과 같이 된다.

$$L = L_S(1+\alpha t), \quad M = L_M(1+\alpha_M \cdot t_M)$$

$$\therefore L_S = L_M(1+\alpha_M \cdot t_M)/(1+\alpha t) \tag{20.35}$$

단, L_S, L_M은 표준온도에 있어서의 가공물의 길이와 버니어 캘리퍼스의 지시치이다.

그런데 $1/(1+\alpha t)$을 테일러의 공식을 적용하여 급수전개하고, $|\alpha t| \ll 1$이므로 이차항 이상은 무시하면 다음과 같이 된다.

$$1/(1+\alpha t) = 1 - \alpha t \tag{20.36}$$

식 (20.36)을 식 (20.35)에 대입하면 다음 식을 얻는다.

$$L_S = L_M(1+\alpha_M \cdot t_M) \cdot (1-\alpha t) \tag{20.37}$$

이 식을 전개하고 $L_M \cdot \alpha_M \cdot t_M \cdot \alpha \cdot t$는 그 외의 항에 비하여 작으므로 무시하면 다음 식과 같이된다.

$$L_S = L_M + L_M(\alpha_M \cdot t_M - \alpha t) \tag{20.38}$$

이 식을 $\delta t = t - t_M$, $\delta\alpha = \alpha - \alpha_M$으로 하여 정리하면 $\delta\alpha \cdot \delta t = 0$이므로 다음 식이 얻어진다.

$$L_S = L_M - L_M(t_M \cdot \delta\alpha + \alpha_M \cdot \delta t) \tag{20.39}$$

단, 측정결과에 주어지는 영향은 위 식 외에 측정작업에 있어서의 산포 W를 고려할 필요가 있으므로 최종적인 측정량을 표현하는 식은 다음과 같이 된다.

$$L_S = L_M - L_M(t_M \cdot \delta\alpha + \alpha_M \cdot \delta t) + W \tag{20.40}$$

이 식에 의해 측정결과인 측정량의 최종추정값 L_S를 입력량으로 표현하면 다음과 같이 된다.

$$L_S = f(L_M, t_M, \delta\alpha, \alpha_M, \delta t, W) \tag{20.41}$$

가공물의 합성표준 불확도 $U(L_S)$는 다음과 같이 된다.

$$U^2(L) = U^2(L_M) + (L_M \cdot \delta\alpha)^2 U^2(t_M) + (L_M \cdot t_M)^2 U^2(\delta\alpha) + (L_M \cdot \delta\alpha)^2 U^2(\alpha_M) + (L_M \cdot \alpha_M)^2 U^2(\delta t) + U^2(W) \tag{20.42}$$

(3) 불확도성분의 평가

1) $U(L_M)$: 버니어 캘리퍼스 지시치의 불확도

KS규격에 의하면 최소눈금 0.02 mm, 측정범위 50 mm 이하의 버니어 캘리퍼스의 기차의 허용치는 ±20 μm, 메이커 교정의 불확도는 26.2 μm($k=2$)이다.

따라서 버니어 캘리퍼스 지시치의 불확도는 다음과 같이 된다.

$$U(L_M) = \sqrt{(20/\sqrt{3})^2 + (26.2/2)^2} = 17.46\ \mu\text{m}$$

2) $U(t_M)$: 버니어 캘리퍼스의 20℃로부터 온도편차의 불확도

측정실의 온도는 간이공조로 관리되어 1년 중 23 ± 3℃(20~26℃)로 유지되고 있다. 버니어 캘리퍼스의 온도는 측정실의 온도와 같은 것으로 본다. 따라서 온도편차의 불확도는 균등분포로 생각하여 다음과 같이 된다.

$$U(t_M) = \sqrt{(23-20)^2 + (3\sqrt{3})^2} = 3.47℃$$

3) $U(\delta\alpha)$: 가공물과 마이크로미터의 열팽창계수차의 불확도

가공물재질(탄소공구강 : SK4)의 열팽창계수는 메이커의 기술자료에 의하면 $\alpha = (10.6 \pm 1) \times 10^{-6}$/℃이고, 버니어 캘리퍼스는 SUS재이므로 SUS재의 열팽창계수를 적용하면 버니어 캘리퍼스의 열팽창계수 $\alpha_M = (10.3 \pm 1) \times 10^{-6}$/℃이다. 따라서 $\delta\alpha = (0.3 \pm 1) \times 10^{-6}$/℃이므로 열팽창계수차의 불확도는 다음과 같이 된다.

$$U(\delta\alpha) = \sqrt{(0.3 \times 10^{-6})^2 + 2 \times (1 \times 10^{-6}/\sqrt{3})^2} = 0.87 \times 10^{-6}/℃$$

4) $U(\alpha_M)$: 버니어 캘리퍼스의 열팽창계수의 불확도

마이크로미터에서와 같이 균등분포라고 생각하면 불확도는 다음과 같이 된다.

$$U(\alpha_M) = 1 \times 10^{-6}/\sqrt{3} = 0.58 \times 10^{-6}/℃$$

5) $U(\delta_t)$: 가공물과 마이크로미터 사이의 온도차의 불확도

측정 전에 가공물과 버니어 캘리퍼스는 충분히 실온과 평형되어 있었는데 측정 중에 손(手)의 온기가 가공물과 버니어에 전달된다.

측정 전후의 온도상승을 디지털 온도계로 측정한 결과 가공물과 버니어 캘리퍼스의 온도차는 평균 1.34℃, 표준편차 0.21℃을 얻었다.

이용된 디지털온도계의 최소표시량은 0.1℃이다(단, 온도계 자체의 불확도는 그 영향이 미미하므로 무시하였다.).

6) $U(W)$: 측정작업에 있어서의 불확도

① 0점의 불일치에 의한 불확도 : $U(W_1)$

0점 확인은 업무를 시작할 때마다 매번 실시하는데 버니어 눈금읽기에서 정상적인 위치보다 다음 눈금선의 합치에 이르는 반분(半分), 즉 0.01 mm의 벗어남을 허용하고 있다. 따라서 $U(W_1)$은 0 ~ ± 0.01 mm 범위에서 균등분포로 하여 불확도 $U(W_1)$은 다음과 같이 된다.

$$U(W_1) = \frac{10}{\sqrt{3}} = 5.77\mu\text{m}$$

② 눈금읽음의 불확도 : $U(W_2)$

횡선(橫線)의 합치(合致)를 읽는 마이크로미터에 비하여 종선(縱線)의 합치를 읽는 버니어 캘리퍼스가 시차(視差)의 영향이 크다. 조사결과에 의하면 버니어 캘리퍼스의 눈금읽기의 불확도 $U(W_2) = 13.3\ \mu\text{m}$ 이었다.

③ 반복측정의 불확도 : $U(W_3)$

측정력에 의해 슬라이더(slider)가 놀게 되어 외측 측정용 턱(jaw)에 처짐이 생기게 됨으로써 측정값에 산포를 발생시키게 된다. 이와 같은 것은 개개의 효과를 산출하기보다는 반복측정의 산포로서 구하였다. 외측 측정용 턱(jaw)의 중간 위치에 있어서의 산포는 2.11 μm 이었는데, 외측 측정용 턱의 바닥과 선단에서의 지싯값의 차는 최대 1눈금, 즉 0.02 mm의 변화가 보였다. 따라서 이것을 균등분포로 하여 다음과 같이 반폭측정의 불확도를 구하였다.

$$U(W_3) = \sqrt{2.11^2 + (20/\sqrt{3})^2} = 11.7\mu\text{m}$$

④ 가공물의 변형에 의한 영향 : $U(W_4)$

가공물의 형상(원통, 직사각형, 박판형 등), 재질, 경도 등에 따라 측정력에 의한 변형도가 달라지는데, 이와 같은 변형도의 변동은 측정정도의 산포를 야기시킨다.

가공물의 측정력에 의한 변형은 헤르츠(Hertz)의 식에 의해 구할 수 있다. 그러나 버니어 캘리퍼스의 측정력은 6 N 정도이고, 강제제품의 외경치수 측정에 있어서의 측정력에 의한 변형량은 0에 가깝기 때문에 무시하기로 한다.

$$\text{즉, } U(W_4) \fallingdotseq 0$$

이상과 같은 각 영향에 의한 불확도는 다음과 같이 된다.

$$U(W) = \sqrt{U(W_1)^2 + U(W_2)^2 + U(W_3)^2}$$
$$= \sqrt{5.77^2 + 13.3^2 + 11.7^2} = 18.63\ \mu\text{m}$$

(4) 합성표준 불확도 $U(L)$의 계산

1)~6)항까지의 결과를 식 (20.42)에 대입하여 계산하면 다음과 같다.

$$U(L) = [17.46^2 + (20 \times 0.3 \times 10^{-6})^2 \times 3.47^2 + (20 \times 3)^2 \times (0.87 \times 10^{-6})^2$$
$$+ (20 \times 1.34)^2 \times (0.58 \times 10^{-6})^2 + (20 \times 10.3 \times 10^{-6})^2 \times 0.21^2 + 18.6^2]^{1/2}$$
$$= (651.9338)^{1/2} = 25.53\ \mu\text{m}$$

표 20.8은 지금까지 계산한 불확도성분의 예산표이다.

표 20.8 불확도 성분의 예산(budget)표

불확도 성분의 요인		요인의 크기	감도계수	U(L)에의 기여(μm)	타이프
$U(L_M)$	마이크로미터 지시치의 불확도 교정 기차의 허용치	17.46 μm 13.1 μm 11.5 μm	1	17.46	B
$U(t_M)$	마이크로미터의 20℃로부터의 온도 편차의 불확도	3.47℃	$L_M \times \delta_\alpha$	0.021	B
$U(\delta_\alpha)$	가공물과 마이크로미터의 열팽창계수차의 불확도	0.87×10^{-6}/℃	$L_M \times t_M$	0.052	B
$U(\delta_M)$	마이크로미터의 열팽창계수의 불확도	0.58×10^{-6}/℃	$L_M \times \delta_t$	0.016	B
$U(\delta_t)$	가공물과 마이크로미터의 온도차의 불확도	0.21℃	$L_M \times \alpha_M$	0.043	A
$U(W)$	측정작업에 있어서의 불확도	18.63 μm	1	18.63	A
$U(W_1)$	기점설정의 불확도	5.77 μm			B
$U(W_2)$	눈금읽음의 불확도	13.3 μm			A
$U(W_3)$	측정력에의한 산포	11.7 μm			A
합성표준 불확도 $U(L)$		25.53 μm			

(6) 확장 불확도와 표기

포함인자 $k=2$로 하면 확장 불확도 U는 다음과 같이 된다.

$$U = k \times U(L) = 2 \times 0.02553\ \mathrm{mm} = 0.051\ \mathrm{mm}$$

따라서 가공물의 외경치수의 측정결과 L은 다음과 같이 표기한다.

$$L = \phi 20.06 \pm 0.051\ \mathrm{mm},\ \text{단}\ k=2$$

부 록

통계학 기초 이론

1. 확률변수

실험을 통하여 우리는 여러 가지 특성을 관찰하거나 측정한다. 이때 실험의 결과는 표본공간 상의 한 점이 선택되어 관찰되었거나 측정된 결과이다.

즉, 실험의 결과는 표본공간에서 정의되고 우리가 자료라고 부르는 값이다. 이때 실험에서 우리가 관심을 갖는 특성을 변수로 표현하고자 하며, 관찰이나 측정을 거쳐 얻어진 값을 변수가 갖는 값으로 대응시키고자 한다. 이를 위해 먼저 표본공간 S의 근원사건들이 어떻게 실수와 대응될 수 있을지에 대하여 살펴보기로 한다.

알기 쉽게 설명하기 위하여 동전을 두 번 던지는 실험을 생각해 보자.

이때 표본공간은 다음과 같다.

$$S = \{(\text{앞면, 앞면}), (\text{앞면, 뒷면}), (\text{뒷면, 앞면}), (\text{뒷면, 뒷면})$$

이 실험에서 관심을 가지는 특징을 앞면의 수라고 하고, 이를 **확률변수** X라 하기로 하자. 확률변수 X는 표본공간 내의 각 근원사건에 대하여 다음 표와 같은 값을 가지게 된다.

이때 변수는 대문자 X로 표현하고, 변수 X에 대응되는 값을 소문자 x로 표현하기로 하면, 이들 결과는 다음과 같이 쓸 수 있다.

S	(뒷면, 뒷면)	(뒷면, 앞면)	(앞면, 뒷면)	(앞면, 앞면)
$X=x$	0	1	1	2

$$X(\text{뒷면, 뒷면}) = 0$$
$$X(\text{뒷면, 앞면}) = 1$$
$$X(\text{앞면, 뒷면}) = 1$$
$$X(\text{앞면, 앞면}) = 2$$

이 표현에서 변수 X는 실험에서 얻을 수 있는 모든 관측값, 즉 표본공간의 각 원소에 실수를 대응시키는 함수임을 알 수 있다.

다시 말해 동전을 두 번 던지는 실험에서의 변수 X는 표본공간이 정의역이고 치역이 $\{x \mid x = 0,1,2\}$인 함수이다. 이와 같이 실험에서 관심을 가지는 특성이 가질 수 있는 모든 결과에 실수를 부여하는 함수인 X를 통계학에서는 **확률변수**(random variable)라고 한다.

즉, 변수 X가 갖는 값을 확실히 예측할 수 없을 때 변수 X를 확률변수라 하며, 확률변수 X가 어떤 구간에 있는 유한개의 서로 다른 값을 가지면 **이산확률변수**라 하고 확률변수 X가 어떤 구간에 있는 모든 값을 가지면 **연속확률변수**라 한다.

2. 확률변수의 기댓값과 분산

동전을 세 번 던져서 앞면이 세 번 나타나면 2,000원을 받고, 두 번 나오면 1,000원을 받으며, 한 번 나타나면 500원을 잃으며, 한 번도 나타나지 않으면 4,000원을 잃게 되는 게임이 있다고 하자. 이러한 게임에서 확률변수 X는 손해 또는 이득을 나타내는 금액이므로 확률분포표로 나타내면 다음 표 1과 같이 된다.

표 1 확률분포표

앞면의 수	0번	1번	2번	3번
확률변수 (X)	-4,000	-500	1,000	2,000
확률 $P(X)$	1/8	3/8	3/8	1/8

여기서 기대이익을 계산해 보면 다음과 같다.

$$\begin{aligned}\text{기대이익} &= (-4000\text{원}) \times 1/8 + (-500\text{원}) \times 3/8 + 1{,}000\text{원} \times 3/8 + 2{,}000\text{원} \times 1/8 \\ &= -62.5\text{원}\end{aligned}$$

계산결과를 보면 확률적으로 볼 때 게임당 기대이익은 62.5원을 손해본다는 결론을 얻을 수 있다. 좀 더 자세히 말하면 위와 같은 게임을 반복하게 되면 어떤 때는 돈을 벌고 어떤 때는 잃게 되지만 결국 게임당 평균 62.5원씩 잃게 된다.

이와 같이 확률변수에 확률변수가 나올 확률을 곱하여 합한 것이 기댓값(expected value)이다. 일반적으로 확률변수 X의 기댓값을 $E(X)$로 표기하며, 확률변수 X의 위치를 나타내는 모수로서 평균(mean)이라 부르기도 한다. 그러나 엄밀한 의미에서 평균은 데이터가 얻어진 후의 무게중심을 말하고, 기댓값은 아직 데이터를 얻지 않은 상황에서 미래의 결과를 확률로 예측하여 얻은 평균인 것이다.

또한 확률변수 X의 분산은 $\mathrm{Var}(X)$로 표기하며 $(X-\mu)^2$의 기댓값으로 표시될 수 있다. 확률변수 X의 평균이 μ라고 하면, 확률변수 X의 분포가 μ로부터 떨어진 정도인 $E\left[(X-\mu)^2\right]$를 확률변수 X의 분산(Variance)이라고 한다.

확률변수 X의 기댓값과 분산에 대한 공식은 이산확률변수와 연속확률변수에 따라 다르며 각각 다음과 같다.

(1) 이산확률변수의 기댓값과 분산

이산확률변수의 기댓값은 확률변수의 각 값들에 확률을 곱한 후 합한 것이다. 여기서 모평균 μ는 X에 대한 기댓값이며, 모분산 σ^2은 $(X-\mu)^2$에 대한 기댓값이다.

$$\mu = E(X) = \sum_{i=1}^{n} x_i P(x_i)$$

$$\begin{aligned} \sigma^2 &= E\left[(X-\mu)^2\right] \\ &= \sum_{i=1}^{n} (x_i - \mu)^2 P(x_i) \\ &= \sum_{i=1}^{n} x^2 P(x_i) - 2\mu \sum_{i=1}^{n} P(x_i) + \mu^2 \sum_{i=1}^{n} P(x_i) i \end{aligned}$$

(2) 연속확률변수의 기댓값과 분산

연속확률변수의 기댓값과 분산은 이산확률변수의 기댓값을 구할 때 사용한 Σ 대신 $\int$을 사용한다.

여기서 모평균 μ는 X에 대한 기댓값이며, 모분산 σ^2은 $(X-\mu)^2$에 대한 기댓값이다.

$$\mu = E(X) = \int_{-\infty}^{\infty} x f(x) dx$$

$$\begin{aligned} \sigma^2 &= E\left[(X-\mu)^2\right] \\ &= \int_{-\infty}^{\infty} (x-\mu)^2 f(x) dx \\ &= \int_{-\infty}^{\infty} x^2 f(x) dx - 2\mu \int_{-\infty}^{\infty} x f(x) dx + \mu^2 \int_{-\infty}^{\infty} f(x) dx \\ &= E(X^2) - \mu^2 \end{aligned}$$

3. 확률분포

확률분포(probability distribution)란 확률변수가 취할 수 있는 모든 가능한 값, 즉 표본공간의 모든 결과들에 각각 발생할 확률을 대응시켜 준 분포를 의미한다.

앞에서 다룬 동전을 3번 던지는 경우의 예에서 발생할 수 있는 모든 경우의 수는 표 2에서 보는 바와 같이 8가지이며, 각각의 경우가 발생할 확률은 모두 1/8로 동일하다.

여기서 앞면이 나타날 횟수를 확률변수 X로 정의할 때, 확률변수 X가 취할 수 있는 값은 표 3과 같이 1, 2, 3의 4가지가 되며, 각각 발생하게 될 확률은 해당하는 경우의 수에 따라 달라지게 된다.

표 2 각 경우의 발생 확률

가능한 면	확률
앞, 앞, 앞	1/8
앞, 앞, 뒤	1/8
앞, 뒤, 앞	1/8
앞, 뒤, 뒤	1/8
뒤, 앞, 앞	1/8
뒤, 앞, 뒤	1/8
뒤, 뒤, 앞	1/8
뒤, 뒤, 뒤	1/8

표 3 확률변수와 확률분포

X	$P(X)$
0	1/8
1	3/8
2	3/8
3	1/8
합 계	1

표에서 살펴볼 수 있는 바와 같이 확률분포에서 모든 가능한 확률의 합은 1이다.

확률분포는 표에서와 같은 테이블 형태로 나타내는 경우도 있지만, 그림 1과 같이 그래프로 나타내면 각 확률변수값에 대한 확률을 더욱 쉽게 파악할 수 있게 된다.

확률분포를 그래프로 작성하는 방법은 수평축에 확률변수 X의 가능한 값을 나타내고, X의 각 값에서부터 수직으로 그 값이 나타날 확률을 막대의 길이로 표현하면 된다.

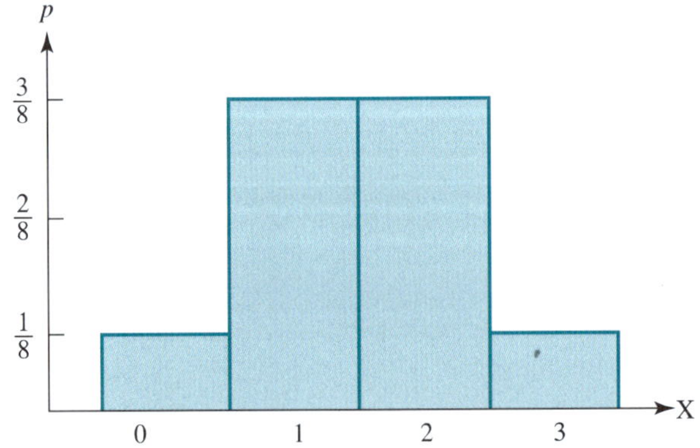

그림 1 확률분포 그래프

또한 확률분포를 표현하는 방법으로 수학적 함수관계로 표현하는 방법이 있다.

즉, 확률변수 X가 임의의 x 값을 가질 때의 확률을 수학적 함수로서 $P(X=x)$로 나타낸다. 앞에서의 동전을 세 번 반복해서 던지는 실험의 예에서 동전의 앞면이 나타날 횟수를 확률변수 X로 정의하고, 이에 대한 확률분포를 수식으로 표현하면 다음과 같이 된다.

$$P(X=x) = \frac{3!}{x!x!}\left(\frac{1}{2}\right)^3,\ x=0,1,2,3(\text{단},\ 0 \neq 1)$$

확률분포는 확률변수가 이산형의 경우 이산형 확률분포, 연속형의 경우 연속형 확률분포로 구분된다.

4. 확률밀도함수

확률변수가 연속변수일 때 확률변수 X가 어떤 특정 실수 x를 취할 확률을 함수로 나타낸 것을 확률밀도함수라 하며, $P(X=x)$ 또는 $f_X(x)$로 표기한다.

연속확률변수는 길이, 부피, 온도 등과 같이 주어진 연속구간 내의 모든 값을 취할 수 있는 것으로, 그 수가 무한히 많기 때문에 이 무한이 많은 수 중에서 어떤 특정한 수를 취할 확률은 0이 되며, 확률은 기본적으로 구간에 대해서만 논할 수 있다. 따라서 연속변수에 대한 확률계산은 그 변수가 어떤 실수구간에 속한 확률을 구한다는 것을 의미한다.

예를 들면, 어느 집단에서 한사람을 뽑았을 때 이 사람의 키가 167.231 cm가 될 확률은 0이며, 실제로 키를 잴 때에는 측정의 정확도에 한계가 있어 167.2305 cm에서 167.2315 cm 사이의 치수를 측정하게 된다. 그러므로 이때 뽑힌 사람의 키가 167 cm라고 했다면 이는 166.5~167.5 cm 사이의 숫자라고 이해해야 할 것이다. 즉, 연속형 확률변수의 경우에는 실제로 키가 167.231 cm가 될 확률은 167.2305 cm에서 167.2315 cm 사이에 올 확률을 의미하고 있다.

연속형 확률변수의 예로는 1 kg의 명목단위로 표시된 통조림의 실제무게라든가 오전 11시발 새마을호의 실제 출발시간이나 수돗물의 온도 등을 들 수 있다.

이들은 주어진 구간 내에 들어 있는 어느 한 숫자를 취할 수 있다. 그리고 이들의 확률분포는 확률밀도함수(probability density function)라는 곡선에 의해 표현된다.

연속형 확률분포는 연속확률변수에 대한 확률분포로서 확률밀도함수를 통하여 형성된다. 여기서 확률밀도함수 $f(x)$는 연속확률변수에 관하여 X축에는 확률변수의 값을 Y축에는 확률변수 값이 일정구간에 포함될 확률을 나타낸 곡선을 말한다.

확률밀도함수는 다음과 같은 특성을 가지고 있다.

- 확률변수 $-\infty < x < \infty$에서 확률밀도함수 $f(x) \geq 0$이다.

- 확률변수 X가 실수 x일 확률 $P(X=x)=0$이다.
- 확률변수 X가 임의의 두 실수 x_0와 x_n 사이에 속할 확률 $P(x_0 \leq X \leq x_n)$는 다음과 같다.

$$P(x_0 \leq X \leq x_n) = \int_{x_0}^{x_n} f(x)dx$$

- 확률변수X가 임의의 두 실수 $-\infty$와 ∞ 사이에 속할 확률 $P(-\infty \leq X \leq \infty)$는 다음과 같다.

$$P(-\infty \leq X \leq \infty) = \int_{-\infty}^{\infty} f(x)dx = 1$$

이들 확률밀도함수의 곡선은 균일분포, 지수분포, 정규분포 등 다양한 형태를 취한다.

5. 균등분포

확률변수 X가 실 구간(a, b) 상에 그림 2와 같이 균등하게 분포되어 있을 때의 분포를 균등분포(uniform distribution) 또는 직사각형 분포라 하며, 균등분포의 확률밀도함수 $f(x)$는 다음 식과 같이 주어진다.

$$f(x) = \begin{cases} \dfrac{1}{b-a} & a \leq x \leq b \text{ 인 경우} \\ 0 & \text{그 외의 경우} \end{cases}$$

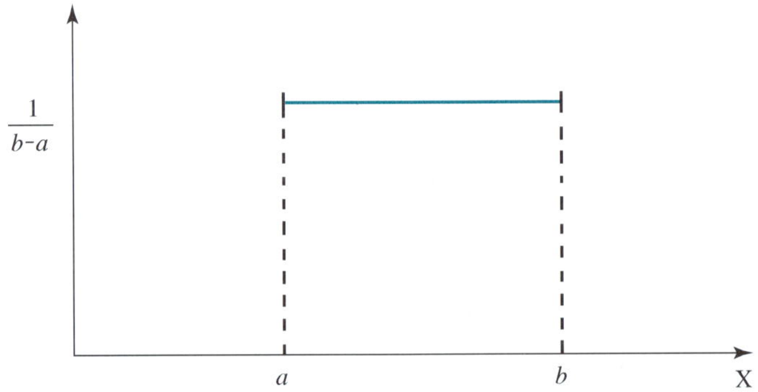

그림 2 균등분포 곡선

6. 정규분포

어떤 치수를 무수히 반복 측정하여 측정값과 그 측정값이 나오는 횟수를 조사해 보면 그림 3과 같이 그 측정값의 평균값을 중앙으로 하여 좌우대칭인 종 모양의 도수분포곡선이 얻어지는데, 이를 **정규분포**(normal distribution)곡선 또는 **가우스**(Gausss) 분포라고 한다.

이와 같은 정규분포는 통계학에서 매우 중요하게 취급되고 있는데, 그 이유는 대부분의 실험이나 관찰 또는 조사를 통해 수집한 데이터는 정규분포에 가까운 경우가 많고, 이항분포를 비롯한 몇몇 확률분포도 표본의 크기가 어느 정도 크면 정규분포로 잘 설명된다는 특징을 가지고 있기 때문이다.

확률변수 X가 평균이 μ 이고, 분산이σ^2인 정규분포를 갖는다는 것을 $X \sim N(\mu, \sigma^2)$로 표기하며, 정규분포의 확률밀도함수는 다음과 같이 정의된다.

$$f(x) = \frac{1}{\sqrt{2\pi\sigma}} e^{\frac{-(x-\mu)^2}{2\sigma^2}}, \; -\infty < x < \infty$$

정규분포의 확률은 표준편차 σ와 평균 μ 사이에 일정한 관계를 가지고 있는데, μ 로부터 $\pm\sigma$의 구간은 68.3%, $\pm 2\sigma$의 구간은 95.4%, $\pm 3\sigma$의 구간은 99.7%의 확률을 갖는다.

이러한 확률적 특성을 식으로 표시하면 다음과 같다.

- $P(\mu - \sigma \le x \le \mu + \sigma) = 0.683$
- $P(\mu - 2\sigma \le x \le \mu + 2\sigma) = 0.954$
- $P(\mu - 3\sigma \le x \le \mu + 3\sigma) = 0.997$

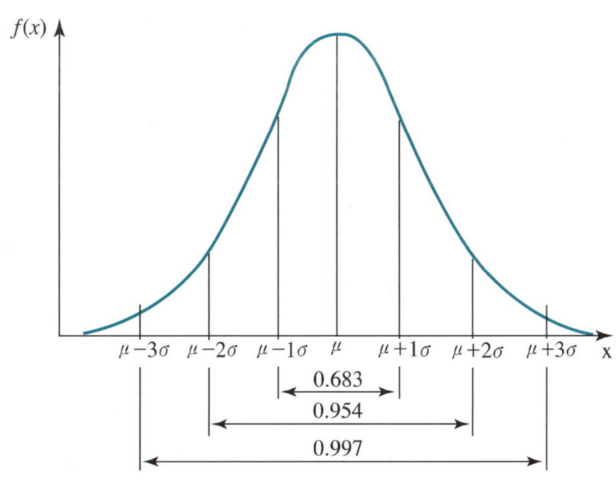

그림 3 정규분포곡선

7. 표준정규분포

확률변수가 평균=0이고, 분산=1인 정규분포를 가지면 표준정규분포를 갖는다고 하고, $N(0,1)$로 표시한다. 이때 표준정규 확률변수를 X보다는 Z로 나타내는 것이 일반적이다.

8. t-분포

표본수 n이 충분히 크면 정규분포와 같아지나, n이 작아지면 정규분포보다 평퍼짐해지는데, 이를 t-분포(t-distribution) 또는 Student t-분포라 한다. t-분포는 모분산을 알 수 없는 정규모집단으로부터 뽑은 소표본의 표본평균을 토대로 모평균에 관한 추정, 검정을 할 경우에 이용하며, 다음과 같이 정의된다.

확률변수 Z가 표준정규분포 $N(0, 1)$을 따르고 이와는 서로 독립이며, 자유도가 k인 카이제곱분포를 따르는 확률변수를 V라 할 때 다음 식을 만족하는 분포를 자유도가 k인 t-분포라 한다.

$$T = \frac{Z}{\sqrt{V/k}}$$

확률변수 T가 자유도 k인 t-분포를 갖는다는 것을 $T \sim t(k)$로 나타내며, t-분포는 다음과 같은 특색을 가지고 있다.

- 0을 중심으로 좌우 대칭이다.
- 자유도 k가 증가함에 따라 정규분포에 근접한다.

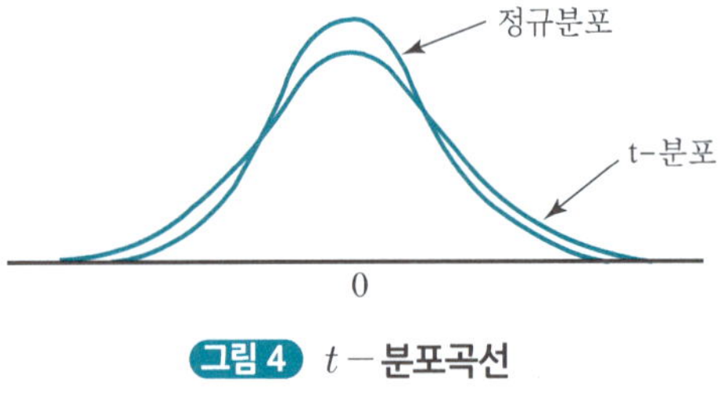

그림 4 t-분포곡선

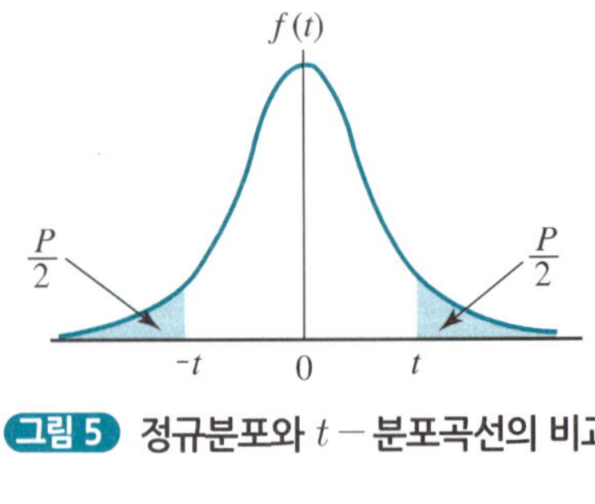

그림 5 정규분포와 t-분포곡선의 비교

9. 카이제곱분포

확률변수 $Z_1, Z_2, \cdots, Z_k$가 각각 표준정규분포 $N(0, 1)$을 따르고 서로 독립일 때, $V = {Z_1}^2 + {Z_2}^2 + \cdots + {Z_k}^2$ 인 분포를 자유도(degrees of freedom) k인 카이제곱분포라 하고, 확률변수 V가 자유도 k인 카이제곱분포를 갖는다는 것을 $V = \sum_{i=1}^{k} Z_i^2 \sim \chi^2(k)$로 나타낸다.

이와 같은 카이제곱분포(Chi-square distribution)는 통계적 추론에 많이 이용되는 분포로서 다음과 같은 특징을 가지고 있다.

- 자유도 k가 커질수록 봉우리가 오른쪽으로 이동한다.
- 카이제곱분포의 모양은 비대칭이다.
- 오른쪽으로 긴 꼬리를 갖는다.
- 항상 양의 값을 갖는다.
- 카이제곱분포의 평균과 분산은 $E(V) = k,\ \ Var(V) = 2k$이다.

카이제곱분포의 곡선은 자유도에 따라 다르긴 하지만 대체로 그림 6과 같다.

그림 6에서 카이제곱분포의 모양이 왼쪽으로 치우쳐 있고, 오른쪽으로 긴 꼬리를 갖는 이유는 표준정규확률 Z_i들이 0 근처에 주로 분포하기 때문이다.

$$P[\chi^2(\phi) \geq\ x^2(\phi : \alpha)] = \alpha$$

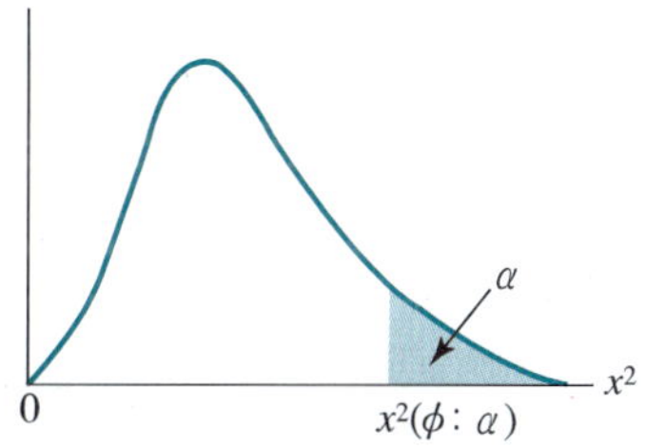

그림 6 카이제곱분포 곡선

10. 자유도

n이 표본 크기일 때 $n-1$을 표본의 자유도(df; degree of freedom)라고 한다. 자유도는 Guinness 양조회사에 고용되어 Student라는 익명으로 t-분포를 발표한 William Gosset에 의해 발견되었다. Gosset은 t-distribution의 모양이 sample size에서 1을 뺀 값, 즉 자유도에 따라 변하는 것을 보여 주었다.

Gosset은 작은 sample의 표본은 정규분포를 따르지 않으므로 표준편차의 계산에 있어서 error가 발생하는 것을 발견하고, 이에 대한 correction factor로서 자유도(degree of freedom)를 제시하였다. 우리가 sample의 분산을 결정하기 위해서는 한 member의 freedom의 손실이 발생한다. 남아 있는 $(n-1)$의 member들은 자유롭게 변할 수 있는 총수를 대표하므로, $t-$distribution에 있어서 이를 자유도라 한다.

이것을 다음과 같이 생각해 볼 수도 있다. 만약 우리가 5개의 sample을 가지고 있고, 각각 score들의 평균은 100임을 알고 있다고 가정해 보자. 우리가 4개의 score만 알아도(예를 들어, 90, 100, 110, 120), 나머지 하나는 80임을 알 수 있다. 이와 같이 $n-1$(여기서는 $5-1=4$)의 값들은 자유롭게 변할 수 있다. 두 개의 sample에서는 $df=(n_1-1)+(n_2-1)= n_1+n_2-2$가 된다.

11. 공분산

X, Y 두 개의 확률변수가 관련된 확률분포를 가진 결합확률분포에서 확률변수 X, Y의 기댓값이 μ_x, μ_y이고, 분산이 σ_x^2, σ_y^2이라면 공분산(covariance)은 다음과 같이 정의되는 값이다.

$$\begin{aligned} E[(X-\mu_x)(Y-\mu_y)] &= E[XY-\mu_y X-\mu_x Y+\mu_x\mu_y] \\ &= E[XY-\mu_y E[Y]-\mu_x E[x]+\mu_x\mu_y] \\ &= E[XY]-\mu_x\mu_y-\mu_x\mu_y+\mu_x\mu_y \\ &= E[XY]-\mu_x\mu_y \\ &= E[XY]-E(X)\cdot E(Y) \end{aligned}$$

이와 같은 기대치를 X, Y의 공분산이라 하며 $\mathrm{Cov}(X,Y)$ 또는 σ_{xy}^2로 표시한다.

만일 X, Y가 서로 독립이면

$$E(XY)=E(X)\cdot E(Y)=\mu_x\cdot\mu_y=0$$

이 된다.

12. 상관계수

공분산의 크기는 X와 Y의 단위에 따라 그 값이 달라진다는 단점이 있다.

그러므로 단위에 관계없이 X와 Y 사이의 직선적인 관계에 얼마나 밀접한지를 측정하기 위해서는 공분산을 X의 표준편차와 Y의 표준편차로 나누어준 수를 사용하는데, 이를 상관계수(correlation coefficient)라 하며 $\mathrm{corr}(X,\ Y)$ 또는 ρ로 표시한다.

$$\rho = \frac{E[(X-\mu_x)(Y-\mu_y)]}{\sqrt{E(X-{\mu_x}^2)}\sqrt{E(Y-{\mu_y}^2)}} = \frac{\mathrm{Cov}(X,\ Y)}{\sqrt{V(X)}\sqrt{V(Y)}} = \frac{\mathrm{Cov}(X,\ Y)}{\sigma_x \cdot \sigma_y}$$

만일 $X,\ Y$가 서로 독립이면 $\mathrm{Cov}(X,\ Y)=0$이므로 $\rho=0$가 된다.

참고문헌

1. 최신정밀측정기술. 한응교, 최만용, 장경영, 노병옥 공저. 동일출판사
2. 계측공학. 김윤제, 선양래 공저. 동명사
3. Design. *analysis and testing of a force sensor for use in feaching and research, Josue' Njock Libii world fransactions on Engineering and technology Education Vol. 5*, No, 2006
4. 工業計測演習. 知田尚. 朴川憲太郎 共著. 工學圖書株式會社版
5. 機械計測. 谷口修 著. 養賢堂
6. 計測工學. 谷口修 著. 堀込泰雄, 森比出版
7. 측정불확도 표현지침. 정낙삼. 한국표준연구원 보고서
8. 통계학이론. 윤병상, 배현웅. 북스힐, 2005
9. 현대통계학. 김원모 외 3인. 오토테크, 2002
10. 통계학의 이해와 활용. 정상윤 외 2인 공저. 형설출판사, 2002

찾아보기

ㅅ

ㅈ

ㅊ

ㅋ

ㅌ

ㅍ

ㅎ

A

B

C

M

N

P

최신 계측공학

2014년 2월 10일 제1판 1쇄 인쇄
2014년 2월 15일 제1판 1쇄 펴냄

지은이 이범성
펴낸이 류제동
펴낸곳 **청문각**

전무이사 양계성 | 편집국장 안기용 | 책임편집 우종현 | 본문디자인 디자인이투이
표지디자인 디자인이투이 | 제작 김선형 | 영업 함승형
출력 ㈜한국커뮤니케이션 | 인쇄 영진인쇄 | 제본 한진인쇄

주소 413-120 경기도 파주시 교하읍 문발로 116 | 우편번호 413-120
전화 1644-0965(대표) | 팩스 070-8650-0965 | 홈페이지 www.cmgpg.co.kr
등록 2012. 11. 26. 제406-2012-000127호
ISBN 978-89-6364-194-2 (93550)

값 23,000원

* 잘못된 책은 바꾸어 드립니다.